Materials of Semiconductor Equipment

반도체 장비 재료

이병철, 김덕영, 성홍석 공저

D.B.Info

PREFACE

본 교재는 NCS 일학습 병행 교육제도에 맞추어 반도체 장비가 소요하는 재료 및 장비를 구성하는 주요 부품의 재질, 물리화학적 특성 등을 기술하고 있다. 교재의 최우선 목표는 재료의 기본적인 물리적, 화학적, 역학적 특성을 파악하는데 두고 있다. 더불어 이런 재료들의 특성을 장비의 구성요소에 응용하여 사용하는 지식을 얻도록 확장하고 있다.

제1장에서는 현재 반도체 산업의 근간을 이루고 있는 실리콘(Si) 웨이퍼(wafer)의 결정구조, 전기적 특성 등을 이해하기 위해서 고체의 기본 결정구조를 설명하고 있고, 웨이퍼 제작과정을 설명하고 있다.

제2장에서는 장비의 연결부위에 보조적으로 사용되는 O-ring의 종류와 특징을 서술하고 있으며, 이를 이용한 금속 및 고무링의 실링(Sealing) 방법에 대하여 다루고 있다. 다양한 구조에서 기하학적인 개념과 수학적인 계산법을 이해하도록 하였고, 실제 응용되는 장비에서의 재료 선정에 도움이 되도록 재료에 대한 특성에 대하여 설명하고 있다.

제3장에서는 석영의 일반적 개관을 통하여 일빈 유리와 비교되는 특성을 설명하고, 석영의 생성과정, 석영의 산출에 대한 자료도 싣고 있다. 또한 석영의 종류, 석영의 특징에 대하여 기본적 사항을 설명하였고, 더불어 최근 대두되고 있는 Display 제품에 사용되는 강화유리에 대하여 설명하고 있다. 또한 석영이 반도체 장비에 소요되는 응용영역에 대하여 기술하여 실제 재료로써 무슨 장비, 무슨 부품으로 사용되는지 설명하고 있다.

제4장에서는 반도체 공정의 주원료인 gas와 chemical을 다루고 있다. 사진 공정에서는 포토레지스터(PR), HMDS, Shinner, 현상액(developer) 등의 화학용품이 쓰이고 있다. 에칭 장비, sputter 장비, CVD 장비들은 gas를 이용하여 플라즈마 상태를 발생하여 화학결합을 하는 등 gas의 사용은 필수적이다. 이 장에서는 이런

gas를 관리하는 패널과 밸브, 그리고 주요 gas의 특성에 대하여 설명하고 있다. 실렌, 아신, 포스핀 등 공정 진행을 하고 남은 독가스는 사용 후 모두 태워서 무해한 가스로 대기 중에 방출해야 하는데 이를 위해 사용되는 스크러버 시스템에 대하여 설명하고 있다. 아울러 가스 덕트(duts) 배선은 어떻게 구성되는지 알아본다. 화학약품의 종류별 성질에 대하여 설명하고, 취급 시 안전대책 사항에 대하여 알아본다. CMP 과정에서 사용되는 연마제의 특징과 종류 역할에 대하여 설명하고 있다.

제5장은 에칭 장비, CVD 등 웨이퍼를 정전기적으로 고정을 요하는 진공 챔버의 척 구조와 재질 구성요소에 대하여 설명하고 있다.

제6장은 디자이너의 전기소자 구조를 투명석영이나 유리에 전사한 마스크와 이 마스크를 포함한 펠리클을 부착한 레티클의 구조와 특성에 대하여 설명한다.

위에 사항들이 반도체 장비재료의 일부분이지만 가장 중요한 재료이므로 본 교재를 통하여 기본적 특성을 이해하길 저자는 희망한다.

2015년 2월

저자 씀

CONTENTS

제1장 금속의 결정구조와 실리콘 웨이퍼의 물성 — 7

1. 금속의 특성 8
2. 금속의 결정구조 8
3. 금속의 결정구조 종류 15
4. 실리콘의 결정구조 19
5. 결정결함의 종류와 성질 20
6. 실리콘 웨이퍼 24
7. 반도체 물질의 특성, 기능 그리고 기능별 용도 27
8. 에피택셜 성장(Epitaxial growth) 31

제2장 금속 Seal과 O-Ring — 33

1. Seal의 종류 및 선정 34
2. O-Ring 37
3. 펌프 Gland부의 밀봉장치 40
4. 배관 Flange용 Seal(Gasket) 46
5. Valve Stem Box용 Seal 56

제3장 석영(QUARTZ) 튜브(Tube)와 보트(Boat) — 65

1. 석영의 일반적 개관 66
2. 석엉의 생성 66
3. 석영의 산출 67
4. 석영의 종류 67
5. 석영의 특징 69
6. Display 제품에 사용되는 강화유리 73
7. 석영의 응용처 80

제4장 Chemical과 Gas — 95

1. 개 요 96
2. 감광제(Photoresist) 96
3. 가스 판넬(Gas Panel)과 가스 캐비넷(Gas Cabinet) ... 116
4. 반도체 제조공정의 주요 가스 및 특징 132
5. Scrubber 143

6. BECOFLEX ······ 148
7. 연마제(슬러리, Slurry) ······ 158
▎참고문헌 ······ 166

제5장 ESD Chuck ······ 167

1. 정전기(Electrostatic Charge) ······ 168
2. 척(Chuck) ······ 169
3. 정전 척(ESC) ······ 170
▎참고문헌 ······ 187

제6장 MASK & RETICLE ······ 189

1. 블랭크(Blanck) 마스크 ······ 190
2. Mask & Reticle 제작 ······ 193
3. 마스크 소재 ······ 203
4. 펠리클(Pellicle) ······ 213
▎참고문헌 ······ 226

제1장

금속의 결정구조와 실리콘 웨이퍼의 물성

1. 금속의 특성
2. 금속의 결정구조
3. 금속의 결정구조 종류
4. 실리콘의 결정구조
5. 결정결함의 종류와 성질
6. 실리콘 웨이퍼
7. 반도체 물질의 특성, 기능 그리고 기능별 용도
8. 에피택셜 성장(Epitaxial growth)

1. 금속의 특성

금속의 종류는 매우 많아 현재 자연에 존재하는 92번까지의 원소 중에서 금속원소는 68종, 비금속원소는 17종, 아금속원소는 7종이다. 이들 금속원소들에 대해 중요한 성질인 금속의 용융온도(熔融溫度)를 비교해 보면 최고 텅스텐(W)의 3410℃에서 최저는 상온에서 액체인 수은(Hg)의 −38.4℃까지의 넓은 분포를 보이고 있다. 또한 중요한 금속들의 비중(比重)을 비교하여 보면 최소는 리튬(Li)의 0.53으로 물보다 가벼우며 최대는 이리듐(Ir)의 22.5까지 있다. 따라서 금속을 대별할 때 편의상 비중이 5 이하인 것을 경금속(輕金屬)이라 하고 비중이 5 이상인 것을 중금속(重金屬)이라 한다. Al, Mg, Be, Ti 등은 대표적인 경금속들이며, Fe, Ni, Co, W, Cn 등은 대표적인 중금속들이다.

2. 금속의 결정구조

보통의 금속은 다양한 크기의 결정입자(grain)가 무질서한 상태로 집합되어 있는 다결정체(polycrystal)이지만, 개개의 결정을 보면 원자(原子)들이 어떤 규칙을 이루면서 배열되어 있다. 이같은 원자들의 배열을 결정격자 또는 공간격자라고 한다. 공간격자는 기본적으로 공간에 존재하는 원자의 배열이므로 이들 원자가 주기적인 배열을 하고 있다면 결정전체의 배열을 조사하기 위해서는 기본단위의 배열과 원자들의 상대적인 위치관계를 파악한 뒤 다른 부분들은 이들을 연장함으로써 전체 배열을 알 수 있으며 단위배열로서는 평행육면체를 생각할 수 있다. 이 측면체의 각 모서리의 방향으로 연장시켜 단위모서리 길이의 정수배가 되는 점을 구해가면 3차원의 주기적인 원자배열을 얻을 수가 있으며 이러한 평행이동의 조작을 병진(translation)이라 하며 아래와 같이 벡터(vector)의 식으로 표시된다.

$$Ir = pa + qb + rc \tag{1.1}$$

여기서 p, q, r은 정수이며, a, b, c는 단위평행육면체의 모서리를 나타내는 벡터이다. 따라서 Ir은 원점으로부터 떨어져 있는 평행육면체의 어느 꼭지점까지의 위치벡터를 표시하게 된다.

식(1.1)을 해석하여 기하학적으로 표현하면 아래와 같다.

$$r^2 = p^2a^2 + q^2b^2 + r^2c^2 + 2qrcos\alpha + 2rpcos\beta + 2pqcos\gamma \qquad (1.2)$$

여기서 $a = |a|, b = |b|, c = |c|, \alpha \leq bc, \beta \leq ca, \gamma \leq ab$이다.

이때 γ 로 주어지는 점을 격자점(lattice point)이라 하고 이와 같은 주기적인 3차원의 원자배열을 공간격자(space lattice) 또는 3차원격자(3-dimensional lattice)라 한다.

격자에서는 최소의 기본단위인 평행육면체를 단위격자(unit lattice) 또는 단위포(unit cell)라 하며 단위격자의 각 변의 길이와 축각을 포함하여 이들 상수를 격자상수(lattice constant or lattice parameter)라 한다. 단위격자는 세 변 A, B, C에 관계없이 그들의 평행이동에 의하여 평면상의 모든 격자점을 나타낼 수 있다. 지금 결정중에 있는 단위격자 A를 생각할 때 각 꼭지점에 있는 격자점은 서로 접하는 4개의 단위격자에도 포함되고 있으므로 단위격자 A에는 1/4만이 포함된다고 생각할 수 있으므로 이 단위격자에 포함되는 격자점은 1/4×4=1이 된다. 만일 0와 같은 단위격자를 생각하면 쑥지점에 있는 격자점이 1/4×4=1개, 변의 중앙에 있는 격자점이 1/2×4=2개, 중심에 있는 1개를 합하여 총 4개의 격자점이 이 단위격자에 속하게 된다.

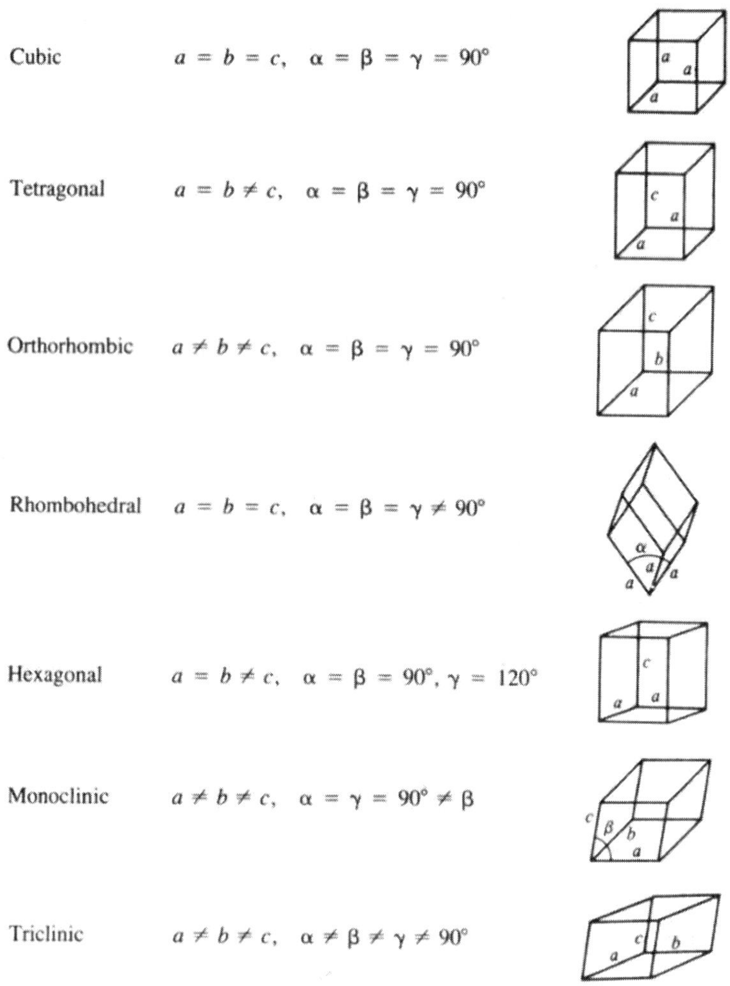

그림 1-1. 여러 형태의 평형육면체

표 1-1. 7가지 결정계

구분	각 변의 길이	축의 각도
등축정계(Cubic System)	a = b = c	$\alpha = \beta = \gamma = 90°$
정방정계(Tetragonal System)	a = b≠c	$\alpha = \beta = \gamma = 90°$
사방정계(Orthorhombic System)	a≠b≠c	$\alpha = \beta = \gamma = 90°$
육방정계(Hexagonal System)	a = b≠c	$\alpha = \beta = 90°$, $\gamma = 120°$
단사정계(Monoclinic System)	a≠b≠c	$\alpha = \gamma = 90° \neq \beta$
삼사정계(Triclinic System)	a≠b≠c	$\alpha \neq \beta \neq \gamma \neq 90°$
삼방정계(Trigonal System)	a = b = c	$\alpha = \beta = \gamma \neq 90°$

단위격자를 격자와 그에 속하는 격자점의 수가 대응이 되도록, 또 각 변의 길이가 최소가 되도록 선택하면 가장 기초적인 단위가 되며 이러한 단위격자를 primitive한 단위격자가 존재할 수 있는데 이들을 단위공간에 대해서 생각하면 각 결정계의 특징은 그의 대칭성에 있다. 표 1-1에는 그 대칭성의 특징을 대칭축과 그 수에 의해 나타내고 있다. 그런데 표 1-1에 나타낸 7종류의 primitive한 단위격자에 몇 개의 점을 부가하여도 표 1-1에 나타낸 대칭성을 유지할 수 있다. 예를 들어 표 1-1의 사방정계에서는 그 중심에 1개 또는 상하면의 중심에 1개씩 혹은 각 면의 중심에 1개씩의 격자점을 가하여도 이 단위격자의 대칭성을 유지한다. 이렇게 부가되는 격자점을 갖는 단위격자를 각각 체심격자(body-centered lattice), 저심격자(base-centered lattice), 면심격자(face-entered lattice)라고 부르고, 처음의 단위격자를 단순격자라고 부른다. 이와 같은 격자의 종류는 입방정계에 체심입방정과 면심입방정, 정방정계에 체심정방정, 사방정계에 체심사방정, 면심사방정, 저심사방정, 단사정계에 저심단사정이 있어 7종류의 단순격자와 합해서 전부 14종류가 된다. 이것을 발견자의 이름을 따서 브라바이스 격자(Bravais lattice)라고 부르며 그림 1-2에 이들 격자를 나타냈다.

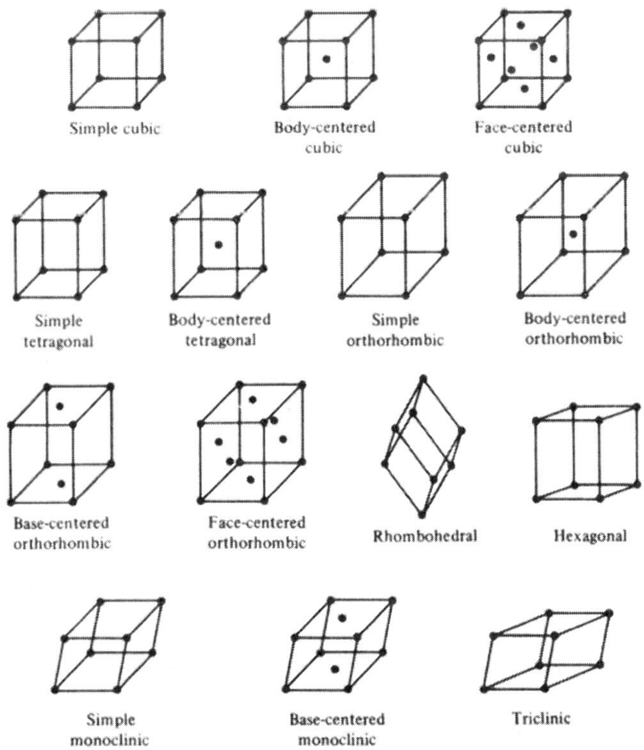

그림 1-2. 브라바이스 격자(Bravais lattice)

2.1 밀러 지수(Miller-Index)

그림 1-3과 같이 입방정의 단위격자의 한 모서리점을 원점으로 하여 3차원의 좌표계를 생각하고 격자상수를 단위로 하여 원점으로부터의 거리로 나타내면 각 원자의 위치는 그림에 표시한 바와 같이 결정된다. 그러나 결정구조의 대칭성과 반복성 때문에 개개의 원자위치를 나타내는 것보다는 원자로 구성되는 면이나 원자배열의 방향을 상대적으로 나타내는 것이 훨씬 편리하다. 변이나 방향의 표시는 결정학에서 사용되는 밀러지수를 사용하는 것이 편리하므로 밀러지수를 결정하는 법을 알아보기로 하자.

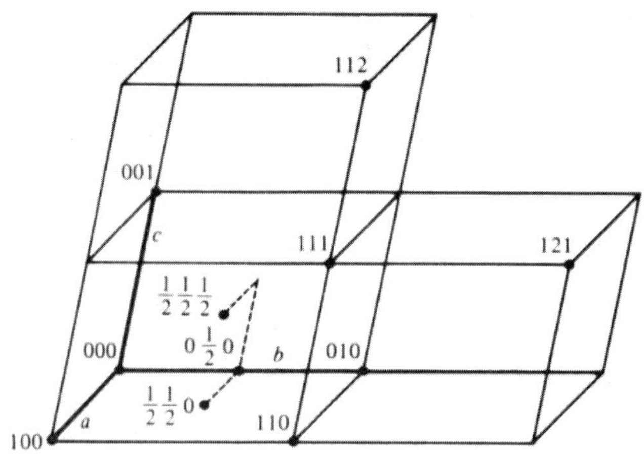

그림 1-3. 방향의 밀러지수

방향을 나타낼 때에는 그림 1-4에 나타낸 바와 같이 그 방향과 평행이고 원점을 지나는 직선을 생각하고 그 위에 적당한 점 A를 택하면, 그 점의 좌표가 방향의 밀러지수가 된다. 그림에서는 A점의 좌표가 2, 1, 1이므로 밀러 지수는 [211]이라고 쓰며 만일 직선상의 점 B를 택했다면 B점의 좌표는 4, 2, 2가 되나 밀러지수는 최소점수비를 택하므로 [211]이 된다. 따라서 이 직선과 평행한 모든 방향은 같은 지수로 나타낼 수 있다.

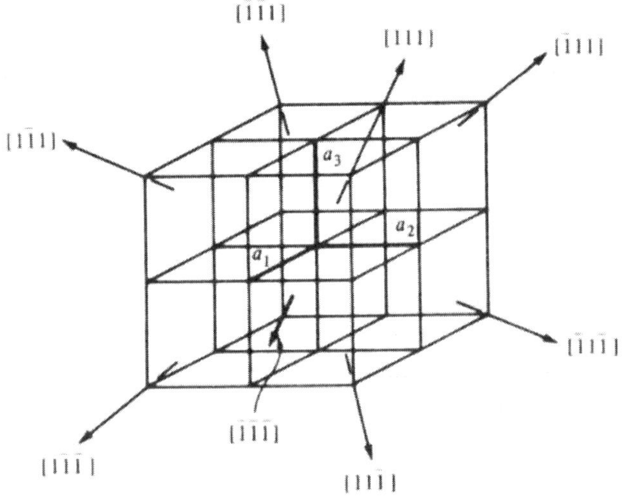

⟨111⟩

그림 1-4. 입방정계에 있어서 중요면과 방향의 지수

그림 1-4에는 입방정계에 있어서 중요면과 방향의 지수를 나타냈다. 그림에서 [100] 방향과 (100)면, [110]방향과 (110)면의 관계에서 알 수 있듯이 입방정계에서는 면과 방향의 지수가 같을 경우 반드시 직교한다. 또한 (100), (010), (001) 등의 면은 좌표축에 대한 상대적 대칭성은 똑같다. 이같이 상대적인 대칭성이 같은 면이나 방향을 결정학적으로 등가(equivalent)라고 부르며, 등가인 일군의 방향을 ⟨uΩ w⟩로 쓰며 여기서 ⟨⟩는 방향족(family of directions)을 나타낸다. 마찬가지로 등가인 일군의 면을 {hkl}로 쓰며 { }는 형면족(family of planes)을 나타내며 이러한 기호로 표시되는 모든 등가한 면이나 방향은 지수의 순서 및 부호를 바꿈으로써 얻을 수 있다. 예를 들어 {100}면은 (100), (01), (001), (100), (010), (001)의 6개의 면을 품는다. 그러나 앞서 말했듯이 지수가 같고 부호가 전부 반대인 면은 평행하므로 결국 3개의 면을 품게 되는 것이다. 따라서 다음과 같이 쓸 수 있다.

{111}={(111), {111}, {111}, {111}}
⟨110⟩={[110], [101], [01], [11]0, [101], [011]}

또한 입방정계의 면 중에서 {100}면을 입방체면(cubic plane) {110}면을 12면체면(dodecahedral plane), {111}면을 8면체면(octahedral plane)이라 부르기도 한다.

2.2 육방정계의 경우

육방정계에서도 면지수 및 방향지수가 적용될 수 있다. 그림 1-5에 나타낸 바와 같이 육방격자의 단위표는 같은 평면에서 120°로 고차하고 있는 a_1, a_2, a_3축과 이 평면에 수직한 c축을 갖고 있다. 따라서 육방정계의 면지수 및 방향지수는 이 4개의 축에 대응되는 4개의 지수가 필요하다.

육방정계의 면지수는 (hkil)로 표시되며 이 지수를 Miller-Bravais지수라고 한다. 여기서 h, k, i는 각각 a_1, a_2, a_3축과 그리고 l은 c축과 만나는 점까지의 길이와 단위길이에 대한 비의 역수의 최소정수비가 된다. 그러나 그림에서 알 수 있듯이 i는 h와 k로 나타낼 수 있으며 h+k=-i의 관계가 성립한다. 따라서 (hkil)을 (hkl)로 나타낼 수 있다.

육방정계에서 대표적인 면은 기준면(base plane)인 {0001}면, 각통면(prismatic plane)인 {1010}면, 각뿔면{pyramidal plane)인 {1011}면이 있다.

육방정계의 방향도 앞서 설명한 바와 같이 4개의 축에 의해 결정되므로 {uvtw]와 같이 표시되나 면지수와 마찬가지로 u+v=-t의 관계가 성립하므로 [UVW]로 표시할 수 있으며 이때의 변환 [uvtw] → [UVW]는 U=u-t V=v-t W=w에 의해 행하여진다. 예를 들면 [1011]=[211], [2110]=[320], [1120]=[330]=[110]이다.

육방정계에서는 같은 지수를 갖는 면과 방향의 직교성이 수직축에 평행한 면에서만 성립된다.

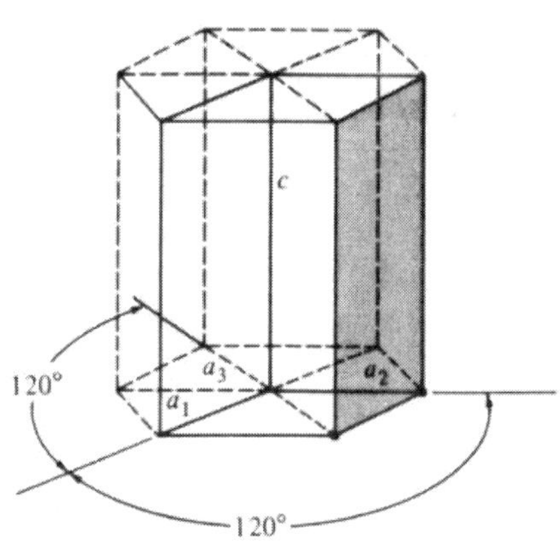

Miller-Bravais indices $(hkil)$: $\frac{1}{\infty}, \frac{1}{1}, \frac{1}{-1}, \frac{1}{\infty} \rightarrow (01\bar{1}0)$

Note: $h + k = -i$

그림 1-5. 육방정계의 좌표축과 밀러-브라바이스 지수

3. 금속의 결정구조 종류

3.1 순금속의 단위격자

많은 순금속은 비교적 단순한 결정구조를 갖고 있으며 대부분의 금속의 단위격자는 체심입방, 면심입방, 조밀육방의 결정구조 중 하나에 속하며 이들은 모두 대칭성이 큰 결정구조이다.

(가) 체심입방격자(Body-Centered Cubic lattice ; BCC)

이 결정구조는 그림 1-6에 보인 바와 같이 입방체의 각 꼭지점과 입방체의 중심에 각각 1개의 원자가 배열된 구조이며, 이들 원자는 지름이 같은 구가 서로 접촉한 모양으로 배열되어 있다. 여기서 우리는 단위격자인 입방체의 1변의 길이를 격자상수(lattice parameter) 또는 격자정수(lattice constant)라고 부르며, 서로 접촉하고 있는 원자를 최근접원자(最近接原子 ; nearest neighboraton), 그 중심간의 거리를 근접원자간 거리(interatonice distance)라고 한다. 또한 1개 원자를 중심으로 생각할 때 그 원자 주위에 있는 최근접원자의 수를 배위수(coordination number)라 부른다. 최근접원자는 서로 접하고 있으므로 근접원자간 거리는 원자의 지름과 같게 되고 그 값은 격자상수를 알면 구할 수 있다. 즉 그림 1-6에서 볼 수 있듯이 체심입방격자에서는 체대각선상에 존재하는 3개의 원자가 서로 접촉하고 있으므로 이 체대각선의 길이가 원사시름의 2배가 된다. 따라서 체심입방체의 격자상수를 a라고 하면 체대각선의 길이는 길이는 원자지름의 2배가 된다. 또한 체심입방격자의 중심에 있는 원자를 생각할 때 최근접원자는 격자의 각 꼭지점에 있는 원자들이 되며, 배위수는 8이 된다. 한편 단위격자 내에 속하는 원자의 갯수를 생각해보면 각 꼭지점에 있는 원자는 주위에 존재하는 8개의 단위격자에 동시에 포함되고 있으므로 1개의 단위격자에는 1/8만이 속하게 된다. 당연히 체심에 존재하는 원자는 완전히 1개가 단위격자에 속하게 되므로 체심입방체의 단위격자에 속하는 원자의 갯수는 1/8×8+1=2개 가 된다. 이상의 결과로부터 우리는 단위격자 내에서 원자가 차지하는 부피의 비율인 충진율(充績率 ; atomic packing factor)을 구할 수 있다. 즉 격자상수를 a라고 하면 격자의 부피는 a_3이고, 원자의 반경이 $(\frac{\sqrt{3}}{4}a)^3$이므로 원자 1개의 부피는 $\frac{8\pi}{3}(\frac{\sqrt{3}}{4}a)^3$이다. 따라서 BCC의 원자충진율은 다음과 같이 된다.

$$\frac{\text{단위격자내 원자의 부피}}{\text{단위격자의 부피}} \times 100 = \frac{\frac{4}{3}\pi\left(\frac{\sqrt{3}}{4}a\right)^3 \cdot 2}{a^3} \times 100 = 68.02\%$$

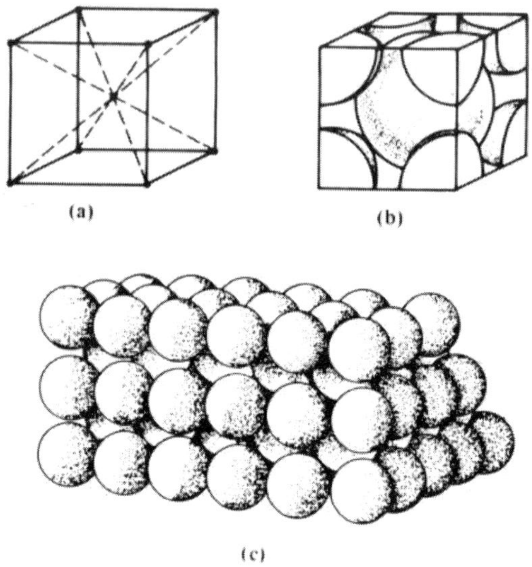

Structure: body-centered cubic (bcc)
Bravais lattice: bcc
Atoms/unit cell: $1 + 8 \times \frac{1}{8} = 2$
Typical metals: α-Fe, V, Cr, Mo, and W

그림 1-6. 체심입방격자의 구조와 대표적 금속

(나) 면심입방격자(Face-Centered Cubic lattice ; FCC)

이 결정구조는 그림 1-7에 나타낸 바와 같이 입방체의 각 꼭지점과 각 면의 중심에 각각 1개씩의 원자가 배열된 결정구조이다. 이 단위격자에서는 면대각선상에 3개의 원자가 서로 접하고 있으므로 원자의 지름(근접원자간 거리)은 단위격자의 면대각선 길이의 1/2이 된다. 따라서 격자상수를 a라고 하면 원자의 반경은 $(\frac{\sqrt{2}}{4}a)^3$가 된다. 또한 면의 중심에 있는 원자를 생각할 때 최근 접원자는 각 꼭지점 및 사방의 면에 있는 원자들이 되므로 배위수는 12가 된다. 한편, 면심입방체의 단위격자 내에 속하는 원자의 수를 구해보면 각 꼭지점에 존재하는 원자가 1/8, 각 면의 중심에 존재하는 원자가 1/2씩 속하게 되므로 전체적으로는 4개의 원자가 단위격자에 속하게 된다. 따라서 BCC에서 구한 바와 같이 원자의 충진율(A.P.F)을 구해보면 다음과 같이 된다.

$$APF_{(FCC)} = \frac{\frac{4}{3}\pi\left(\frac{\sqrt{2}}{4}a\right)^3 \times 4}{a^3} \times 100 = 74.05\%$$

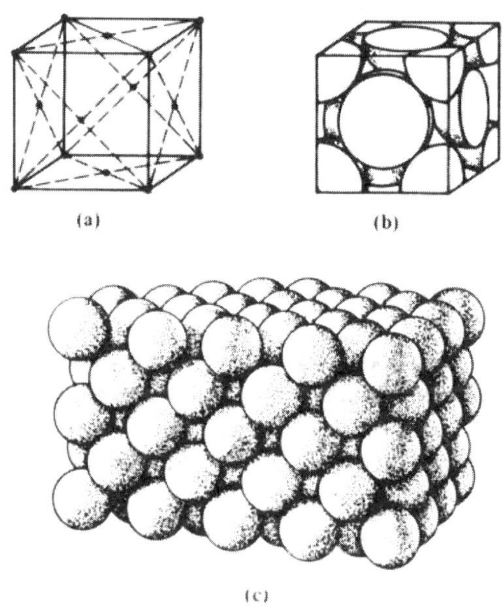

Structure: face-centered cubic (fcc)
Bravais lattice: fcc
Atoms/unit cell: $6 \times \frac{1}{2} + 8 \times \frac{1}{8} = 4$
Typical metals: γ-Fe, Al, Ni, Cu, Ag, Pt, and Au

그림 1-7. 면심입방격자의 구조와 대표적 금속

(다) 조밀육방격자(Close-Packed Hexagonal lattice ; CPH or HCP)

이 결정구조는 그림 1-8에 나타낸 바와 같이 육각기둥 상하면의 각 꼭지점 및 중심에 1개씩의 원자가 있고, 육각기둥을 이루고 있는 6개의 삼각기둥 중 한 기둥씩 걸러서 삼각기둥의 중심에 1개씩 원자가 배열된 구조이다. 이러한 단위격자에서는 그 크기를 육각기둥의 밑면을 이루고 있는 면의 1변만으로는 나타낼 수 없으므로 격자상수로서 밑변의 길이 외에 기둥의 높이를 정의하여 주어야 한다. 따라서 격자상수로서 밑면의 1변의 길이를 a, 육각기둥의 높이를 C로 표시하게 되는데 보통 C는 직접값으로 표시하지 않고 a와의 비인 c/a의 값으로 나타내며 이 c/a의 값을 축비(axial ratio)라고 부른다.

이 단위격자에서는 근접원자각 거리가 바닥면에서는 a가 되며 c축 방향에서는 그림 1-8에서 알 수 있듯이 $\sqrt{\left(\frac{2}{3}\cdot\frac{\sqrt{3}}{2}a\right)^2+\left(\frac{c}{2}\right)^2}=\sqrt{\frac{a^2}{3}+\frac{c^2}{4}}$ 가 되고, 배위수는 육각기둥 밑면의 중심원자를 보면 12가 됨을 알 수 있다.

여기서 c/a의 값을 구하기 위해 c축으로 맞닿은 원자만을 고려하면 그림 1-8과 같은 배열이 되며 이것은 정사면체를 상하로 2개 겹쳐놓은 것과 같으므로 c값은 한 변의 길이가 a인 정사면체의 높이의 2배가 된다. 또 한 변의 길이가 a인 정사면체의 높이는 다음과 같다.

$$\sqrt{a^2-\left(\frac{2}{3}\frac{\sqrt{3}}{2}a\right)^2}=\sqrt{\frac{2}{3}a^2},\ \frac{c}{a}=\sqrt{\frac{8}{3}}=1.633$$

앞서 우리는 결정구조를 이루는 원자들은 지름이 같은 구가 서로 접촉하여 쌓여있는 것으로 생각하였으므로 당연히 c/a의 값은 일정한 값을 나타내며 c/a=1.633의 이상적인 조밀충진의 경우에는 배위수가 12가 된다. 그러나 실제의 금속결정에서는 c/a가 1.6330에 근접한 값을 갖는 것은 α −co, Mg, Re에 한정되고 기타의 금속에서는 c/a〈1.633인 것이 많고 Zn, Cd에서는 c/a가 특별히 크다.

한편 조밀육방격자의 원자충진율은 구하기 위해서는 육각기둥의 단위격자보다도 그림 1-8에 굵은 실선으로 나타낸 사각기둥을 최소단위로 생각하면 훨씬 편하게 된다. 이 최소단위의 격자에서는 꼭지점의 원자가 p/g씩 기여하므로 단위격자내의 전체 원자수는 내부에 있는 1개와 꼭지점에 있는 원자 8×로 총 2개의 원자가 속하고 있다. 따라서 이 단위격자의 원자충진율은 BCC에서 구한 바와 같이 계산하면 다음과 같다.

$$\frac{\frac{4}{3}\pi\left(\frac{a}{2}\right)^3\times 2}{2\times\frac{1}{2}a^2\cdot\sin60^\circ\times c}\times 100=\frac{\frac{4}{3}\pi\left(\frac{a}{2}\right)^3\times 2}{2\times\frac{1}{2}a^2\sin60^\circ\cdot\sqrt{\frac{8}{3}}a}\times 100=74.05\%$$

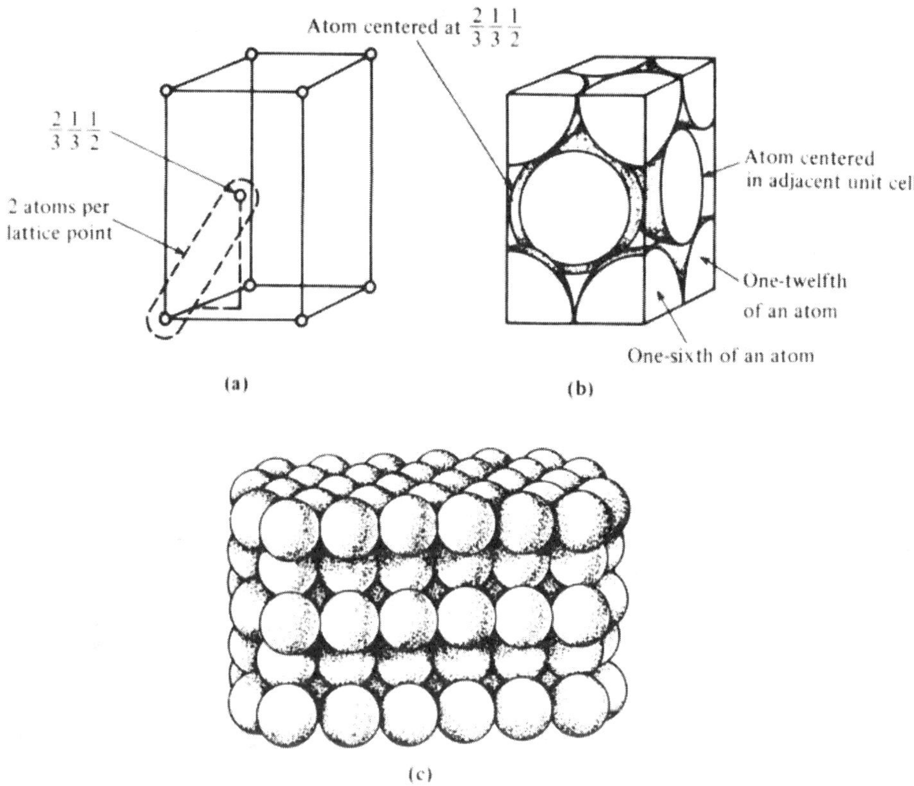

Structure: hexagonal close-packed (hcp)
Bravais lattice: hexagonal
Atoms/unit cell: $1 + 4 \times \frac{1}{6} + 4 \times \frac{1}{12} = 2$
Typical metals: Be, Mg, α-Ti, Zn, and Zr

그림 1-8. 조밀육방격자의 구조와 대표적 금속

4. 실리콘의 결정구조

실리콘은 두 개의 상호 침투 면심 입방기본 격자 호출 구조이다. 실리콘 원자 사이의 선은 가장 가까운 이웃의 결합을 나타낸다. 실리콘의 큐브 측은 0.543 nm이다. 게르마늄은 0.566 nm의 셀 사이즈와 동일한 다이아몬드 구조를 갖는다. 이 구조가 그림 1-9에 나타나 있다.

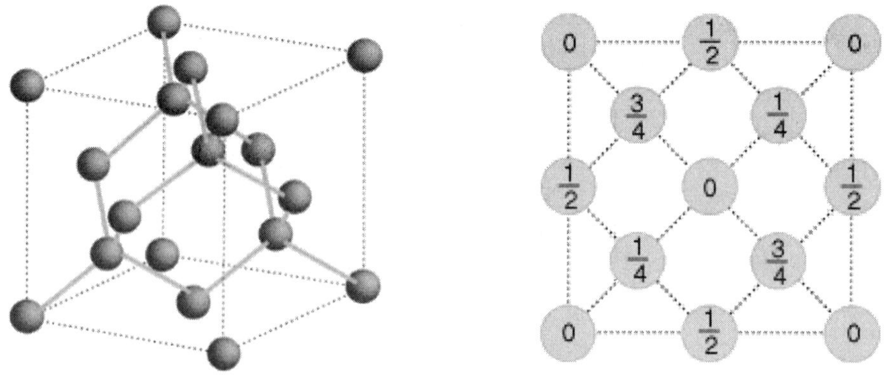

그림 1-9. 실리콘의 결정구조

5. 결정결함의 종류와 성질

- 결정결함(crystalline defect) : 결정격자의 불완전, 불규칙
  ⇒ 재료의 물리적, 기계적 특성에 영향(합금의 성형성, 반도체의 전도도, 금속의 부식이나 확산속도)
- 점결함(0차원) : 공공, 치환형 혹은 침입형 불순물 원자
- 선결함(1차원) : 전위
- 표면결함 및 결정립계(2차원)
- 체적결함(3차원) : 기공, 균열, 게재물

5.1 점결함

(가) 공공

격자중의 한 원자가 빠져나간 것이다. 응고나 원자진동에 의해 원자가 정상적인 격자점에서 이동될 때 형성되며 서로 위치를 교환할 수 있다.(원자의 확산 또는 이동에 영향, 공공의 분율은 10^{-4} 미만, 즉 1만 개당 1개 정도)

(나) 자기침입형(self-interstitial)

결정원자가 침입형 자리로 이동한 것 ⇒ 비틀림 형성. 공공의 경우보다 형성가능성이 훨씬 낮다. 재료의 단위부피당 생성되는 공공의 평형개수 N_v

$$N_v = N\exp\left(-\frac{Q_v}{kT}\right)$$

N : 원자의 자리수 Q_v : 공공을 형성하기 위한 활성화 에너지

k : 기체상수(볼츠만 상수)

T : 절대온도(즉 공공의 수는 온도에 지수함수적으로 비례하여 증가)

(다) 고체내의 불순물

○ 순금속(pure metal) : 99.99% 이상의 순도($1m^3$당 10^{22}~10^{23}개 정도의 불순물 원자 포함)

고순도구리(전기전도도), 고순도 알루미늄(표면광택), 귀금속류가 이에 해당된다.

○ 합금(alloy) : 기계적 강도나 내식성을 개선하기 위해 다른 원자를 첨가

○ 고용체(solid solution) : 가장 간단한 유형의 합금

○ 용매원자(solvent atom) : 모상원자(host atom, parent atom)

○ 용질원자(solute atom) : 적은 농도로 존재하는 원자

○ 치환형(substitutional) 고용체 : 원자의 자리를 바꾸는 경우

○ 침입형(interstitial) 고용체 : 용질원자가 작은 기체인 경우

○ 고용도(solid solubility) : 다른 원자에 의해 용해될 수 있는 원자분율

(100% : Ag-Au, Cu-Ni ⇒ 전율고용체(isomorphous))

○ 고용도를 증대시키기 위한 조건

1) 원자지름이 비슷해야 한다(15% 차이 이내)

2) 결정구조가 같아야 한다.

3) 전기음성도가 비슷해야 한다(화합물을 형성하지 않아야 한다).

4) 같은 원자가전자를 가져야 한다.

예) 원자반경차 전기음성도차 최대고용도

Cu-Ni 2.3% 0(1.8, 1.8) 100%

FCC FCC

Cu-Zn 3.9% 0.1(1.8, 1.7) 38.3%

FCC HCP

조성(composition)

$$CA = \frac{m_A}{m_A + m_B} \times 100(\%)$$

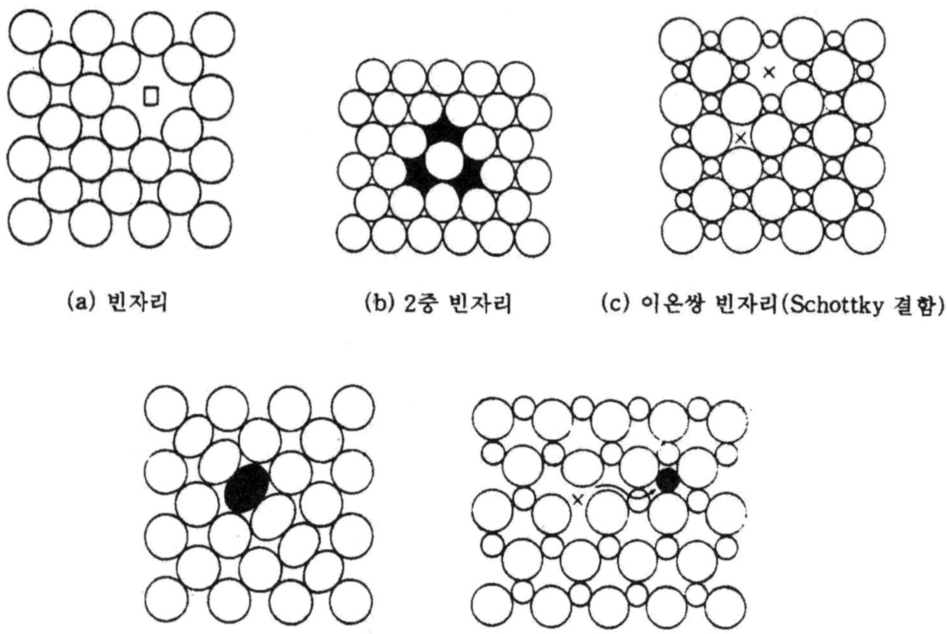

(a) 빈자리 (b) 2중 빈자리 (c) 이온쌍 빈자리(Schottky 결함)

(d) 침입원자 (e) 변위이온(Frenkel 결함)

그림 1-10

5.2 전위 – 선결함

전위(dislocation)란 일부 원자들의 정렬이 어긋한 결함. 결정질 고체의 응고과정에서 생성되며 결정질 고체의 변형, 공공의 응축, 고용체에서 원자적 불일치 현상이다. 칼날전위, 나선전위, 혼합전위가 있다. 칼날전위(edge dislocation)는 잉여의 원자면 혹은 반평면이 결정 내에 존재한다. 전위선(dislocation line)은 잉여 반평면의 끝을 따라 나타나는 선이며, 윗부분은 압축응력, 아랫부분은 인장응력을 받게 된다. 나선전위(screw dislocation)는 뒤틀림을 일으키는 전단응력에 의해 발생한다. 전위선(dislocation line)은 slip의 방향을 나타나는 선이다. 혼합전위(mixed dislocation)는 칼날전위와 나선전위의 혼합이다. 실제 결정 내의 전위는 대부분 혼합전위이다.

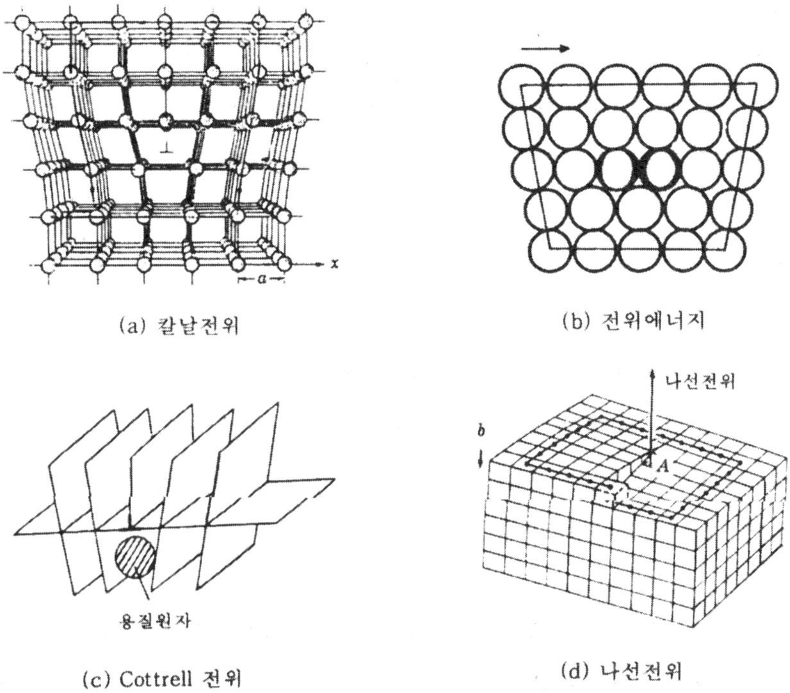

(a) 칼날전위
(b) 전위에너지
(c) Cottrell 전위
(d) 나선전위

그림 1-11

5.3 계면결함(interfacial defect)

다른 결정구조, 다른 결정방향을 가진 영역을 분리하는 경계면으로 외부표면, 결정립계, 쌍정립계, 적층결함, 상계면에 존재하고, 특히 쌍정립계(twin boundry)에서 기계적 쌍정은 전단응력에 의해 발생되는 원자의 이동(주로 BCC, HCP)에 의해서 형성되고, 어닐링 쌍정은 풀림처리에 의해 발생되는 원자의 이동(주로 FCC)에 의해서 형성된다.

5.4 부피 또는 체적결함

제조나 가공과정 중에 형성되고, 기공, 균열, 외부함유물, 석출물의 형태이다.

5.5 원자진동

고체 내의 현상으로 원자의 진동에 기인한다.

6. 실리콘 웨이퍼

실리콘은 회색의 깨어지기 쉬운 비금속성의 4족 원소로서 지구상 물질의 27.8%를 차지하는 자연계에서 산소 다음으로 가장 품부한 원소 중 하나이다. 이 실리콘은 석영, 마노, 부싯돌, 해변가 모래 등 다양한 물질들에 포함되어 있다. 실리콘은 반도체칩을 만드는 주요 원재료이다. 전기 전도성이 거의 없지만 정량의 도판트를 첨가할 경우 원하는 비저항을 얻을 수 있는 장점이 있다. 실리콘의 이러한 특성과 쉽게 구할 수 있다는 점에서 오늘날 반도체 원료로 가장 널리 쓰이고 있다.

※ 산화 실리콘(모래) → Poly silicon → Single crystal silicon ingot → Silicon wafer

실리콘 웨이퍼는 반도체원판인 기판을 만드는 기초 소재로 고순도 실리콘(규소)을 전기로 내에서 단결정 실리콘으로 성장시킨 후 절단 연마 등의 공정을 거쳐 생산된다.

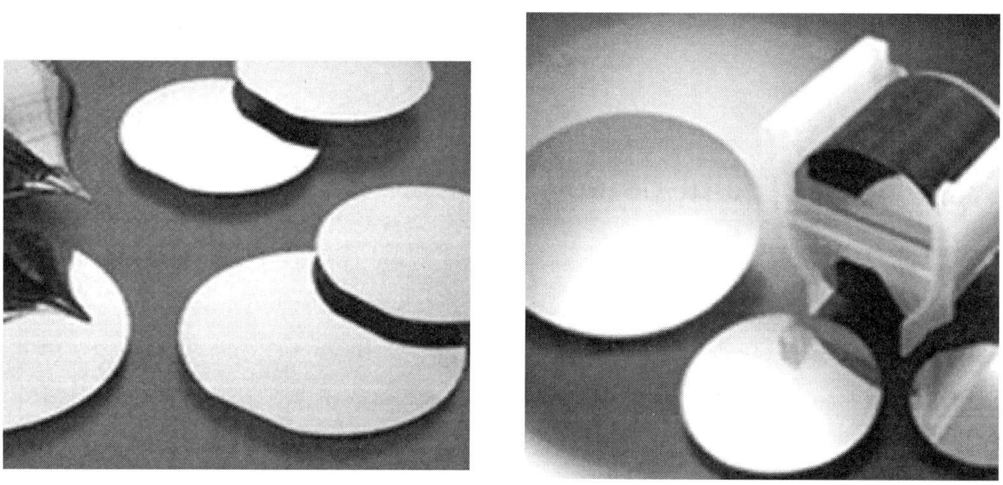

그림 1-12. 실리콘 웨이퍼

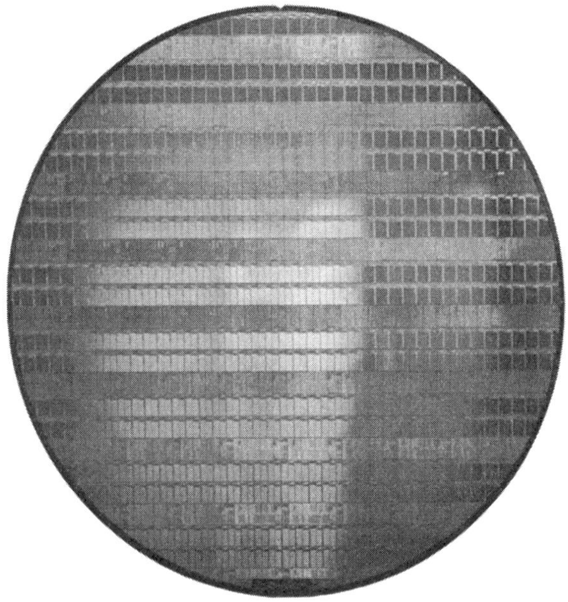

그림 1-13. 공정을 마친 실리콘 웨이퍼

6.1 실리콘 단결정 성장

실리콘 단결정은 주어진 방향성을 가진 씨드를 사용하여 고온의 로에서 회전하면서 용융상태의 실리콘을 서서히 끌어올리면서 고체화 시기는 쵸크랄스키 방법으로 성장 시킨다. 그 과정이 그림 1-14에 나타나 있다.

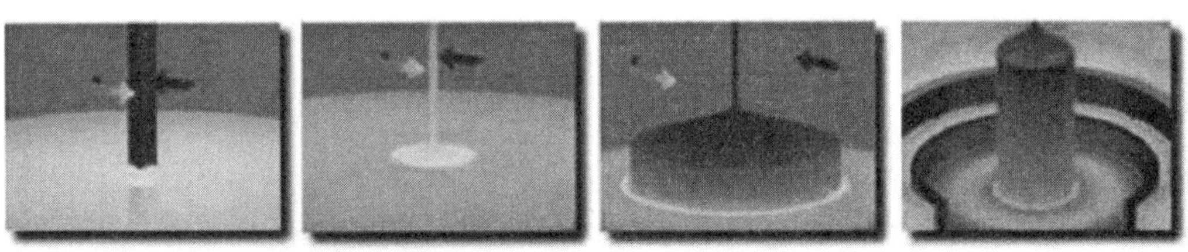

그림 1-14. 실리콘 단결정 성장 과정

성장이 끝난 Ingot은 slice 하여 원하는 두께로 가공하여 반도체 소자 공정에 쓰여진다. Slice하는 모습이 그림 1-15에 나타나 있다.

6.2 Slice

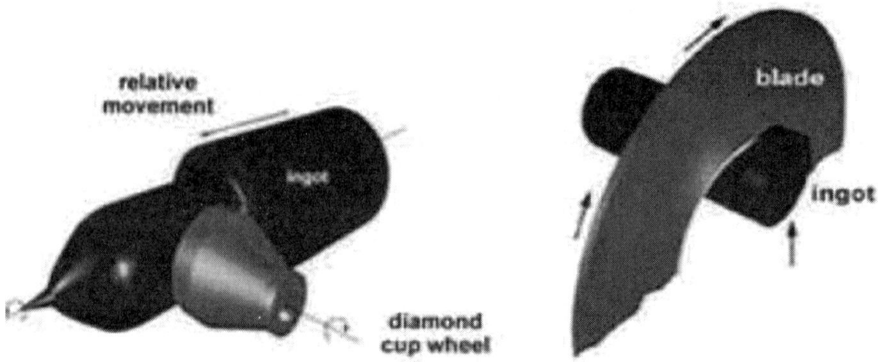

그림 1-15. 웨이퍼 Slice 모습

6.3 표면 연마

Slice된 웨이퍼는 표면 연마(Wafer Lapping & Polishing) 과정을 거치는데 웨이퍼의 한쪽 면을 닦아 거울처럼 반질거리게 한다. 이 연마된 표면에 전자회로의 Pattern을 그려 넣게 된다. 연마공정 모습이 그림 1-16에 나타나 있다.

그림 1-16. 표면 연마 공정

7. 반도체 물질의 특성, 기능 그리고 기능별 용도

전기가 통한다, 전기가 안 통한다 하는 말을 자주 쓴다. 보다 정확하게 말하면 전류가 흐른다, 전류가 흐르지 않는다고 할 수 있다. 그 실험장치를 그려보면 그림 1-17과 같다.

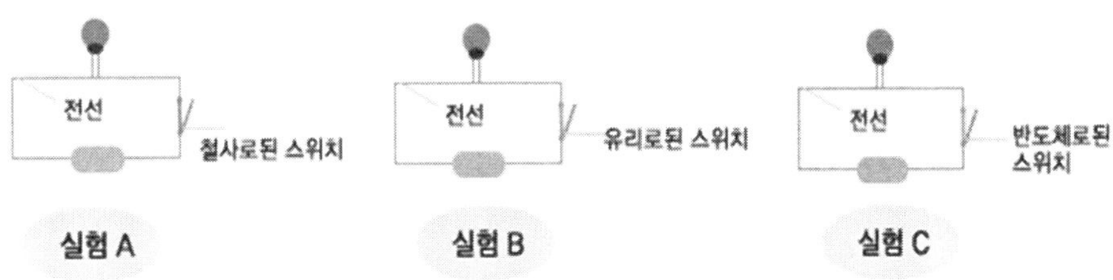

그림 1-17. 반도체 전기적 특성 실험 방법

① 스위치를 켜면 전구에 불이 들어온다.
= 전기가 통한다.
= 전류가 흐른다.
= 철사는 도체(導體)

② 스위치를 켜면 전구에 불이 안 들어온다.
= 전기가 안 통한다.
= 전류가 흐르지 않는다.
= 유리는 부도체(不導體)

실험 A처럼 철사로 된 스위치는 전기가 통하기 때문에 끊어진 전선을 연결해 줄 수 있다. 그러나 실험 B처럼 유리로 된 스위치는 전기가 통하지 않기 때문에 끊어진 전선을 연결해 줄 수 없다. 이렇게 철사처럼 전류가 흐르는 물질을 도체라고 하고, 유리처럼 전류가 흐르지 않는 물질을 부도체라고 한다. 전기공학에서는 전기가 흐르는 정도를 "전기전도도"라고 한다. 따라서 도체는 전기전도도가 아주 크고 부도체는 전기전도도가 거의 0(제로)라고 할 수 있다. 일반적으로 전기전도도가 도체와 부도체의 중간정도 되는 물질을 반도체라고 한다.

7.1 최외각전자와 주기율표

최외각전자란 원자핵 주변을 돌고 있는 전자들은 일정한 궤도를 돌게 되는데 가장 바깥쪽 궤도를 돌고 있는 전자를 말한다. 특히 가장 바깥에 있는 이러한 최외각전자들은 8개를 채우려하는 성질이 있는데 이것이 원자와 원자를 서로 결합시키는 원동력이 되고 이렇게 해서 분자도 되고 또 분자들이 모여서 물질이 되는 것이다.

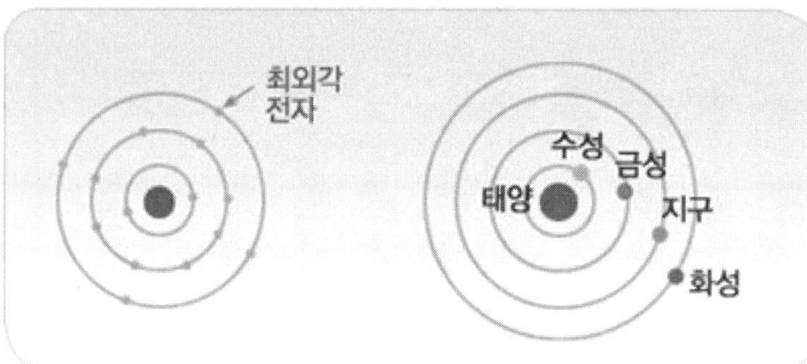

그림 1-18. 태양계와 비교된 최외각 전자의 개념도

또한 최외각전자의 갯수는 원자핵의 양성자 갯수와 일치하는데, 1개에서부터 8개까지로 존재할 수 있으며 최외각전자의 갯수가 같은 원자들끼리는 유사한 성질을 갖게 된다. 이처럼 원자들을 최외각전자의 갯수에 따라 분류해놓은 표를 주기율표라고 한다. 주기율표에 따라 원자들은 I족에서부터 VIII족(또는 0 족)으로 구분되며, 실리콘의 경우 최외각전자가 4개이므로 IV족 원소임을 알 수 있다. 또한, 붕소(B)원자는 주기율표상에서 보면 III족 원소이며 따라서 최외각전자가 3개임을 알 수 있다. 마찬가지로 인(P)이나 비소(As)는 V족 원소이며 따라서 최외각전자의 갯수는 5개가 되는 것이다. 그림 1-19에 LSI 칩 제조에 쓰이는 주요 원소들의 주기율표가 도시되어 있다.

(원자번호 / 원소기호 / 원 소 명 / 원 자 량)

금 속 원 소		비 금 속 원 소			
제 1 족	제 2 족	제 3 족	제 4 족	제 5 족	제 6 족
		5 B 붕소 10.811			8 O 산소 15,9994
		13 Al 알루미늄 26.98154	14 Si 실리콘 28.0855	15 P 인 30.97376	16 S 유황 32.066
29 Cu 구리 63.546	30 Zn 아연 65.39	31 Ga 갈륨 69.73	32 Ge 게르마늄 72.59	33 As 비소 74.9216	34 Se 셀렌 78.96
	48 Cd 카드뮴 112.42	49 In 인듐 114.82		51 Sb 안티몬 121.75	

LSI에 흔히 사용되는 원소

그림 1-19. LSI 칩 제조에 쓰이는 주요 원소들의 주기율표

7.2 진성 반도체와 불순물 반도체

반도체가 만들어지는 실리콘 단결정이란 어떤 물성을 갖는 것일까? 결정(crystal)은 형성방법에 따라 단결정과 다결정으로 분류된다.

◇ 단결정 : 시료(試料)의 어느 부분을 보아도 결정축의 방향이 같은 것
◇ 다결정 : 많은 단결정들이 여러 방향으로 모여 있는 것

실리콘 단결정은 실리콘 원자가 규칙적으로 늘어서 있다. 한 개의 실리콘원자는 최외각에 4개의 전자를 가지는 주기율표상의 IV족 원소이며, 서로 이웃하는 전자끼리 굳게 결합함으로써 결정을 이루게 된다. 이러한 결합을 공유결합이라고 한다. 이런 순수한 실리콘에서는 원자핵에 결합되어 있는 전자가 움직일 수 없기 때문에 실리콘 외부에서 전압을 걸어도 전류는 흐르지 않으며 이를 진성반도체(intrinsic semi conductor)라고 한다. 진성반도체에서 실리콘의 원자 모형이 도시되어 있다.

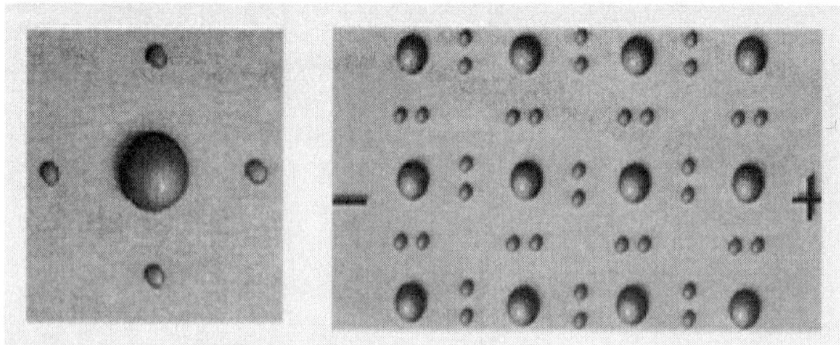

▲ IV족인 실리콘원자의 모형

그림 1-20. 진성반도체의 경우 실리콘 원자의 모형

부도체나 다를 바 없는 진성반도체에 특정불순물을 집어넣어 주면 전류가 흐르기 시작한다. 여기서 불순물은 전류의 근원, 즉 전류라고 할 수 있으며 이렇게 불순물로 자신의 전기 전도도를 조절할 수 있는 반도체를 불순물(Extrinsic)반도체라고 한다. 불순물반도체에는 p-type과 n-type 두 가지가 있다.

(가) p-type 반도체 또는 p-type 실리콘

순수한 실리콘, 즉 진성반도체에 주기율표상의 III족 원소를 소량 넣어주면 전자가 비어있는 상태로 즉 정공(Hole)이 생긴다. 이 상태에서 실리콘에 전압을 걸어주면 전류가 흐르게 되는 것이다. 원자모형이 그림 1-21에 도시되어 있다.

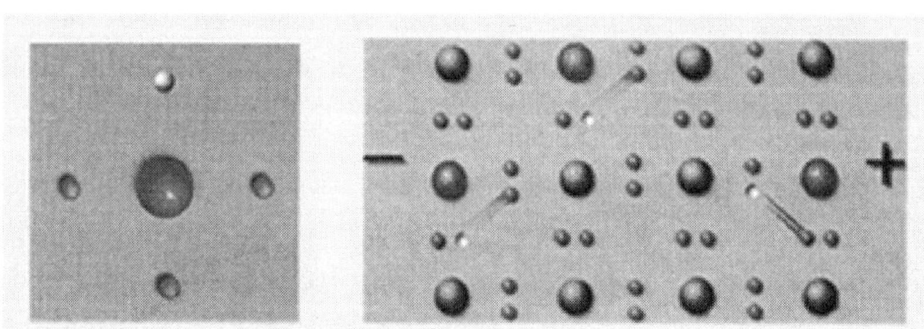

▲ III족인 붕소원자의 모형

그림 1-21. p-type 원자모형(실리콘 반도체 내에서 붕소를 불순물 사용 시 원자 모형)

(나) n-type 반도체 또는 n-type 실리콘

주기율표상의 V족 원소를 소량 넣어주면 전자가 남는 상태로 즉 잉여전자가 생긴다. 이 상태에서 실리콘에 전압을 걸어주면 제자리를 못 찾은 잉여전자가 자유전자가 되며 전류가 흐르게 되는 것이다. 그림 1-22에 실리콘 원자에서 n-type에 대한 원자모형이 도시되어 있다.

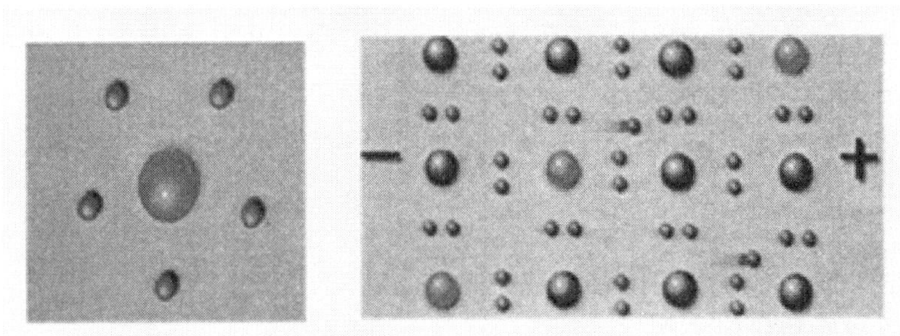

▲ V족인 비소원자의 모형

그림 1-22. n-type 원자모형(실리콘 반도체 내에서 비소를 물순물 사용 시 원자 모형)

8. 에피택셜 성장(Epitaxial growth)

에피택셜 성장(epitaxial growth)은 단결정 반도체의 기판 표면 위에 또 다른 반도체의 단결정층을 성장하기 위한 방법으로서 epitaxy는 그리스어로 위(on)라는 의미의 epi와 배열(arrangement)이라는 뜻의 taxis에서 유래한 것이다. 반도체의 용융점 이하에서 동작하지만 에피택셜 공정에서 단결정 기판은 씨앗(seed)의 역할을 하게 되며, 저온에서 매우 얇은 단결정 성장할 수 있다는 장점을 가지고 있다.

에피택셜 공정에서 에피택시 단결정층이 단결정의 기판과 동일한 성장을 하게 될 경우에 공정을 호모에피택시(homoepitaxy)라고 부르고, 에피택시층과 기판의 재료가 상이한 경우를 헤테로에피택시(heteroepitxy)라고 한다. 예로서, 헤테로에피택시는 GaAs 기판에 3종 화합물 반도체인 AlGaAs의 에피택셜층을 성장한 것이다.

에피택셜 성장기술은 기상 에피택시(Vapor Phase Epitaxy, VPE), 액상 에피택시(Liquid Phase Epitaxy, LPE) 그리고 분자선 에피택시(Molecular beam Epitaxy, MBE)로 크게 나눈다. VPE는 에피택셜 성장기술로 널리 사용된다. Si 에피택시층을

Si 단결정 기판에 성장시키기 위해 SiH_4(Silane)이나 $SiCl_4$(Silicon tetrachloride)와 같이 Si를 함유하는 가스를 Si 기판의 표면 위에서 반응하여 증착하는 기술이다. 단결정의 기판이나 에피택시층으로의 불순물첨가는 VPE에 의해 쉽게 얻을 수 있다. LPE는 종결정의 역할을 하는 단결정 기판 위에 액상으로 성장시킨다. 주로 GaAs와 III-V족 화합물 반도체에 유용하고, 초크랄스키 방식보다 낮은 온도에서 에피택셜 공정이 이루어진다. MBE는 다른 에피택셜 공정보다 비교적 낮은 400~800[℃] 온도와 초고진공 상태에서 원자나 분자선으로 결정기판의 표면에서 반응시키는 공정기술이다. 이런 기술은 AlGaAs와 같은 3종 화합물 반도체를 GaAs 결정기판에 성장할 수 있고, 전자의 평균자유행(mean free path)보다 작은 주기를 갖는 매우 얇은 층을 주기적으로 반복하는 다층 박막의 초격자(superlattice) 소자와 헤테로접합소자에 사용되며, 레이저(LASER) 다이오드와 같은 광학소자에도 매우 유용하다.

제2장

금속 Seal과 O-Ring

1. Seal의 종류 및 선정
2. O-Ring
3. 펌프 Gland부의 밀봉장치
4. 배관 Flange용 Seal(Gasket)
5. Valve Stem Box용 Seal

1. Seal의 종류 및 선정

Seal은 기계의 고정부나 운동부에 적용되어 액체 또는 기체의 누설을 방지하는 부품이다.

1.1 Seal의 종류

① Oil Seal

Oil Seal은 상대적으로 간단한 구조를 가지며, 윤활유의 Sealing 뿐만 아니라 물의 Sealing에도 적용된다. Oil Seal은 마찰이 작으면서도 좋은 Sealing 특성을 가지고 Sealing Lip과 기계 운동부 사이의 마찰에 의해 Lip의 마모가 일어나지 않도록 적절한 윤활이 되도록 주의하여야 한다.

② Mechanical Seal

Mechanical Seal은 물, Oil, 산, 알칼리 용액 및 공기와 같은 다양한 액체 및 기체의 Sealing에 적용되며, 고압과 고속의 환경에서도 장기간 수명을 유지한다. Seal의 구조상 Shaft의 마모는 발생하지 않으나 가격이 비싸다.

③ Gland Packing

Gland Packing은 물, Oil, 산 및 알칼리성 용액과 같은 거의 모든 액체의 Sealing에 적용할 수 있으나 완벽한 누설 방지는 되지 않는다. Gland Packing은 마찰이 크고 마모도 되기 쉬우나 취급과 사용이 간편하다.

④ Lip Packing

Lip Packing은 고압의 Oil이나 물을 Sealing 할 때 사용된다. Lip Packing은 안정된 Sealing 특성을 가지며 상대적으로 작은 공간에 설치할 수 있다.

⑤ O-Ring

O-Ring은 작은 공간에 설치 가능하고 취급이 쉽고 가격이 싸다. Seal 성능은 다른 Seal에 비해 떨어진다.

⑥ Labyrinth

Labyrinth는 주로 Gas Sealing에 사용되나 액체의 Sealing에도 사용할 수 있다. 간단한 구조를 가지며 마찰 손실이 없으나 약간의 누설이 발생한다. 축방향으로 긴 설치공간을 차지하며 약간의 누설이 허용되는 곳에는 사용 범위의 제한이 없다.

⑦ Gasket

Gasket은 운동이 없는 부위의 실링으로 사용되며, 사용 조건에 따라 다양한 재질과 형상이 사용되고 있다.

1.2 Seal의 선정 방법

액체 또는 기체의 누설을 방지하기 위한 Seal을 선정하기 위하여 다음의 사항들을 고려해야 한다.

- 사용 조건 : 사용 온도, 압력, 원주 이동 속도, 실링할 매체의 종류, 오염의 유무, 공급되는 오일의 양 등
- 허용되는 누설량, 구입용이성, 요구수명, 가격 등

표 2-1에 실의 종류와 사용 범위를 나타내었다.

표 2-1. 실의 종류와 사용 범위

실의 종류			운동형태	사용 범위	
				압력(kgt/cm^2)	속도(m/s)
운동용 실	접촉식	Oil seal	회전운동 왕복운동	0.3 6	16 1
		Mechanical Seal	회전운동	50(300)	30(100)
		Gland Packing	회전운동 왕복운동	10 100	20 1
		Lip Packing	왕복운동	200	1.5
		O-Ring	왕복운동 (고정 상태)	100(250)	1(2)
	비접촉식	Labyrinth	회전운동 왕복운동	-	-
고정용 실	Gasket		고정상태	300(1000)	0

1.3 Seal의 재질 및 특징

Oil Seal, Packing 및 O-Ring은 고무로 만들어져 있다. 이 고무 재질들은 내열성, 내한성, 오일과 적합성, 내약품성 등 환경에 대한 조건과 내마모성, 내압축성, 내구성 등 실의 성능과 관련된 특성을 가진 재질이어야 한다. 사용 조건에 따라 Seal용 고무 재질은 기본 재질에 여러 가지 첨가제를 넣어 만들어진다. 기본적인 재질로는 NBR, ACM, VMQ, FKM 및 AU가 주로 사용되며 이들 중 NBR이 Seal 시장의 70%를 점유한다. 표 2-2에 Seal용 고무 재질에 대하여 나타내었다.

표 2-2. 다양한 Seal 용 고무재질의 장점과 적용 예

재질	장점	적용 예
Nitrile 고무 (NBR)	Oil과의 적합성과 내열성이 좋으며 가격이 몰딩이 쉽다.	Oil Seal, Packing, O-Ring 및 Diaphragms
Polyacrylate 고무 (ACM)	Oil과 적합성과 내열성이 좋으며 특히 Gear Oil과 적합성이 좋다.	고온, 고속 조건 및 Gear Oil용 Oil seal
Sillicon 고무 (VMQ)	내열성, 내한성 및 내 압출성이 우수	고속용 Oil seal, O-Ring 및 Diaphragma
Fluorocarbon 고무 (FKM)	내열성과 내약품성 우수	고온 Oil seal, 의약용 Packing
Polyurethane-ester (AU)	강도와 경도가 높으며 내마모성과 내한성이 우수	고압용 Packing, Diaphragma

Oil Seal에서 가장 중요한 요소는 기본 Polymer이다. 사용 조건을 만족하기 위하여 다음의 특성들이 매우 중요하다.

- 화학 약품에 견디는 성질
- 열과 저온에서 견디는 성질
- 오존과 경년 변화에 견디는 성질
- 충분한 탄성
- 물에 견디는 성질
- 충분한 압축 강도
- 저렴한 가격

2. O-Ring

O-Ring은 1940년대에 미국의 국용비행기(유압계통)의 Seal(밀봉)규격으로 본격적로 채용되었으며 현재는 범용 Seal 방법으로 일반화되어 세계적으로 가장 많이 사용되는 Seal 방법이다.

특징은 아래와 같다.

- 저렴하다.
- 접합부분의 설계와 구조가 간단하다.
- 광범위한 Seal로 적합하다.
- 사이즈와 재질이 풍부해서 구하기 쉽다.
- 접합부의 유지보수가 용이하다.

2.1 O-Ring의 밀봉(Seal)동작

O-Ring을 어느 일정량을 압축시키면 압축을 복원하려는 반발력으로 듬새를 차단(밀봉-Seal)한다. 따라서 그림 2-1과 같이 유체의 압력이 가해지면 압력에 O-Ring이 크게 변형해 그 반발력이 더해져 밀봉력이 증가하게 된다. 이것이 밀봉의 동작원리이다.

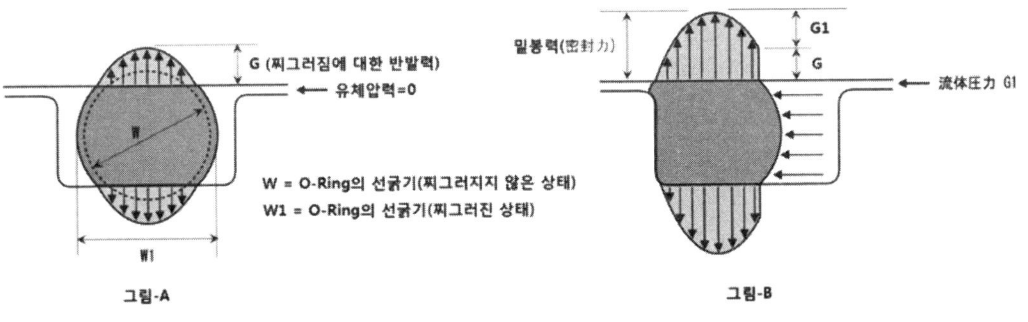

그림 2-1. O-Ring 밀봉의 동작원리

2.2 O-Ring의 찌그러짐

그림 2-2와 같이 일정량의 압축은 찌그러짐치로 부르고 또 찌그러짐율로 계산한다. 일반적으로 8%~10%를 부여하지만 운동용(습동/회적)과 고정용에 따라 변동한다. 운

동용에서는 찌그러짐율이 높게 되면 저항이 커지고 또 O-Ring의 마모가 빨라지기 때문에 찌그러짐율을 적게 한다. 또 고정용에서는 장착부위의 공차 등에 의해 크게 하는 경우가 있다. 그래도 O-Ring의 피로(영구변형) 등을 고려하면 30%가 최대치가 된다. O-Ring 도랑의 치수설계(선 굵기에 따른 일람표)와 O-Ring의 찌그러짐치의 치수는 JIS B2401 P번, G번을 참조하면 도움이 많이 된다.

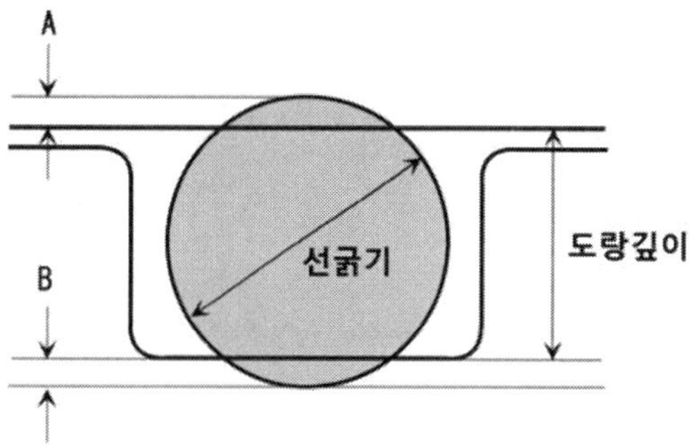

찌그러짐치 = A+B = (O-Ring 선굵기-도랑깊이)

$$찌그러짐율 = \frac{A+B}{\text{O-Ring 선굵기}} \times 100\ (\%)$$

그림 2-2. O-Ring 밀봉시 찌그러짐율 계산과 관련 변수

2.3 고압력에서의 주의사항(틈새/경도/압력)

O-Ring의 밀봉력(耐圧能力)은 틈새와 O-Ring의 경도(硬度)와 Backup Ring의 유무로 결정된다. 그림 2-3이 그 관계성을 설명하는데 (a)에서와 같이 O-Ring을 압축시키면 유체(流體)의 압력에 따라 O-Ring이 변형해서 이론상으로는 고압력에서도 무한대이지만 실제로는 70kg/cm^2 정도부터 O-Ring의 일부가 (b)와 같이 틈새와 경도(硬度)에 따라 유체압력의 한도가 정해진다. (c)는 O-Ring의 경도와 압력, 틈새와의 관계도를 나타낸다.

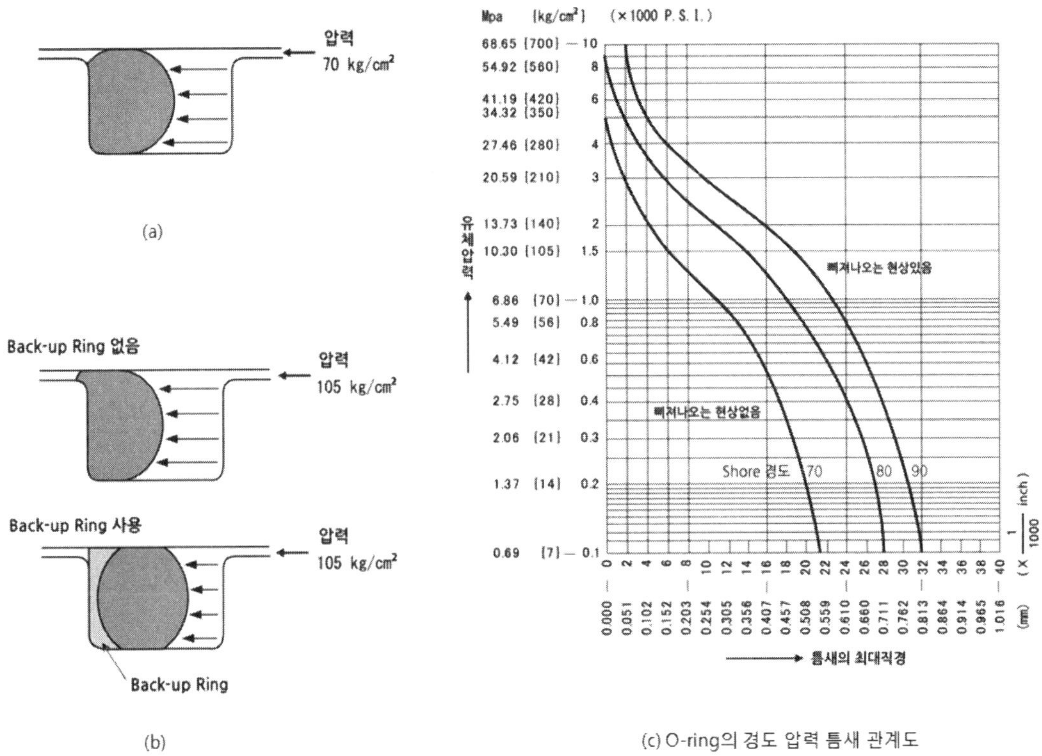

그림 2-3. O-Ring의 경도, 압력, 틈새와의 관계성

O-Ring의 최대틈새에 대한 물성이 표 2-3에 나타나있다.

표 2-3. O-Ring의 최대틈새에 대한 물성(단위 : mm)

경도(Hs) \ 사용압력(Kgf/cm²)	35 이하	35~70 이하	70~105 이하	105~140 이하	140~210 이하
70°	0.4	0.25	0.15	0.1	0.04
80°	0.6	0.50	0.35	0.2	0.15
90°	0.7	0.60	0.50	0.4	0.25

관련 시험조건은 아래와 같다.

- Back-up Ring을 사용하지 않았다.
- 유체압력에 의한 실린더의 부풀음은 없는 것으로 한다.
- 대기압력에서 표기압력까지 150회/분 10만회 반복한 후의 결과이다.

유체압력에 의한 실린더의 부풀음이 예상될 때는 그림 2-3의 (c)값의 75% 이하의 틈새로 해야 한다. 여기서 80Kg/cm^2 이상의 고압력일 경우에는 그림 2-4와 같이 Back-up Ring을 병용해야 한다. Back-up Ring은 압력방향에 따라 1개 병용, 양쪽 2개 병용하며 재질은 불소수지(PTFE, Teflon)가 일반적이며 형상은 조립 등의 이유에서 Endless, Bias-cut, Spiral 등이 있다.

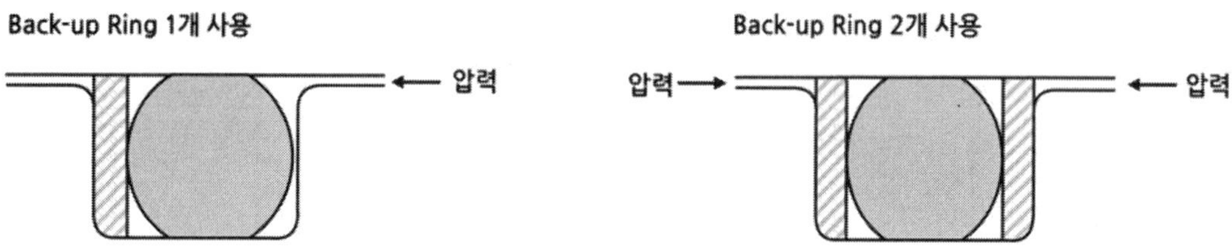

그림 2-4. Back up ring 설치모습

3. 펌프 Gland부의 밀봉장치

3.1 펌프 Gland부 Seal의 사용 환경

펌프 Gland 부의 Seal을 설계, 선정, 보수, 보전하기 위해서는 Seal에 영향을 미치는 여러 인자 즉 펌프 Gland부의 사용 환경과 인자에 대하여 충분한 검토되어야 한다. Seal에 영향을 주는 인자들을 정리하면 다음과 같다.

(1) **기기의 형식** : Pump에서는 횡형, 입형, 단수 등 기기의 구조를 개념적으로 설정할 수 있다. 즉, 취급하는 유체의 상태와 유동방향, 축수방식과 축 회전 정도 및 Seal 취급부의 기기 정밀도 등의 개념을 설정하는 것이 필수조건이다.

(2) **유체의 성질** : Pump 양액의 화학적 안정성, 점도, 비중, 증기압 등의 자세한 특성에 대한 자료는 Seal 형식 및 재료에 선정에 중요한 인자이다.

(3) **회전수** : Seal Size, 압력과 함께 Seal 선정 상 중요한 3요소로써 Seal 형식, 구조 등을 결정하는 요소이다. 따라서 Seal 회전 속도, Pv치, 섭동 발열량 계산의 기초 조건으로 후술하는 Seal 형식, Flushing 방식과 공급량, Quenching, Cooling 등의 보조 장치의 설계, 선정에 필수조건이다.

(4) **회전 정도** : 축수 형식, 지지 방식에 따라 진동, 축진동, 축 이동 등의 Seal 구조, 형식 등을 결정하는 요소로써 추종성, Torque 전달부의 내마모성을 고려한 Seal 구조, 형식, 재질을 결정하는 요소이다.

(5) **온도** : Gland부의 온도 조건은 Seal 재질 및 Seal 재질의 온도에 대한 내구성을 주기 위한 Flushing, Quenching, Cooling 등의 배관 설정을 위한 중요한 인자이다.

(6) **압력 조건** : Pump에서 흡입압력, 토출압력, Gland Box 압력 등을 말하며 Seal 유체 압력 설정에 따른 요소이다. 따라서 Seal 구조, 형식, Flushing 방식 등을 결정하는 요소이다. Pump Gland Box의 압력조건은 기기의 종류별로 다른데 이에 대하여 정리하면 다음과 같다.

① Semi-open Impeller Type의 Gland Box 내의 압력
Gland 압력 PL은 아래 식과 같다.

$$PL = Ps + \Delta\Pi - \Delta Ppo$$

여기에서 Ps는 흡입압, △Pi는 Impeller의 압력상승치, △Ppo는 Vane에서의 압력강하량이 증가한다.

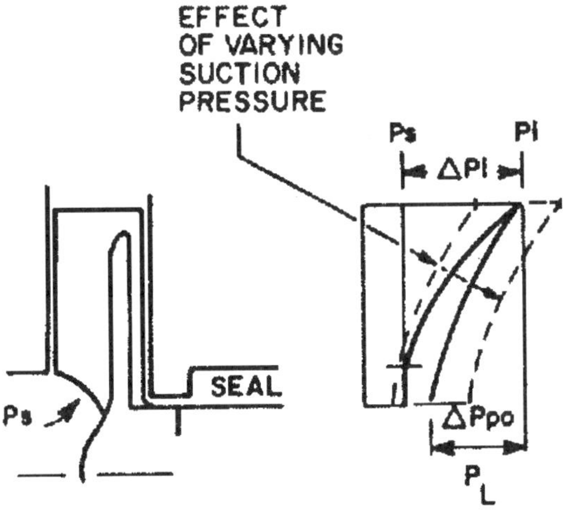

그림 2-5

② Single Suction, Balanced Impeller Type의 Gland Box 내의 압력
Gland 압력 PL은 ≒ Ps

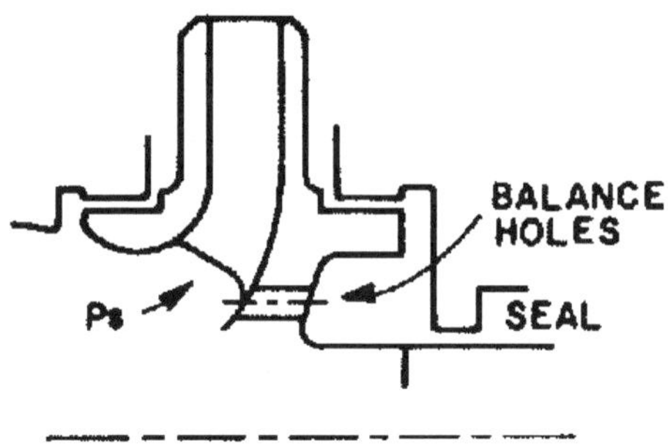

그림 2-6

③ Single Suction, Unbalanced Impeller Type의 Gland Box 내의 압력
Gland 압력 PL은

$$PL = Ps + \triangle Pi - \triangle PSH = Ps + 0.7\ \triangle P$$

여기에서 △P는 다단에서의 압력상승치이다.

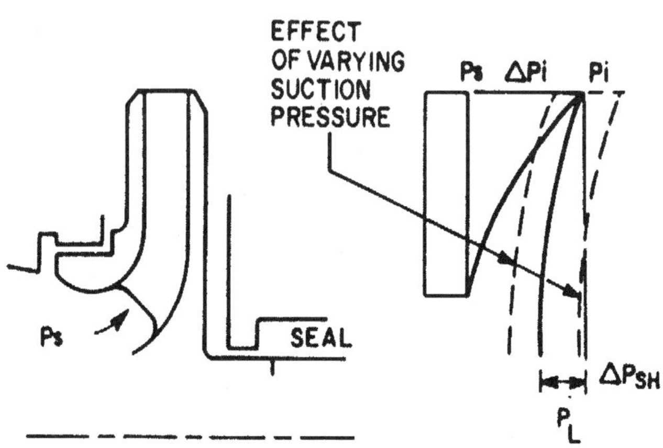

그림 2-7

④ Single Suction, Balanced Impeller Type의 Gland Box 내의 압력
다단에서 Gland 압력 PL은 ≒ Ps

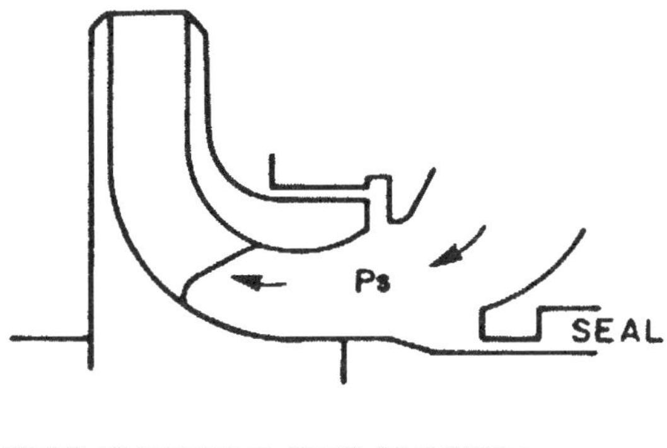

그림 2-8

⑤ Double Suction Impeller의 경우는 ④와 같다.

3.2 펌프 Gland부 Seal 종류 및 특징

펌프 Gland부에 사용되는 Seal은 동적 Seal 전체가 Pump Gland부에 사용되고 있는데 여기에서 동적 Seal 전체에 대해 설명하기는 지면상 어려움이 있으므로 많이 사용하는 몇 가지에 대하여 분류하고 그 특징에 대하여 살피보겠다.

(가) 운동 방향에 따른 분류

(1) Rotating Seal

- Gland Packing
- Oil Seal
- Mechanical Seal
- Hydro-Static Seal
- Hydro-Dynamic Seal

(2) Reciprocating Seal

- Gland Packing

- Lip Packing
- Squeeze Packing

(나) Hydro-Static 및 Hydro-Dynamic Seal

Hydro-Static 및 Hydro-Dynamic Seal의 작동 원리를 살펴보면 Hydro-Static Seal의 경우 그림 2-9에서와 같이 회전환과 축방향으로 움직이는 고정환 사이의 윤활막 내에는 수압 면적 부분에 작용하는 개방력이 윤활막에 작용하는 밀폐력보다 큰 경우 Sealing면의 미소간극이 넓어지게 된다. 따라서 누설되는 유체속도는 증가하여 미소간극 윤활막에서의 유체저항 손실에 의해 윤활막 내의 압력은 저하되고 개방력은 감소한다. 이 결과 윤활막은 작아지고 압력분포는 서서히 커지게 되어 개방력은 회복되어 밀폐력과 동일하게 되는 평형점으로 복귀하게 된다.

Hydro-Dynamic Seal의 작동 원리는 그림 2-10에서와 같이 Seal 단면에 형성된 Spiral 또는 Radial/Parallel Groove, Rayleigh Step, Wavy-Tilt-Dam 등에 의해 동압을 발생시켜, 밀봉압력에 의한 윤활막의 미소간극 압력분포와 유체동압과의 합으로써의 개방력과 밀폐력이 평형을 이루어 운전되고 있다. 즉, 축의 회전에 따라 Spiral 또는 Radial/Parallel Groove부, Rayleigh Step부에 유체가 유입되면, 유체의 압축에 의해 압력이 상승하고 이 압력 상승에 의해 미소시일 간극이 넓어져 비접촉상태가 된다. 만일 윤활막이 작아지면 유체 압축에 의한 압력이 현저하게 증가하여, 윤활막에 개방력으로 작용하여 윤활막을 넓히게 되고, 윤활막이 넓어지면 유체압축에 의한 압력 상승이 적어지게 되어, 미소간극 시일링면에 작용하는 개방력은 밀폐력보다 작게 되어 미소시일 간극은 작아지게 되어 개방력과 밀폐력이 평형을 이루어 운전된다.

표 2-4. Non Contact Mechanical Seal의 분류

유형	대상
Non Contact Hydro-Static Step 형 Seal (액체)	- Seal Seal Taper Seal(액체) - Oriffice형 Seal(기체, 분체) - 다공질형 Seal(기체, 분체)
Hydro-Dynamic Spiral Groove형 Seal (액체, 기체)	- Seal Rayleigh-step Seal(액체, 기체) - Radial/Parallel Groove형 Seal(액체, 기체)

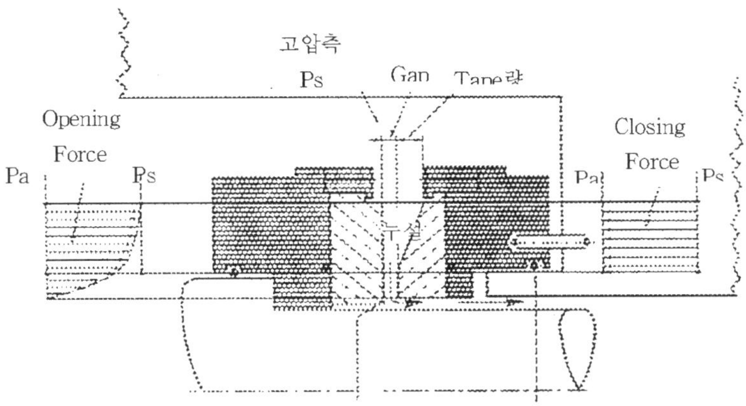

그림 2-9. Hydro-Static Seal(Taper Seal)의 작동원리

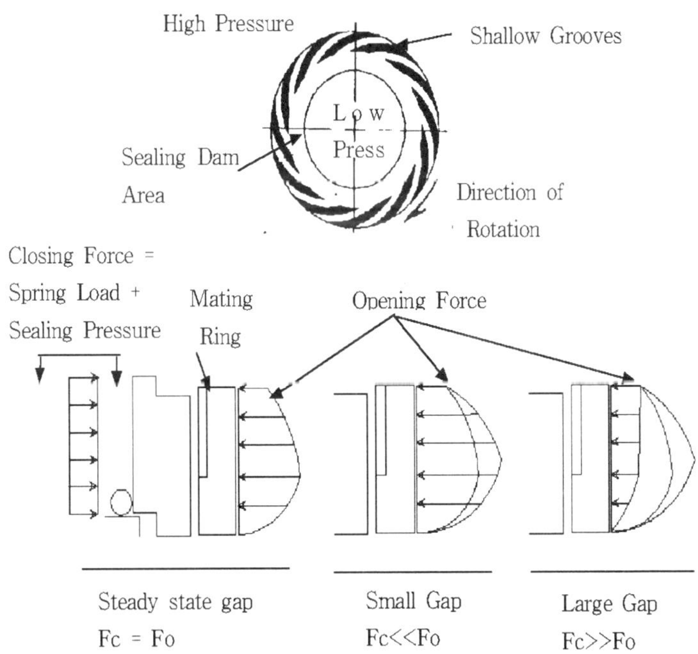

그림 2-10. Hydro Dynamic Seal(Spiral Groove Seal)의 작동원리

(다) Lip Packing 및 Squeeze Seal

Lip Packing은 단면 형상에 따라 U(Y) Packing, V Packing, L Packing 등으로 구별할 수 있는데 재질은 대부분 고무 및 PTFE를 사용하고 있다.

3.3 Gland Packing과 Mechanical Seal의 비교

표 2-5. Gland Packing과 Mechanical Seal의 비교

항 목	Mechanical Seal	Gland Packing
누설량	매우 적다.	마모에 의한 소착을 방지하기 위하여 어느 정도의 누설을 시킨다.
수명	적절한 섭동재의 선택에 따라 오랜 수명을 유지할 수 있다.	Packing의 마모에 따라 증체 하여야 하며 또한 보충 하여야 한다. 수명이 비교적 짧다.
축 및 Sleeve의 마모	Mechanical Seal은 고정환과 회전환이 섭동하기 때문에 축 또는 Sleeve가 마모되지 않는다.	축 또는 Sleeve에 Packing이 직접 마찰하기 때문에 마모된다.
보수성	스프링 등의 예압기구를 가지고 있고 섭동면의 마모에 따라 자동조정 되기 때문에 보수가 유리하다.	Packing의 마모에 따라 증체 하여야 하고, 또한 보충하여야 하며 때에 따라 축 또는 Sleeve의 마모에 따라 교환해야 한다.
동력손실	마찰면적과 마찰계수가 작기 때문에 동력손실이 적다.	마찰면적과 마찰계수가 커서 동력손실은 비교적 크다.
사용한계 (압력, 온도, 주속)	적절한 재료와 설계(設計)에 의하여 광범위한 조건에 사용할 수 있다.	누설을 적게 하기 위하여서는 사용 조건에 한계가 있다.
내진성	Gland Packing에 비하여 크다.	Mechanical Seal 비하여 적다.
구조	정밀하고 부품도 많고 복잡하다.	정도가 높고 간단하다.
조립, 분해	Endless이기 때문에 분해, 조립할 때에 기기를 분하여야 한다.	기기를 분하지 않아도 되면 장착이 쉽다.
가격	초기설치비는 높지만 운전관리비는 싸다.	초기 설치비는 싸지만 운전관리비는 비싸다.

4. 배관 Flange용 Seal(Gasket)

4.1 Gasket 개요

Gasket는 압력용기, 관 Flange, 기계기구의 접합면 등의 고정 접합면에, Bolt 등으로 체결하여 누설을 방지하는 정적 Seal의 총칭으로 작동하는 유체의 종류, 압력, 온도 등의 사용 상태에 따라 여러 종류의 형상, 재질 등이 사용된다. 이와는 상대적으로 운동부에 사용하는 동적 Seal의 총칭을 Packing이라 부르고 있다.

이러한 용어는 같은 종류의 Seal이라 할지라도 사용하는 장소에 따라 그 사용하는

명칭이 달라진다. 예를 들어 고정용으로 사용되는 O-Ring의 경우 O-Ring Gasket라고 부르며, 운동용으로 사용하는 경우 같은 O-Ring 일지라도 O-Ring Packing이라 부르고 있다. 그러나 이러한 명칭은 규격화되어 있지만 엄격하게 사용되고 있지는 않다. 다음 그림 2-11은 비금속 Gasket를 사용하는 예를 나타내었다.

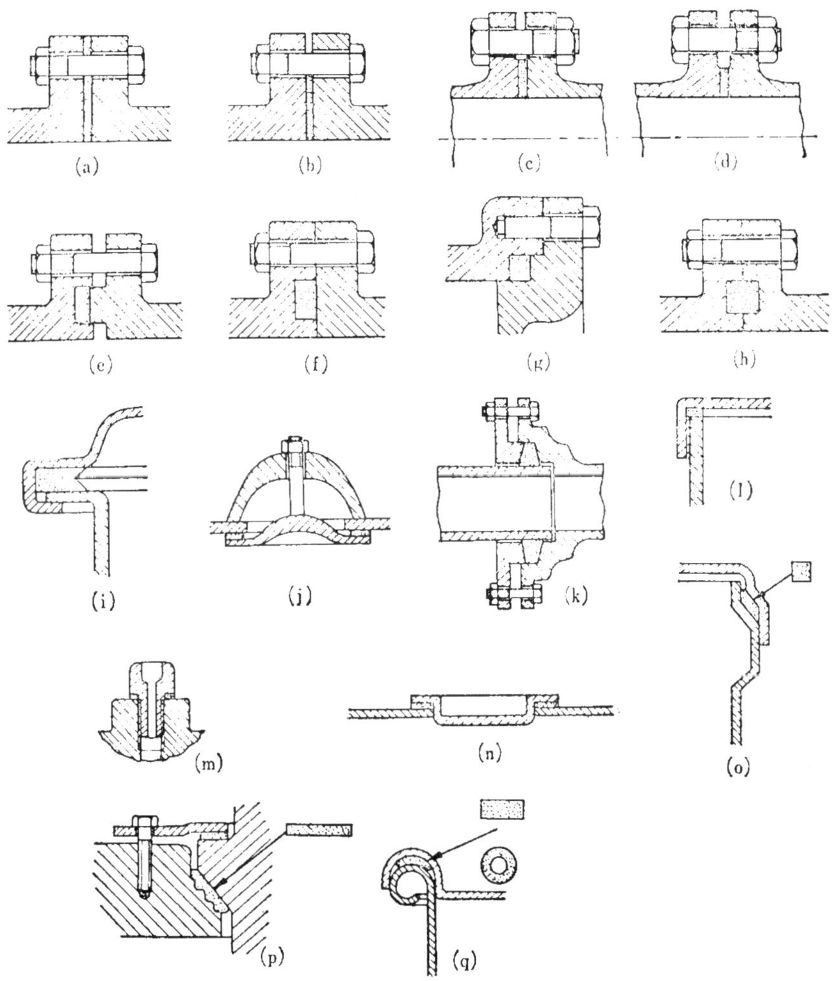

그림 2-11. 비금속 Gasket의 사용 예

4.2 Gasket 분류 및 종류

Gasket은 처음 종이, 피혁 등의 재료를 사용하여 단순하게 사용되어 왔으나 최근 사용하는 조건의 복잡, 가혹하게 되어, 각양각색의 형태와 재료를 사용하기에 이르렀다. 따라서 그 종류를 분류하는 방법도 다양해졌다. 따라서 이 책에서는 일반적인 방법에 따라 분류하고, 그 중 가장 많이 사용하는 방법에 따라 분류한 경우에 대하여 그 종류를 설명하였다.

(가) 재료에 따른 분류

(1) 금속 Gasket

금속 Gasket은 비금속 Gasket, 금속·비금속 Gasket(Semi-metal Gasket)에 비하여 고온, 고압, 초저온, 초진공 등의 가혹한 조건에서 사용되나 큰 체결력이 필요하며, 플랜지 면 거칠기가 좋아야 한다는 점에서 설계 취급이 까다롭다. 일반적으로 Gasket과 Flange의 경도차는 Flange를 손상하지 않도록 HB30 정도를 둔다. 형상에 따라 분류하면 다음과 같다.

① Plane Metal Gasket (Flat Metal Gasket)
 - 기기, 탑조류, 열교환기, 밸브 본네트 등
② Serration Gasket
③ Corrugated Gasket
 - 기기, 탑조류, 열교환기, 밸브 본네트 등
④ Ring Joint Gasket(Octagonal Type, Oval Type)
 - 기기, 일반 배관(Ring Joint Type Flange)
⑤ Lens Ring Gasket
⑥ Delta Ring Gasket
⑦ Bridgman Gasket
⑧ Double Cone Gasket
⑨ Preasure Seal Ring Gasket
⑩ Hellow Metallic O-Ring

(2) 비금속 Gasket

Soft Gasket은 비금속 Gasket이라고도 하는데 비금속 재료를 사용한 Gasket이다. 탄력성, 유연성이 풍부하여 일반적으로는 -50℃~300℃, 압력 40 kgf/cm^2 이내에서 사용되나 낮은 체결력으로도 플랜지에 잘 순응하는 이점이 있다. 재질에 따라 분류하면 다음과 같다.

① 고무질 Gasket
- 고무 Sheet(NR, NBR, CR, SBR, FPM)
- 포입(布入) 고무 Sheet
- 금속망 입 고무 Sheet
- 고무 성형 Gasket(O-Ring 포함)

② 유기 섬유질 Gasket
- Oil Sheet
- Hyper Sheet

③ Cork질 Gasket

④ 팽창 흑연 Sheet Gasket

⑤ 합성 수지계 Gasket
- Sheet Gasket(PVC, PTE, PE 등)
- 4불화 에칠렌 수지성 Tape(GORE-TEX)
- 싱힝 Gasket
- Teflon Enveloped Gasket

⑥ 석면 Joint Sheet
- 석면 Joint Sheet
- 섬유직포입 석면 Joint Sheet

⑦ 석면 직포 Gasket
- Manhole Gasket
- Gasket Tape

⑧ Sealant
- 액상 Gasket
- Gasket Pasters

(3) Semi-metal Gasket

Semi-metal Gasket은 비금속 재료와 금속재료를 조합하여 사용하는 것으로서 비금속 재료가 가지고 있는 유연성 및 탄력성과 금속 재료가 가지고 있는 내열성, 기계적 강도 등의 이점을 이용하여 조합함으로써 매우 광범위한 온도 · 압력 조건에 뛰어난 기밀성을 발휘한다. 형태에 따라 분류하면 다음과 같다.

① Spiral Wound Gasket
② Metal Jacket Gasket
③ Steel Best
- 금속망입 Sheet Gasket
- 금속입 Sheet Gasket

(나) 재료 구성에 따른 분류

(1) 단체 Gasket

단체 Gasket은 Solid Gasket이라고도 불리며 한 종류의 재료로 구성된 Gasket으로 비교적 한정된 사용조건에 사용된다.

(2) 복합체 Gasket

복합체 Gasket은 2종류 이상의 재료를 배합 성형한 Gasket으로서 단체 재료가 가지고 있는 각각의 결점을 보완하는 것에 의하여 광범위한 사용 조건에 대응할 수 있도록 만들어진 Gasket이다.

(3) 조합 Gasket

조합 Gasket은 단체 재료끼리 조합한 Gasket으로서 주로 탄력성이 풍부한 구조로 하여 압축 복원 특성이 뛰어난 Gasket이다.

이상의 분류를 정리하면 다음 표 2-6과 같다.

표 2-6. Gasket의 종류

<table>
<tr><th>명 칭</th><th>구 성</th><th colspan="2">재 료</th></tr>
<tr><td rowspan="4">비금속 Gasket</td><td>단체 Gasket</td><td colspan="2">고무
합성수지
팽창흑연</td></tr>
<tr><td rowspan="2">복합체 Gasket</td><td>기재</td><td>보조재</td></tr>
<tr><td>석면
합성수지
고무</td><td>고무
면포
무기질
기타</td></tr>
<tr><td>조합 Gasket</td><td colspan="2">합성수지 + 석면 Joint Sheet 고무</td></tr>
<tr><td>Semi-Metal Gasket</td><td>조합 Gasket</td><td colspan="2">금속 + 석면 Joint Sheet
금속 + 석면 Felt
금속 + 석면지
금속 + PTFE
금속 + 충진재 함침 PTFE
금속 + 무기질 재료
금속 + 팽창흑연</td></tr>
<tr><td rowspan="2">Metal Gasket</td><td>단체 Gasket</td><td colspan="2">금속</td></tr>
<tr><td>조합 Gasket</td><td colspan="2">금속 + Spring</td></tr>
</table>

4.3 Gasket 선정시 유의 사항

(가) 유체의 종류와 온도, 압력

밀봉되어야 하는 유체가 부식성이 있는 유체라면 내식성이 있는 Gasket의 재질이 선정되어야 한다. 또한 Gasket에 따라 내식성이 있는 것이라도 유체의 종류에 따라 사용 가능한 온도 압력범위가 다르다. Gasket를 선정할 때 주의해야 할 유체의 종류는 다음과 같다.

① 슬러리를 함유한 유체

고무 등을 함유한 비금속 Gasket은 부식됨에 따라 Gasket이 파손되어 누설을 일으킬 수 있으므로 내외륜붙이 Spiral Wound Gasket 또는 Metal Gasket을 선정하는 것이 좋다.

② 산소 지연성 가스

가연성이 있는 재료를 사용한 Gasket은 피해야 한다. PTFE를 Filler로 사용한 Spiral Wound Gasket, PTFE계 Gasket, Cu로 만든 Flat metal Gasket, Double Jacketed metal Gasket이 주로 사용된다.

③ 열매체유

고무가 바인더로 사용된 비금속 Gasket은 고무가 가열화하여 파손되어 누설을 일으킬 수 있다. 유체의 압력 및 온도에 따라 팽창흑연 시트 Gasket 또는 팽창흑연을 Filler로 사용한 Spiral Wound Gasket이 주로 사용된다.

(나) Gasket의 용도 및 장치

Gasket이 장착되는 부위가 제조 공정상 중요한 부위로써 누설이 발생되었을 때 주위에 미치는 영향이 매우 큰 경우일수록 신뢰성이 높은 Gasket을 사용해야 한다.

① 배관용

비금속 Gasket, Semi-metal Gasket, Metal Gasket 등의 3가지 종류가 거의 모두 배관용 Gasket으로 사용되고 있다. 고무가 함유된 비금속 Gasket을 사용할 경우 두꺼운 Gasket을 사용하면 고무가 열에 의해 경화현상이 발생하고, 응력완화 현상에 의해 누설이 발생할 우려가 크므로 가능한 얇은 두께의 Gasket을 사용하는 것이 좋다. 특히 폭이 좁은 것은 얇은 두께의 Gasket을 사용한다. 또한 밀봉성이 특히 중요시되는 경우에는 Semi-metal Gasket 중에서 Spiral Wound Gasket을 사용한다.

② 밸브용

원칙적으로 배관용과 동일한 Gasket이 사용된다. 플랜지 형상은 배관 플랜지형상과 동일하지만 타원형, 환형 등도 있다. Gasket 폭은 좁게 설계되어 있는 경우가 있다.

③ 열 교환기

비교적 홈형, 끼움형 자리 형태의 플랜지가 많다. 사용되는 Gasket은 여러 종류가 있지만 열교환기 Pass부의 가지붙이 Gasket을 사용해야 하기 때문에 이중피복 Gasket이 주로 사용되며 스파이럴형 Gasket도 많이 사용된다.

④ 탑, 조, 반응기 : 배관용에 사용되는 Gasket과 동일하다.

4.4 Gasket의 취급요령

(가) Gasket의 보관

(1) 비금속 Gasket

① 비금속 Gasket은 유기물을 많이 포함하기 때문에 변질되기 쉽다. 따라서 직사광선, 고온, 다습, 부식성 있는 장소는 피하여 냉암소에 보관하여야 한다. 특히 고무 Binder를 사용한 경우 직사광선, 산소, 오존 등이 고무의 노화를 촉진시키며 온도가 올라가면 황에 의한 가황반응(고무분자간의 가교반응)이 일어나 Gasket이 경화되어 탄성이 저하된다.

② Gasket을 수평으로 보관하거나 가볍게 세워 보관한다.

(2) 금속 Gasket, Semi-Metal Gasket

① 금속 부분에 녹이 발생할 우려가 있음으로 다습, 부식성 있는 장소는 피하여 냉암소에 보관하여야 한다.

② Gasket을 수평으로 보관하거나 가볍게 세워 보관한다.

③ 제품은 포장한 상태로 보관한다.

(3) Gasket의 수명

표 2-7. Gasket의 수명

종 류		보관 기간	사용 기간	내용(耐用) 기간
고무 Gasket		2 년	2 년	4 년
석면 Joint Sheet Gasket		2 년	2 년	4 년
팽창 흑연 Gasket		2 년	4 년	6 년
Sprial Wound Metal Gasket	석 면 계	2 년	4 년	6 년
	팽창흑연계	2 년	8 년	10 년

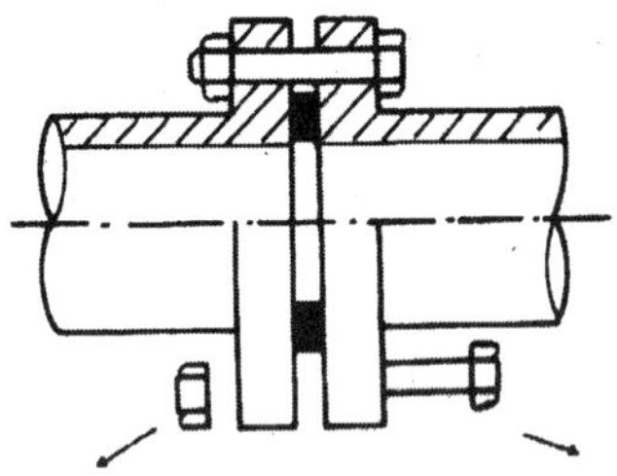

그림 2-12. Flange의 해체

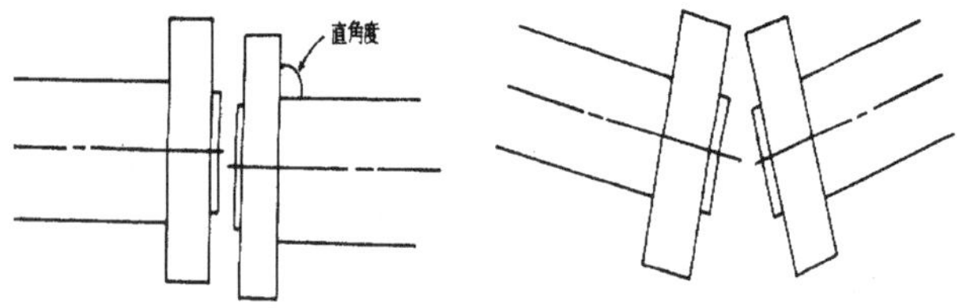

그림 2-13. Misalignment 확인

(나) Gasket의 보수

(1) Gasket 해체

① Gasket 해체시 내부의 유체압을 대기압으로 하며, 관내 유체를 제거한 후 작업한다.

② Bolt, Nut를 제거하고 Gasket를 Flange면이 손상되지 않도록 주의하며 축출한다. 이때 Flange 면의 손상이나, 부식 그리고 Flange의 평행도, Misalignment를 확인한다.

(2) 청소

① Flange면의 이물질을 제거하고, 표면조도, 부식 등을 점검한다.

② Bolt, Nut의 이물질을 제거하고, 상태 등을 점검한다.

③ Flange의 접합면은 서로 평행하고, 차이가 없어야 하며, 중심이 틀어지지 않아야 한다. 또한 접촉면에 비틀림이 없어야 한다. 크지 않은 비틀림은 Bolt의 체결력으로 어느 정도 보안할 수 있지만 그 효과는 크지 않다.

그림 2-14. Gasket의 좌굴현상

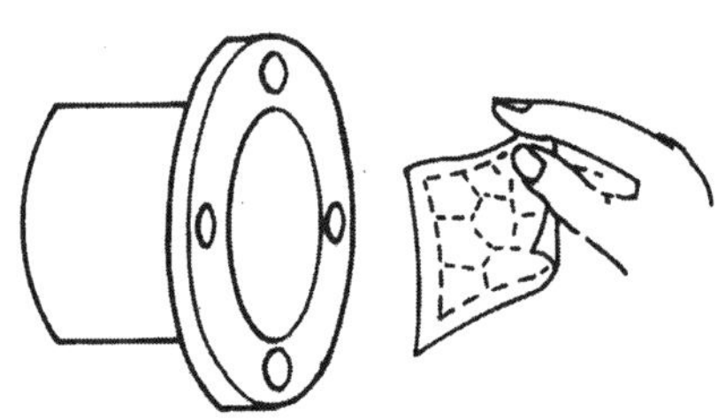

그림 2-15. Flange의 청소

(3) Gasket의 조립

① Flange의 Misalignment를 조정하고, Gasket를 Flange의 조립위치에 놓고 설치한다. 만일 Gasket에 Paste를 도포하는 경우 균일하게 도포한다. 단, Spiral Wound Metal Gasket의 경우 Gasket의 내경측에 좌굴에 의한 국형(菊形)변형을 가중시키므로 Gasket Paste를 도포하지 않는다.

○ Gasket Pastes 사용할 때 주의사항

Gasket의 소부방지 및 Gas의 누설방지를 목적으로 Gasket에 Paste를 도포하는 경우가 있다. Gasket Paste에는 용제 타입, 수용성 타입, 실리콘 타입, 무용제 타입, 오일 타입 등이 있다. 이런 종류를 Gasket에 도포하면 Flange와 Gasket 사이에 마찰계수가 낮아져 Gasket이 미끄러지거나, 훼손될 수 있다. 또한 Gasket Paste에 함유된 용제(Oil, MEK 등)가 Gasket 내부에 침투하여 재료를 미끄럽게 하고 Gasket 자체의 인장강도를 저하시킬 수 있다. 그러므로 Gasket에 Paste를 사용할 때는

ⓐ 엷게 균일하게 도포한다.
ⓑ 전 접촉면에 고르게 도포한다.
ⓒ Paste가 건조하지 않은 상태에서 장착한다.
ⓓ Paste 도포 후 먼지, 불순물 등이 Gasket에 부착되지 않도록 해야 한다.

○ Joint Sheet의 경우 체결압이 너무 크거나, Gasket의 두께가 두껍고 폭이 얇은 경우, Gasket Paste의 사용이 부적절한 경우에 파손되는 경우가 있다. 그러므로 체결압을 일반적으로 100kgf/cm^2 이하로 하며, Gasket의 두께는 6B, 150A 이하의 Flange에는 1.5mm, 그 이상에서는 3.0mm를 추천한다. 그리고 Flange 이외의 배관 중에는 1.5mm를 추천한다.

○ Metal Jacket Type Gasket의 경우 조립할 경우 그 위치를 그림과 같이 정확히 해야 한다.

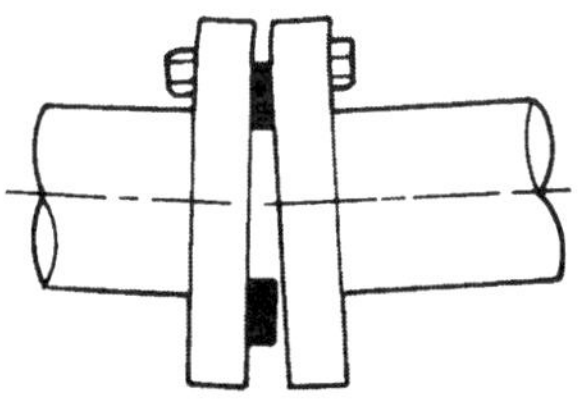

그림 2-16. Gasket의 편체

○ 금속 Gasket의 설치시 주의할 점 : 금속 Gasket는 금속과 금속을 체결하는 것이므로 사용 전에 Gasket 자리를 점검하고 광명단 등을 도포한다. 만일 Gasket 자리가 원주상으로 잘린 곳이 없는 선으로 되어있지 않다면 Lapping Powder로 마무리 가공을 시행한다.

② Bolt, Nut를 사용하여 Flange를 체결한다. 이때 체결순서는 대각선 방향으로 대칭적으로 체결하여 전체적으로 Balance가 유지되도록 한다.

③ Bolt의 체결 Torque를 확인하고, Flange의 체결상태를 다시 한 번 확인한다. 만일 그림과 같이 편체가 되었다면 누설의 원인이 된다.

그림 2-17. Metal Jacket Gasket의 조립 위치

(4) Gasket의 증체

① 운전 정지 후 6개월 이상이 경과한 후, Gasket 장착 후 운전 개시 전에 증체한다.
② 사용 중에는 원칙적으로 정기 정검시 증체를 한다.

5. Valve Stem Box용 Seal

5.1 Valve용 Seal 개요

배관 Line 또는 압력용기에 사용되고 있는 Valve는 유체압력에 따른 기기 등의 보호, 유량의 조절 및 개폐를 하기 위한 것으로 Plant의 운전을 Control 한다는 점과 Plant에 사용되는 배관 재료비의 50% 정도를 차지한다는 점에서도 매우 중요한 것이라 하겠다. 대표적인 Valve로는 Gate Valve, Globe Valve, Check Valve, Butterfly Valve, Boll Valve, Cock Valve, Control Valve 등이 있으며 각 Valve는 나사 접합식, 플랜지 접합식, 차임 용접식이 있다.

이러한 Valve의 누설을 살펴보면, 내부 누설과 외부 누설로 나누어 생각할 수 있는

데 내부 누설은 Valve 자체의 성능 저하를 초래하는 결과를 낳지만 외부 누설은 환경 오염 및 유체의 특성에 따라 폭발, 독성에 따른 인체의 중독 등을 가져온다. 따라서 외부누설을 차단하기 위해서는 누설 개소에 Seal을 사용해야 하는데 Valve에 있어서 Seal은 Valve의 다양성만큼이나 다양한 형태로 사용되고 있다.

일반적으로 Valve Bonnet부와 관 연결부에는 Gasket이 사용되며, Valve Stem에는 각종 Packing 류가 사용되고 있다. 최근에는 대기오염 방지를 위한 각종 규제들이 강화되면서 Seal 수명 및 외부로의 누설량을 없애기 위한 여러 가지 방안들이 강구되고 있다. 이러한 방안들을 살펴보면 다음과 같다.

- Gasket와 Packing의 역할을 동시에 수행하는 Bellow Valve
- Double Gland 방식
- Live-Loaded Gland 방식

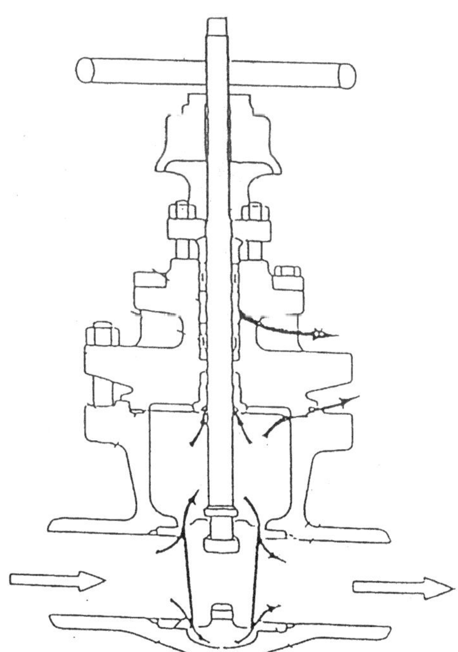

그림 2-18. Valve에서의 누설도

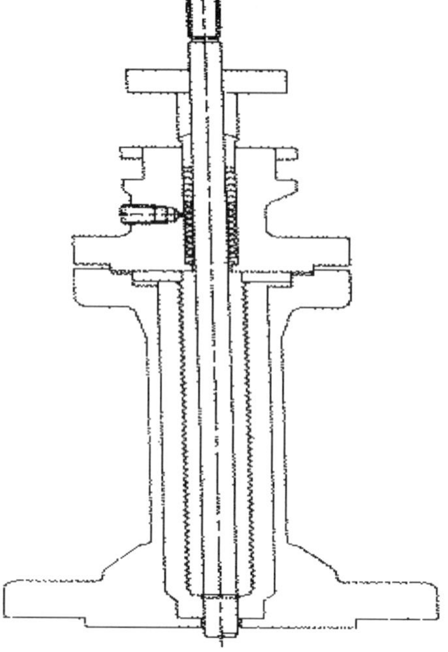

그림 2-19. Bellows를 사용한 Linear Valve

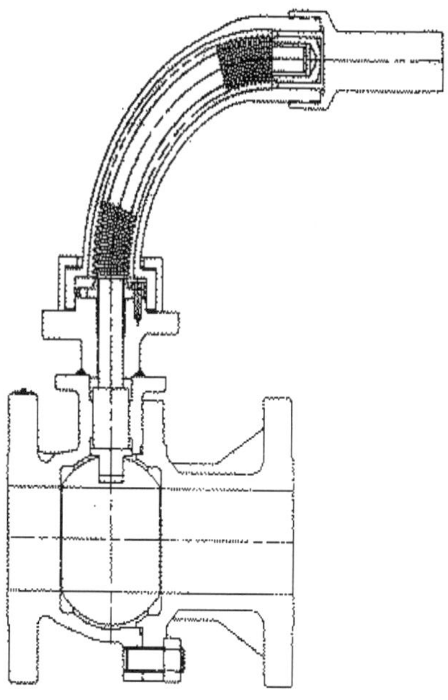

그림 2-20. Bellows를 사용한 Rotary Valve

그림 2-21. Double Gland를 사용한 Valve

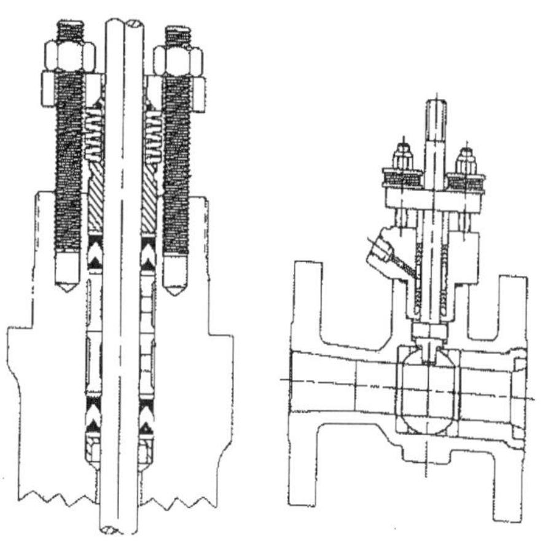

그림 2-22. Live-loading System을 사용한 Valve

5.2 Valve Stem Box용 Seal의 종류와 특징

(가) Valve Stem Box용 Seal의 종류

Valve Stem Box에 사용하는 Seal은 Lip Packing류와 Squeeze Packing류, Bellows, Diaphragm 그리고 편조형 Gland Packing이다. 이러한 Packing류에서 그 사용이 많은 V-Ring, Cone Ring, U-Packing에 관하여 그 특징과 사용범위에 대하여 살펴보면 다음과 같다.

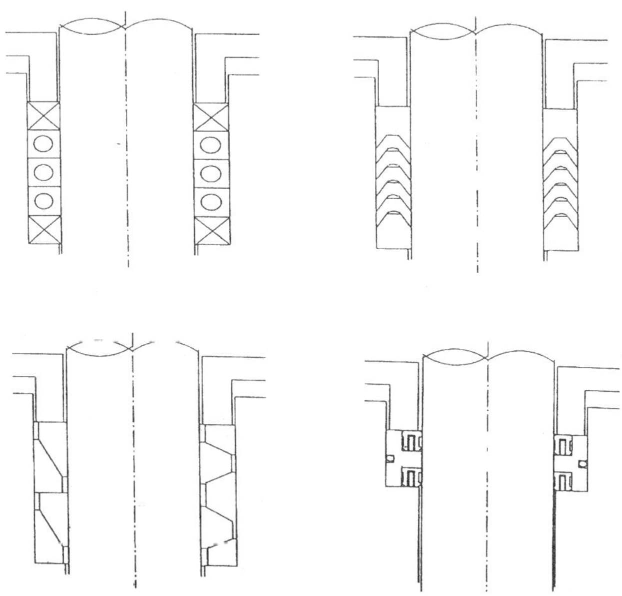

그림 2-23. Valve Stem용 Seal의 사용 예

(나) Valve Stem Box용 Seal의 특징

(1) V-Ring

충진재 함침 PTFE, 순수 PTFE, 고무 등을 사용한 V-Ring은 내압에 따라 V-Ring의 Lip 부위가 넓혀져 밀봉하는 자봉식 Packing이다. 특히 저 Torque를 필요로 하는 축(軸)용 Seal이다. 다음에 설명하는 각 특징은 재료에 따라, Maker의 설계 사양에 따라 다르지만 보편적인 경우를 나타낸 것이다. 따라서 본 내용은 참고 사항으로 활용하며 구체적인 특징은 Maker에 의뢰하여 선정하는 것이 바람직하다.

○ 성능은 각 재질에 따라 다르지만 충진재가 함침된 PTFE을 사용할 경우의 성능은 다음과 같다.

- 최고 압력 : 20 MPa
- 최고 온도 : 200℃
- 최고 속도 : 0.5 m/sec

○ 용도

각종 Valve Stem용, 저속 Pump용. 각종 계기의 축 용

○ 사용 방법

통상 V-Ring은 저온 중압 영역에서는 Top Adapter, V-Ring, Bottom Adapter의 조합으로 사용하고, 고온, 고압의 영역에서는 V-Ring과 V-Ring의 변형을 방지할 목적으로 Spacer Ring을 사용한다. 그리고 열 Cycle이 많은 부위에 대하여서는 Spring을 병용하여 사용한다.

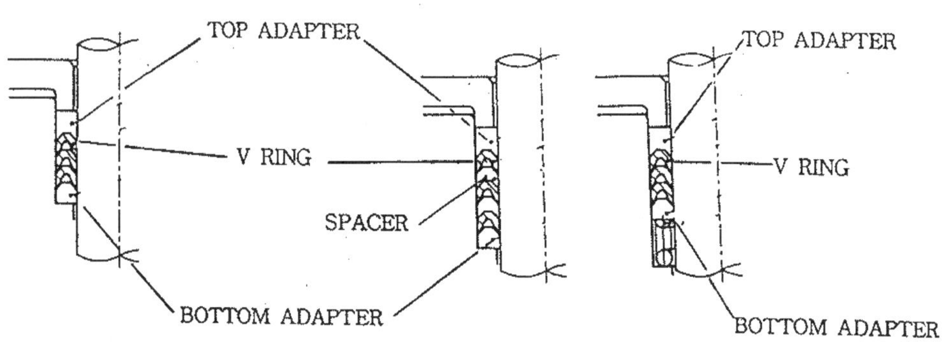

그림 2-24. 저온 중압용 **그림 2-25. 고온 고압용** **그림 2-26. 열 Cycle용**

○ 압력과 표준 Ring수

표 2-8. 압력과 표준 Ring수

압력 Mpa [kg/㎠]	수
0 초과 3.5 [35.7] 이하	3
3.5 [35.7] 초과 14.0 [143] 이하	4
14.0 [143] 초과 20.0 [204] 이하	5

○ 재질과 사용 한계

표 2-9. 재질과 사용 한계

재질	사용 온도 범위	최고 사용 압력	특징
W 무충진 PTFE	-70 ~ 100	7.0 [70]	저마찰계수, 밀봉성이 우수함
H Glass fiber + MoS_2 충진 PTFE	-30 ~ 150	15.0 [153]	Creep 특성이 우수함
R 탄고섬유 충진 PTFE	-30 ~ 200	20.0 [204]	고온, 고압 Creep 특성이 우수

○ 온도와 압력의 사용 구분

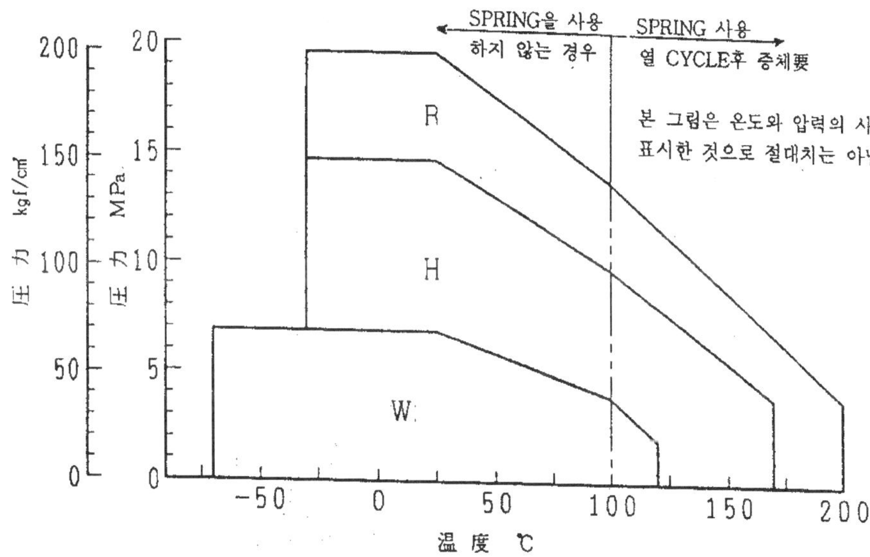

그림 2-27. V-Ring의 온도, 압력에서 사용 구분

○ 사용상의 주의점

▶ 마무리 정도 : 축과 홈의 마무리 정도는 3.2 보다 낮게 가공한다.

▶ 체결압 : 투영 단면적당 0.3~1.0 MPa

▶ 증 체 : 온도 Cycle이 가해지거나, 온도 Cycle이 감해진 후에는 증체하여야 한다. 단 증체가 어려운 경우 Spring을 사용한다.

▶ 기 타 : 축과 홈의 입구부에서는 면취를 시행하여 V-Ring이 손상되는 일이 없도록 한다.

(2) Cone Ring

Cone Ring은 조립치수가 작기 때문에 각종 Valve의 Stem용 Seal로써 사용되고 있다. Seal에 필요한 체결력은 V-Ring에 비하여 큰 힘이 필요하다.

○ 재질과 사용한계

표 2-10. 재질과 사용한계

재질	사용 온도 범위	최고 사용 압력	특징
W 무충진 PTFE	-70~100	1.0 [10.2]	저마찰계수, 밀봉성이 우수함
H Glass fiber + MoS_2 충진 PTFE	-30~150	3.5 [35.7]	Creep 특성이 우수함
R 탄고섬유 충진 PTFE	-30~200	5.0 [51]	고온, 고압 Creep 특성이 우수

○ 형상

N형 : 취급부의 치수가 작아도 사영할 수 있는 특징을 가지고 있다.

W형 : Stem에 2개의 Ring으로 밀봉을 하기 때문에 손상이 적어 안전성을 기할 수 있다.

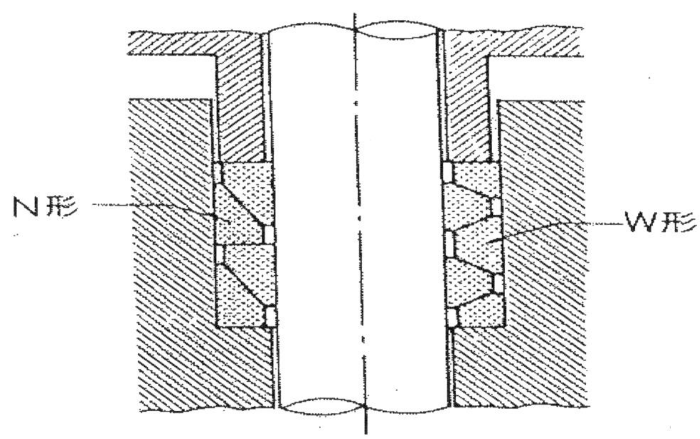

그림 2-28. Cone Ring의 형상

○ 성능

- 압력 : 5.0 MPa
- 온도 : 180 ℃

(3) U-Packing

U Packing은 단면 형상이 U자의 형상 또는 Y자의 형상을 가지고 있어 붙여진 이름으로 고무 종류를 사용하여 유압 작동용 액츄에이터용의 Packing으로 잘 알려져 있다. 여기에 소개하는 것은 PTFE 소재를 사용하여 Valve Stem용으로 개발되어진 Seal을 소개한다.

소개하는 U Packing은 고성능화, Compact화라고 하는 목적으로 개발되어진 것으로서, 1 Ring만으로도 매우 높은 성능을 지닌 새로운 자봉식 Seal이다.

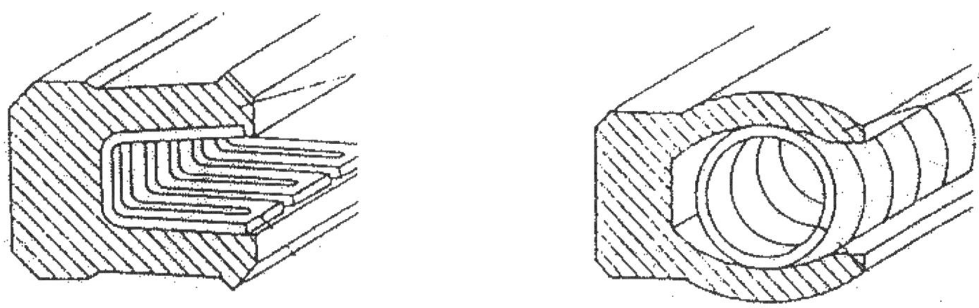

그림 2-29. P.T.F.E U Packing의 구조

○ 특징

① V Ring이나 O Ring에 비교해 마찰 저항이 적다.

② 열 사이클에 강하고 넓은 온도 범위에서 사용이 가능하다

③ O-Ring과 같은 사이즈로서 컴팩트한 설계가 가능하다.

④ 내약품성이 우수하다.

⑤ 밀봉성이 우수하고, 특히 Coil Spring을 사용한 형태는 저온 영역의 밀봉성이 우수하다.

○ 성능

① 내약품성 : 우수 (내장 재질과 동일)

② 온도 한계 : -200 ~ +260

③ 최고압력 : 판 Spring형 -------- 25.5 MPa
Coil Spring형-------- 68.6 MPa

④ 최고 속도 : 1 m/sec

○ PTFE U Packing의 종류와 용도

표 2-11. PTFE U Packing의 종류와 용도

구조		기능	용도
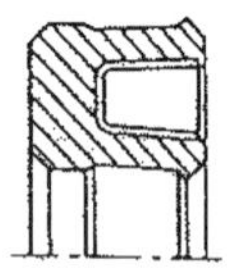	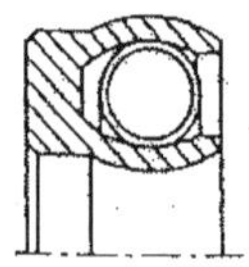	내면 마찰용 외면 마찰용 Seal Packing	극저온 밸브의 Gland Seal 압력펌프의 Gland Seal 원자력 제어봉의 Gland Seal
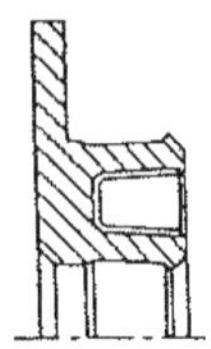		Push Flange용 내면 마찰용 Seal Packing	에어실린더의 Rod Seal Shock Up Soper Rod Seal 식품 포장기계의 Gland Seal 압축기의 Gland Seal
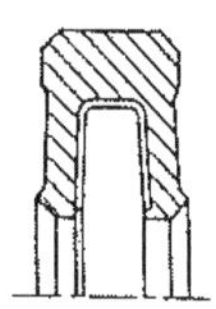	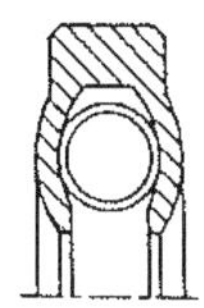	내압용 Seal Gasket	극저온 밸브 Sheet의 배면 Seal Flange면의 Gasket 터빈용 Gasket
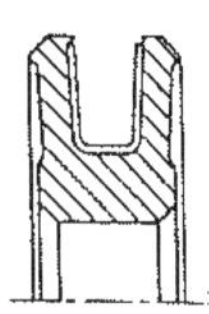	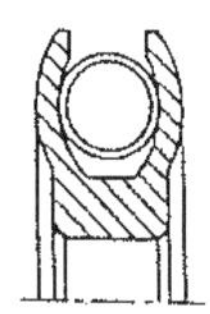	외압용 Seal Gasket	Pump Casing용 Gasket 도장기계용 Gasket

Materials of Semiconductor Equipment

제3장

석영(QUARTZ) 튜브(Tube)와 보트(Boat)

1. 석영의 일반적 개관
2. 석영의 생성
3. 석영의 산출
4. 석영의 종류
5. 석영의 특징
6. Display 제품에 사용되는 강화유리
7. 석영의 응용처

1. 석영의 일반적 개관

석영은 이산화규소를 기본으로 구성된 광물로써 규산염 광물에 속한다. 결정의 겉모양은 육각기둥 모양이다. 또한 우리가 일반적으로 육각기둥 모양의 뚜렷한 결정을 갖는 것을 수정(Crystal)이라고 부른다. 이들 결정들은 투명한 것과 반투명한 것, 불투명한 것이 있으며, 유리 광택 또는 기름과 같은 광택이 있다.

석영의 겉보기 색은 보통 무색 투명하나 섞여 있는 불순물에 따라 흰색, 붉은색, 보라색, 검은색, 노란색, 녹색, 푸른색 등으로 다양하게 나타난다. 석영은 흰색이고 불순물에 따라 연한 색을 띠는 것도 있다. 또한, 석영의 모스 굳기는 7이며 쪼개짐은 없고 깨지는데 깨진 면은 조개 껍질 모양이 나타난다. 자연에서 매우 흔하게 산출된다.

석영은 '고온형 석영'과 '저온형 석영'이 있는데, 고온형 석영은 '베타석영'이라고 한다. 기둥면이 없고, 석영반암 등의 산성 화성암에서 볼 수 있다. 그러나 상온에서는 고온형 석영이 저온형 석영으로 결정 구조가 변하므로 상온에서 보는 석영은 모두 저온형이다. 다만 모양은 기둥면이 없는 상태의 모양을 유지한다. 저온형 석영은 '알파석영'이라고 하고 광맥 속에서 산출되는 석영은 처음부터 저온형 석영 상태이다.

석영은 유문암·화강암 등의 산성 화성암과 편마암, 규암 등의 변성암 및 사암, 역암 등의 퇴적암 등 넓은 범위에서 산출된다. 우리나라에서는 전북 익산의 자수정이 세계적으로 유명하고 언양 자수정 산지가 유명하다. 석영은 유리의 원료가 되고, 석영 알갱이인 규사는 연마재로도 이용되며, 아름답고 질이 좋은 것은 장식품으로 이용된다.

2. 석영의 생성

석영은 상온에서 모두 저온형 석영이다. 결정의 겉모양은 고온형 석영과 저온형 석영이 있다. 고온 석영은 고온에서 만들어졌지만 나중에 온도가 내려가므로 저온 석영으로 변한다. 고온 석영은 결정의 내부 구조만 변하고 겉모양은 변함이 없다. 따라서 상온에서 발견되는 석영의 결정 구조는 모두 저온형이다.

고온형 석영은 육각기둥 모양이고 저온형 석영은 기둥면이 없고 양뿔 모양이다. 고온형 석영은 겉모양은 고온형이나 결정의 내부 구조는 저온형이다. 고온형 석영은 베타석영 또는 고온석영이라고 하며, 저온형 석영은 알파석영 또는 저온석영이라고 한다. 석영은 1470 ℃ 이상에서는 크리스토발라이트, 1470~870 ℃ 범위에서는 인규석이 된다. 870~573 ℃ 범위에서는 고온 석영이 되며, 573 ℃ 이하에서는 저온 석영이 된다. 고온 석영은 유문암, 석영반암 등의 산성 화성암에서 볼 수 있다.

3. 석영의 산출

석영은 산성 화성암인 화강암과 유문암의 주요 구성 광물이다. 결정이 매우 큰 것은 페그마타이트에서 산출된다. 또 사암 · 역암 등의 퇴적암에서도 산출되며, 암맥은 주로 석영인 경우가 많다.

백색 수정은 페그마타이트와 열수 암맥에서 산출되며 시베리아와 알프스에 분포한다. 무색 투명한 수정은 페그마타이트에서 산출되며 브라질, 스위스, 이탈리아 등에 분포한다. 연수정은 고온의 열수 암맥에서 산출되며 브라질, 마다가스카르 공화국, 스코틀랜드 등에 분포한다.

석영(石英, Quartz)은 대륙지각에 풍부한 광물이다. 석영의 구조를 좀 더 자세히 설명하면 육방정계의 결정형을 가지며 정사면체모양으로 결정된 이산화규소(SiO_2)로 이루어져 있다. 모스 경도 7이며 밀도는 2.6 g/cm^3이다. 결정의 가장 일반적인 형태는 육각기둥 모양인데, 그 끝은 육각뿔 모양이다. 하지만 쌍정이나 변형된 모습으로도 흔히 나타나며 결정의 일부만 관찰되는 경우도 많다. 자수정과 같이 주변물질로부터 자라난 것처럼 성장하여 한쪽 끝으로만 뿔 모양이 보이는 경우가 흔하다. 줄여서 Qz로 쓴다. 조흔색은 흰색이다. 일반적으로 이론상 조흔색은 조흔판의 굳기 이상이면 확인할 수가 없다. 조흔판의 굳기는 6.5도이다. 이럴 경우, 망치로 광물을 부숴서 가루로 만들었을 때의 색이 굳기 7 이상의 광물의 조흔색이다.

4. 석영의 종류

석영의 종류들이 모두 자연 상태에서 생성되는 것은 아니다. 감람색의 파라시올라이트는 열처리를 통하여 형성된다. 시트린은 자연적으로 생성되기도 하지만 대부분은 자수정을 열처리하여 얻어진다. 카넬리안은 색을 더 진하게 하기 위하여 열처리를 한다.

대부분의 석영들은 쌍정으로 나타나는 경우가 많기 때문에 인간생활에 사용되는 석영은 대부분 인공적으로 만들어진다. 크고 결점이 없고 또한 쌍정이 아닌 결정들은 오토클래이브(수용액을 고압 하에서 끓는점 이상으로 가열할 수 있는 기계)에서 열수과정을 통하여 생성된다. 에메랄드도 이와 같은 과정을 통해 합성된다.

석영은 열수암맥과 페그마타이트암맥에서 발견된다. 잘 자란 결정은 길이 수 미터에 무게는 수 백 킬로그램에 이르기도 한다. 석영은 화강암, 사암, 석회암의 주된 구성 광물이며 다른 화성암, 퇴적암, 변성암에서도 흔히 발견된다. 몇몇 석영 결정구조는 압전 특성이 있어 수정 시계나 라디오 같은 전자 기구의 진동자로 사용되기도 한다.

비정질(유리질) 석영은 레카텔리어라이트(lechatelierite)라고 불리는데, 이것은 모래가 벼락에 맞아서 생기는데, 보통 유리와는 달리 순수하다.

석영은 지각에서 가장 흔한 광물 중의 하나로 개별 결정의 특성에 따라 다양한 이름으로 불린다. 가장 중요한 구분은 결정질인가 미정질인가 하는 구분이다. 여기서 미정질이란 작고 고른 알갱이로 구성된 결정을 말한다. 옥수(玉髓, 칼세도니)는 미정질 석영에 대한 통칭이다. 일반적으로 결정질 석영은 투명한 반면 미정질 석영 종류는 대부분 불투명하다.

석영의 색으로부터 다양한 이름이 붙여져 왔지만 현대에 들어서는 결정의 미세구조에 의해 새롭게 석영의 종류가 분류되었다. 결정질 석영들은 아직도 색이 중요한 분류 기준이지만, 미정질 석영의 색은 분류의 부수적 기준이 된다. 1기압에서 573 ℃를 넘으면 결정구조가 바뀐다. 한편 일부에서는 미정질 석영에 대한 다른 분류 기준을 제시하기도 하는데, 미정질 석영의 형태가 알갱이 모양일 경우에는 처트라는 이름을 붙이고, 섬유상일 경우에는 옥수(玉髓, 칼세도니)로 부르자는 것이다. 처트는 일반적으로는 미립질 석영으로 된 화학적 퇴적암을 의미한다.

몇 가지 주요 변종은 아래와 같다.

(1) **옥수**(玉髓, **칼세도니**, chalcedony) : 엄밀하게는 모든 미정질 석영을 뜻하나 일반적으로는 흰색이나 색이 옅은 것만을 칭하고 다른 경우에는 따로 이름이 붙여진 경우가 많다.

(2) **마노**(瑪瑙, **아게이트**(agate)) : 줄무늬가 있는 옥수이다. 반투명하다.

(3) **오닉스**(onyx) : 마노 중에서 줄무늬가 곧고 평행하며 크기가 균질한 것들이다.

(4) **벽옥**(碧玉, **재스퍼**, jasper) : 불투명한 옥수(또는 처트)이다. 불순물이 많이 섞여있다.

(5) **아벤튜린**(aventurine) : 운모가 박혀있어서 희미하게 반짝이는 것이 보이는 반투

명한 칼세도니이다.

(6) **호안석**(虎眼石, tiger's eye) : 섬유상의 석영이다. 보는 방향에 따라 광택이 변한다.

(7) **자수정**(紫水晶, amethyst) : 투명한 보라색 또는 자주빛의 결정질 석영이다.

(8) **황수정**(黃水晶, citrine) : 노랑색, 다홍색, 연두색을 나타내는 결정질 석영이다. 철 성분을 함유하고 있기 때문이다.

(9) **장미석영**(**홍수정**(紅水晶), rose quartz) : 분홍색, 반투명. 이중별효과(diasterism)가 나타나기도 한다.

(10) **우유석영**(milk quartz) : 흰색, 반투명 또는 불투명. 이중별효과가 나타나기도 한다.

(11) **연수정**(煙水晶, smoky quartz) : 갈색, 투명한 석영이다. 알루미늄 때문으로 추정된다.

(12) **흑수정**(黑水晶, morion) : 어두운 갈색, 불투명한 석영이다.

(13) **카르넬리안**(紅玉髓, carnelian) : 다홍색 옥수, 반투명하다.

(14) **플린트**(**부싯돌**, **수석**(燧石), flint) : 검은색 또는 회색의 미정질 석영, 주로 처트이다.

5. 석영의 특징

Quartz Glass Coating은 한번 시공으로 반영구적인 유리보호막을 형성하여, 코팅면을 외부환경으로부터 보호하고, 사용기간을 연장시키며, 오염물질의 잔류를 방지하여 세척 비용을 절감시키는 등의 효과를 갖는 경제적이면서 세정제가 불필요한 친환경적인 탁월한 코팅으로 다음과 같은 구체적인 특성이 있다.

(1) 코팅효과의 반영구적인 지속성

별도의 접착물질(바인더) 없는 유일한 코팅제로 표면에 직접 유리막을 형성함으로 박리되지 않고 반영구적으로 코팅효과를 지속시킨다.

현재 사용되는 고기능 코팅은 대부분 불소계 코팅이거나 세라믹계 물질에 별도의 접착물질(바인더)을 혼합 분무하는 코팅으로 그 지속효과가 6~12개월 정도로 움직임이 많은 자동차나 건축물 등 반영구적인 대상에 대한 코팅으로는 실효성이 없고 장기적으로는 코팅자체가 오염물질이 될 수도 있다.

(2) 세정이 용이한 친수성과 친환경성

친수성 소재로 오염물질 부착을 현저히 줄여 주며. 세정제가 불필요하고 간단히 물로만 세척 가능하여, 청소비용, 시간 등이 절약되며 세제에 의한 환경오염이 전혀 없고, 청소의 빈도를 줄여도 청결을 유지해 경제적이다. 비가 많은 지역에서는 자기세정 기능도 기대할 수 있다. 친수성은 우천 시나 세척 시 모재의 표면에 물방울이 맺혀 잔류하는 것을 방지해 오염물질의 잔류와 물방울에 의한 렌즈효과로 인한 모재의 부분 변색을 방지하는 기능이 있다.

코팅제 자체가 환경에 무해한 실리카 계열이고, 코팅제 시공 시 사용되는 전용세정제도 미국 FDA 승인제품인 완전 자연물질로 환경오염 염려가 없다.

(3) 수밀성

반도체의 층간 절연막 등의 정밀 코팅용도로 개발된 첨단기법으로 평탄성과 수밀성이 뛰어나며 간단한 스프레이만으로 전체적으로 치밀한 유리막을 형성한다. 대리석 등 흡수성 내외장재에 수분이 침투 변색되는 것을 확실하게 방지한다.

(4) 9H의 높은 경도와 내마모성

형성된 유리막은 다이아몬드 바로 아래 단계의 높은 경도와 내마모성을 가지므로 (9H) 일반적인 환경에서 모재에 긁힘이나 손상을 주지 않는다. 도심 혹은 외곽에서 자동차의 주행으로 인하여 비산되는 각종 모래, 잔돌로 인한 표면 손상을 충분히 방지하며 페인트의 변색을 방지한다. 자동 세차기를 통과하여도 긁히거나 박리되지 않는다.

(5) 탁월한 내화학성

대기 중에는 산성비, 각종 곤충의 체액, 새들의 분뇨, 높은 산성을 가지고 있고, 도심에는 각종 배기가스에서 분출되는 오염물질, 제설재 등의 화학물질이 산재하여 도장면을 손상시키나 QGC는 유리막이 이들과의 접촉을 차단한다. 이와 같은 오염물질에 대한 저항성은 변색방지, 부식방지, 도색면의 박리방지 등 시설물의 장기적 유지관리를 용이하게 한다.

(6) 석영유리와 동등한 광학적 성질과 모재 고유의 질감 유지

가시광선 투과율이 98% 이상이고 굴절지수는 1.46이다. 이와 같은 특성으로 인하여 고급 내외장재의 우수한 광택과 질감을 그대로 보존하여 디자이너의 섬세한 느낌을 여러분께 전달할 수 있다.

(7) 1300 ℃의 높은 내열성

형성된 유리막은 1,300 ℃까지의 높은 내열온도를 가지고 모재의 산소와의 접촉을 줄여주기 때문에 도장면의 열화 방지 등에 우수하며 안정적이다.

(8) UV 차단 및 항균기능(옵션)

필요 시 자외선 차단 기능이나 항균 기능을 추가할 수 있다.

(9) 기타 특성

○ 정전기 감소

유리는 구리에 비해 1018배 낮은 전도성을 보유하고 있어 정전기 발생을 억제하고 비산 오염물질의 부착을 현저히 줄여 준다.

평탄성 : 얇고 평탄한 유리막의 형성함으로 표면의 질감을 매끄럽게 향상시킨다.

밀착성 : 표면의 수산화기(OH-)와 코팅제의 수소기(H+)간의 탈수반응으로 도막이 형성되므로 접착제를 사용하여 시간이 지나면 경화되어 떨어지는 일반 코팅과는 달리 표면과의 밀착성이 탁월하며 이로 인하여 거의 영구적인 코팅이 가능하다.

○ 표면경도

QGC의 오염방지 기능은 표면경도에 기인한다. 도장면 표면에 형성된 얇은 유리막이 도장면으로 오염이 침식되는 것을 막아주며 또한 표면에 상처가 생기는 것을 현저히 줄여 준다. 표 3-1은 미크론 정도의 박막의 경도를 나노인텐션이라는 특수한 장치를 이용하여 측정한 데이터이다.

표 3-1. 박막의 경도(~ um)

나노인텐법에 의한 박막의 경도 측정 데이터			
코팅제	경화조건	탄성율	경도(GPa)
QGC	실온 x 1개월	33	3.2
	900℃ x 30분	74	9.4
유리코팅제	-	80	8.1
실리콘 하드 코트	실온 x 1개월	3.5	0.2
아크릴 하드 코트	-	4	0.8
폴리카보네이트	-	5	0.4
-	-	4	0.3

○ 내구성

아이수퍼UV테스터로 자외선, 온도, 습도에 의한 잔기 가속 시험 결과가 표 3-2에 나타나 있다. 이때 가속조건은 아래와 같다.

* 자외선조사강도 : 900 mW/㎠
* 온도 : 63℃
* 습도 : 80%
* 조사시간 300시간은 약 15년 해당

표 3-2. 잔기 가속 실험 결과

내후성 촉진 시험			
기판	QGC 시공	조사시간	결 과
우레탄도장 칼라강판(검정)	YES	300시간	광택유지/변색없음
	NO	300시간	광택없음/색상바램
폴리에스테르도장 칼라강판(베이지)	YES	300시간	광택유지
	NO	300시간	광택없음

6. Display 제품에 사용되는 강화유리

6.1 강화유리와 반강화유리의 정의 및 차이점

표 3-3. 강화유리와 반강화유리 비교

	강화유리(Tempered glass)	반강화유리(배강도 유리) (Heat strengthed glass)
정의	판유리를 열처리 또는 화학처리하여 유리표면에 강한 압축응력을 만들고 외력의 작용 및 온도변화에 대한 파괴정도를 증가시켜 파손될 때 작은 조각으로 되로록 처리	판유리를 열처리하여 유리표면에 적절한 크기의 압축응력을 만들어 파괴강도를 증대시키고 또한 파손되었을 때 비산되지 않도록 처리
파손상태	작은 입자로 파손	파손이 곡선으로 크게 나타남
안정성	파손시 비산의 위험	파손시 유리가 이탈하지 않아 고층건물 사용시 적합
고층건물 사용시 안정성	파손시 갑자기 개구부가 형성 개구부 형성시 건물 내-외부 기압차로 위험이 높음	예고성 파손 자연 파손이 적음 파손시 유리가 일탈하지 않음
표면 압축력	100,000 psi	3,500 ~ 10,000 psi
용도	출입구, 차량, 선박용창, 수족관, 쇼 케이스, 내부 칸막이	건축용 창호
제조방법	판유리를 720℃까지 가열한 후 급랭하여 판유리 표면에 압축응력, 내부에 인장응력을 발생시키도록 함	강화유리와 제조방법은 동일하나 급량시간이 김

흔히 안전유리라고도 불리며 투명유리나 색유리를 고온으로 열처리한 후에 급랭시켜 만듭니다. 강도가 높아 파손율이 낮고 내열성이 뛰어나며 파손 시 인명을 보호하기 위해 날카로운 면이나 뾰족한 형태로 잔존하지 않는다. 강화유리는 단판 유리로 사용될 수 있는 강화유리와 반강화 유리(배강도 유리) 그리고 반 강화된 두 장의 유리를 유기접착필름(polyvinyl butyral film)으로 접합시킨 접합안전유리가 있다.

강화유리는 반강화유리와 다르게 연화점 이상으로 서냉유리 재가열한 후 급냉하여 만들어진다. 유리가 깨지면 서냉유리, 반강화유리에 비해 잘게 깨지는 것이 특징이다. 강화유리는 일반 서냉유리에 비하여 5배 이상의 강도를 갖는다. 용도로는 테라스의 문, 출입문, 외벽용 유리 등 충격 혹은 압력에 대한 위험요소가 존재하는 유리시공 부위에 사용된다. 강화유리는 재절단이 불가능하다.

반강화유리, 배강도유리(Heat Strengthened Glass)란 일반 서냉유리를 다시 연화점 이하로 가열하였다가 급속히 냉각하여 강화유리로 만든 경우를 말하며, 일반적인 강화유리와 경우는 유리를 연화점 이상으로 가열하여 급냉처리하는 것과 구별된다. 일반유리 보다 파괴강도를 증대시키고 또한 파손시 재료인 판유리와 유사하게 깨지도록 한 것이 특징이다.

강화유리는 제조방법에 따라 완전강화유리 혹은 반강화유리로 구분할 수 있습니다. 일반적으로 완전강화유리를 통상 강화유리(tempered glass)라고 부르며, 반강화유리는 배강도유리(heat strengthened glass)라고 칭한다. 강화유리는 일반 유리를 연화점(softening point, 유리가 유동성을 가질 수 있는 온도를 의미하며, 일반 소다석회유리의 경우 약 650~700 ℃) 이상으로 가열하였다가 유리를 원하는 형상으로 변형한 후 압축공기로 급냉처리하며, 이 경우 유리 표면에 형성된 압축응력의 크기는 표면응력(surface stress) 측정 결과 약 70~200 MPa(약 10,000 psi ~ 30,000 psi) 정도이고, edge 응력(edge stress) 측정 결과 약 70 MPa 정도이다.

한편 반강화유리는 연화점 이하의 온도에서 가열하고, 찬 공기를 약하게 불어 주어 냉각하여 만든 유리로, 유리 표면에 형성된 압축응력의 크기는 표면응력의 경우 24 ~ 70 MPa(약 3,500~10,000 psi), edge 응력의 경우 35 MPa(약 5,000 psi)로 강화유리보다 작다. 또한 반강화유리를 파괴해 보면 강화유리에 비해 파괴된 유리 조각의 크기가 크고, 파괴된 파편의 수는 적다. 따라서 반강화유리의 경우 유리의 변형을 원하지 않는 건축용 유리로 응용되며, 완전 강화유리는 건축용 곡유리 혹은 자동차용 유리에 주로 응용되고 있다.

유리판을 고온으로 가열한 뒤 급격히 냉각시키면 표면층에는 압축응력(compresion strength), 내부에는 인장응력(tensile strength)이 형성된다. 강화유리는 압축응력에 대해서 민감하지 않으며, 인장력이 가해지는 경우 표면층에 형성되어 있는 압축응력과 유리자체의 파괴강도의 합보다도 더 큰 인장력이 가해져야 파괴가 일어난다. 이런 이유 때문에 열강화된 유리는 통상 판유리보다 강도가 상당히 높다(약 4~5배). 보통의 판유리는 온도의 차가 60 ℃이면 파손 가능성이 있는데 비해 강화유리는 200 ℃의 온도 변화에도 견디는 강한 내열성을 가지고 있다.

건축물의 창, 건물의 출입구, 자동차 · 기차 · 선박용 창, 수족관, 진열장 · 전시관과 같은 도난방지가 요구되는 곳 등에 쓰인다. 강화유리와 일반유리와의 파손시 깨어지는 형상 비교를 그림 3-1에 도시되었다.

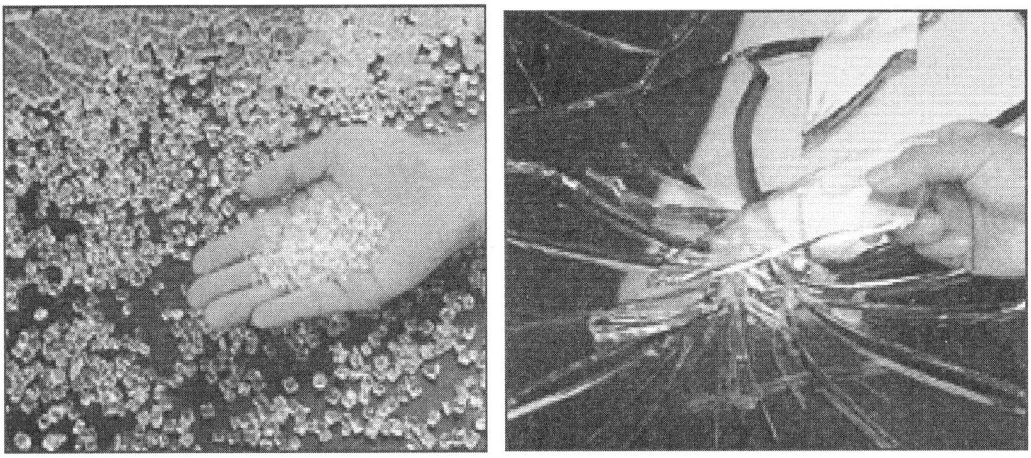

그림 3-1. 강화유리(좌), 일반유리(우)의 깨짐 형상 비교

6.2 강화유리 장점

○ 절대적 안전성

강한충격을 받아 파손될 경우 유리파편이 미세하며 파편의 가장자리가 날카롭지 않은 작은 입자로 부서지기에 안전하다.

○ 강한 내충격 강도 및 내열강도

강화유리는 일반유리보다 5배나 높은 내충격 강도를 지니고 있고 6mm 두께의 강화유리는 지름 3cm의 돌을 시속 100 km로 던저도 깨어지지 않을 정도로 강하며 200 도의 온도변화에도 견디기에 귀금속점, 은행, 전산실, 상점 등에 설치 도난사고방지에 사용한다.

○ 강한 힘

강화유리는 하중에 견디는 힘이 일반유리 보다 3~5배나 강하며 그 힘은 6 mm 두께의 유리와 30 mm 두께의 소나무 널빤지와의 하중을 견디는 힘과 같다. 진열장, 선반, 냉장고. 오디오, 쇼룸 설치 시 강한 힘의 효과를 이용하고 있다.

6.3 강화유리 파괴 개념

우리는 박물관에서 아주 오래된 도자기 표면을 자세히 관찰하면 가는 잔금을 볼 수 있다. 이러한 잔금은 도자기를 불에 구울 때 도자기의 원재료인 점토와 표면에 광택을 내기 위해 바르는 유약(釉藥)과의 열팽창계수(소재의 온도가 1℃ 상승함에 따라 늘어나는 정도를 나타내는 수치로 단위는 10^{-7}/℃)의 차로 인해 발생한다. 즉 도자기에 바른 유약과 점토를 동일하게 온도를 올렸다가 식히면, 서로 줄어드는 속도 차가 발생하고, 이러한 차이로 결국 유약층의 변형을 일으켜 가는 잔금을 만들게 된다. 강화유리도 우리 눈에는 볼 수 없으나, 열팽창계수가 다른 2개의 유리층이 그림 3-2와 같이 공존하고 있다고 할 수 있다. 즉 유리의 표면은 저 팽창 유리층, 유리 내부는 고 팽창 유리층이 된다. 따라서 외부 충격이 가해져 압축응력과 인장응력의 균형이 깨지면, 유리 표면과 내부의 열팽창계수 차이로 인해 잘게 파괴되는 속성이 그대로 나타난다. 또한 강화유리에서 저 팽창 유리 층의 두께가 얇게 되면 열팽창계수 차이로 인한 변형 속성이 적어져 깨진 파면의 크기가 커지고, 파편의 수가 줄어든다.

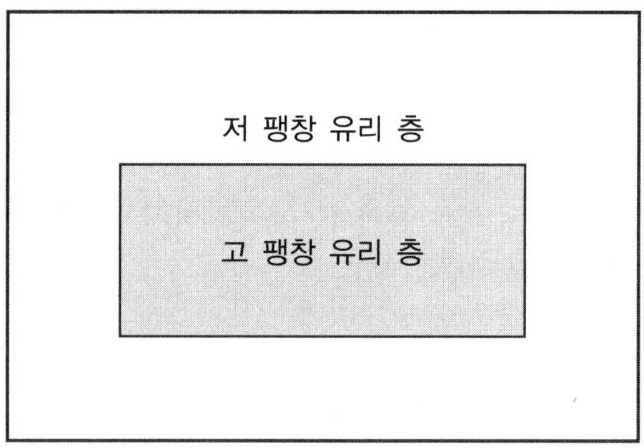

그림 3-2. 강화유리 열팽창계수 비교도

여기서 중요한 사항 한 가지는 강화유리를 다시 절단하는 것은 사실 불가능하다. 즉 강화처리하기 전에 정해진 크기 혹은 모양으로 절단해 두어야 한다. 강화유리의 유리 표면에는 외부 하중에 견딜 수 있도록 압축응력이 형성되어 있으며, 유리 내부에는 이를 보완하기 위해 인장응력이 형성되어 균형을 이루고 있는 상태이다. 따라서 절단에 의한 외부 균열이 가해질 경우 원하는 절단방향으로 균열이 진행되는 것이 아니라 순간적으로 잘게 파괴되는 현상이 나타난다.

6.4 강화유리의 강한 내열성의 원인

유리가 고온에 견디는 성질은 2가지 측면으로 생각해 볼 수 있다. 밀폐된 고온 공간(가열로)에서 유리가 열에 견디는 성질과, 유리 밑바닥만을 가열하는 경우 열에 견디는 성질로 생각해 볼 수 있다. 먼저 밀폐된 고온 속에서 견디는 성질은 유리가 열에 녹아버리는 성질에 대한 저항을 의미하며, 유리를 부분 가열했다 냉각했을 때 견디는 성질은 열충격(thermal shock)에 대한 저항을 의미한다. 열충격이란 고온으로 가열된 유리를 저온으로 급속히 냉각시킬 때 유리의 변형을 유도하는 힘으로, 유리 표면과 내부의 열팽창계수 차이로 인해 유리 표면에는 인장력이, 반대로 유리 내부에는 압축력이 가해지고, 이러한 힘의 차이가 커지면 변형이 발생되어 결국 유리가 깨지게 된다. 열에 의해 유리가 녹는 성질은 일반유리나 강화유리나 차이가 없다. 즉 이러한 물성은 근본적으로 유리를 구성하는 성분의 차이로 구별될 수 있기 때문이다. 반면 열충격저항(thermal shock resistance)은 열팽창계수가 낮거나 유리의 두께가 아주 얇아서 유리 표면과 내부의 온도 차가 적은 경우에 커진다. 물론 유리 자체의 고유한 열팽창계수가 낮은 경우에는 열충격 저항뿐만 아니라 고온에서도 일반유리 보다 오랜 시간 녹지 않고 견딜 수 있다. 실용적으로 사용되고 있는 이런 유리를 내열유리라고 통칭한다. 강화유리는 열처리 후 급냉 처리하여 유리 표면에 압축응력을 형성시킨 유리이다. 이러한 압축응력이 형성된 유리층은 일종의 열팽창계수가 낮은 유리질로 구성되어 있는 것과 마찬가지다. 만약 강화유리의 표면에 열에 의해 인장력이 가해져도 이미 형성된 유리 표면의 압축응력에 때문에 유리는 잘 깨지지 않게 된다. 실험적 보고결과에 의하면 일반유리의 경우 약 80℃(유리 두께 3mm, 크기 10cm × 10cm)가 파손되지 않는 온도차의 한계이지만, 강화유리의 경우 약 180℃ (일반유리 시편과 동일)정도로, 약 2배 이상 열충격 저항이 큰 것으로 보고되고 있다.

6.5 화학강화유리(특수유리)

일반적인 강화유리 제조방법은 판유리를 연화점 이상에서 열처리 한 후 급냉하여 유리 표면에 압축응력을 형성시키는 방법이다. 이러한 강화유리 제조방법을 물리적인 강화유리 혹은 열강화유리라고 한다. 이와는 다르게 유리의 서냉온도 이하인 약 500℃로 유지되고 있는 알카리염 용융액 속에 일반유리를 수 시간 담궈 두면, 유리 내부에 있는 알카리 이온과 용융액 내의 알카리 이온 간의 교환이 이루어져 유리 표면에 압축응력을 형성시키는 방법이 있다. 이러한 유리를 화학강화유리(chemical strengthening glass)라고 하며, 강화 메커니즘은 그림 3-3과 같이 일반 유리 구조 내에 들어 있는

Na+(sodium) 이온과 알카리염 용융액에 들어 있는 K+(potassium) 이온 간의 이온반경의 차로 발생된다. 그림 3-3에서 알카리염 용융액 중의 이온반경이 큰 K+ 이온이 유리 표면의 이온반경이 작은 Na+ 이온과 교환되어 들어가면 유리 표면에는 압축응력이 형성된다.

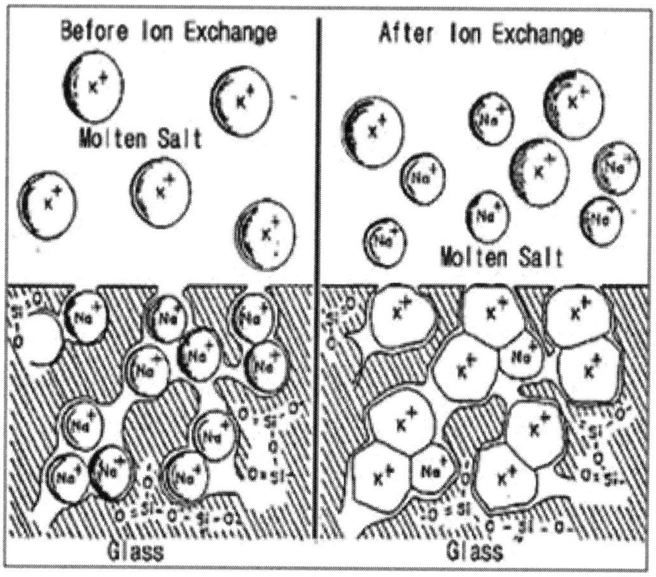

그림 3-3. 이온교환 메카니즘

화학강화유리를 만들기 위해서는 다음의 2가지 조건이 만족되어야 한다. 우선 유리 내의 1가 양이온을 갖는 알카리 산화물 함량이 많아야 한다는 점이다. 또한 이온교환하는 온도가 유리 내의 잔류응력을 제거할 수 있는 온도인 서냉온도 보다 낮아야 한다는 점이다. 이 때문에 내열유리와 같이 알카리 산화물 함량이 4% 이하인 유리는 효과가 없다. 일반 소다석회 유리의 경우도 서냉온도 보다 낮게 이온교환을 하면, 이온교환으로 형성된 압력응력층이 30~40 mm로 얇기 때문에, 실용적으로 사용되는 열강화유리(압축응력층이 약 100 mm 이상)와 비교하면 강도가 떨어진다. 보통 화학강화유리의 파괴강도(MOR)는 약 700 kgf/cm^{2}으로 일반 유리의 500 kgf/cm^2 보다 약간 높은 정도이다. 화학강화유리는 유리의 두께가 얇거나 복잡한 형상을 갖는 유리를 강화하는데 응용되고 있다.

6.6 강화유리 제조방법

강화유리는 성형 판유리를 연화온도(軟化溫度)에 가까운 500~600 ℃로 가열하고, 압축한 냉각공기에 의해 급랭시켜 유리 표면부를 압축변형시키고 내부를 인장변형시켜 강화한 유리이다. 보통 유리에 비해 굽힘강도는 3~5배, 내충격성도 3~8배나 강하며, 내열성도 우수하다. 그러나 유리 자체가 내부에서 힘의 균형을 유지하고 있기 때문에 한쪽이 조금 절단되어도 전체가 팥알 크기의 파편으로 파괴되므로 강화처리 하기 전에 용도에 맞는 모양으로 만들어야 하는 특성이 있다. 용도는 자동차 · 항공기의 창유리, 도난방지용 창유리 등에 사용되는데, 이 강화유리의 시공은 국내 대기업의 시방서에서 KSL2002 강화유리규정에 합격한 것이나 동등 이상의 제품을 사용하도록 규정화돼 있다.

한편 강화유리란 보통 자동차의 측면이나 후면 유리창에 사용하는 안전유리를 말하는데 유리의 표면에는 압축응력을, 내부에는 인장응력을 유도하여 유리의 기계적 강도를 향상시킨 유리이다. 과거에는 자동차 앞 유리창에도 강화유리를 사용하였지만 1987년 이후에는 자동차 앞 유리창에는 유리 두 장 사이에 플라스틱 필름을 집어넣어 붙인 합판유리만을 사용하도록 법이 개정되었다. 강화유리는 일반 판유리를 성형한 후 연화온도에 가까운 500~600 ℃로 가열하고, 압축한 냉각공기를 표면에 쐬어 표면을 급랭시켜 만든다. 이렇게 하면 미리 냉각된 유리 표면은 내부가 식어가면서 더욱 수축하여 구조가 치밀해져서 보통 유리에 비해 굽힘강도는 3~5배, 내충격성도 3~8배나 강해지며, 내열성도 우수하다. 그러나 유리 자체가 내부에서 힘의 균형을 유지하고 있기 때문에 한쪽이 조금 절단되어도 전체가 팥알 크기의 파편으로 파괴되므로 강화처리 하기 전에 용도에 맞는 모양으로 만들어야 하며 취급 시 주의가 필요하다.

강화유리가 없었다면 비행기나 수족관은 물론이고 고층건물 외부유리창이나 현관의 회전문조차 구경할 수 없었을지도 모를 일이다. 현재는 Display 패널제작에 아주 많이 사용된다. 특히 모바일 통신기기의 화면 구성에 사용된다.

7. 석영의 응용처

7.1 석영관

석영은 여러 가지 사이즈의 원통형 관으로 제작되어 시험관, Furnace의 튜브로 사용된다. 관으로 제작되는 제품들의 사진이 그림 3-4에 나타나 있다.

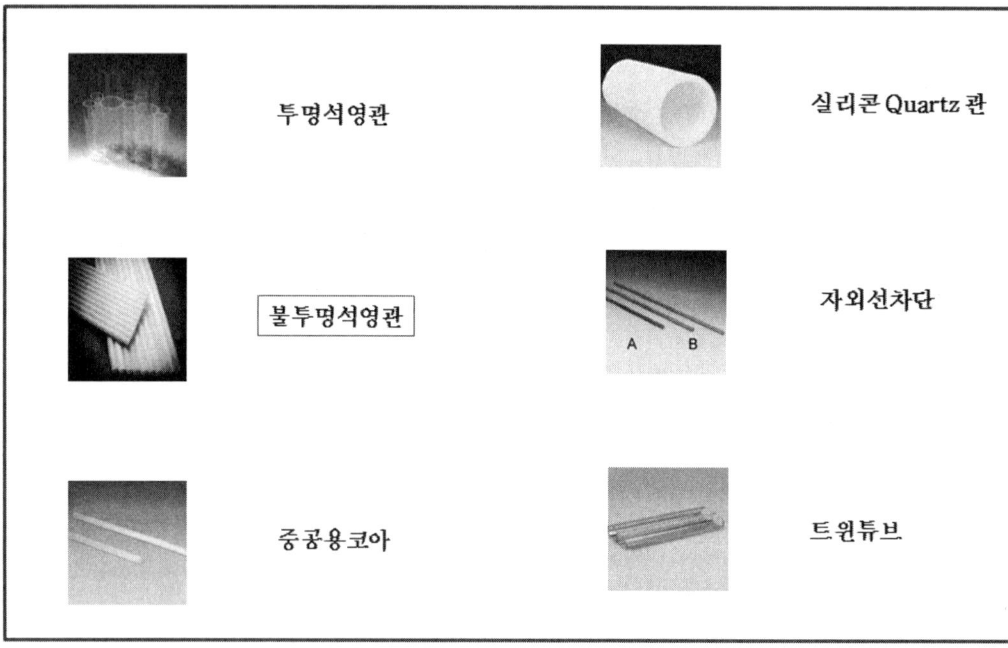

그림 3-4. 관의 형태로 사용하는 석영제품

그림 3-4에서 보는 바와 같이 봉 즉 관의 형태로 기본틀을 형성하고 안에 히터를 연결하여 외부로의 열 전달 매체로 사용한다. 반도체 장비 재료의 고온 관련 재질로 상당한 부분을 차지하고 있다. 석영은 응용처에 따라 투명과 불투명 석영이 사용 가능하고 특히 자외선을 차단하는 관을 석영에 불순물을 첨가하여 제작할 수 있다. 투명한 석영관들은 내부의 제조공정을 관찰할 필요성이 있다든가, 관안에 이동되는 물체의 조정을 눈으로 보면서 하고자 할 때 주로 사용되며, 불투명의 경우 사람의 눈에 피해가 되는 빛의 파장을 적절히 잘라낼 경우 사용한다.

7.2 형태별 석영 응용제품

석영은 형태별로 다양하게 제작할 수 있어 우리 생활의 열원과 화학반응, 통신, 히터의 제작에 주재료로 쓰고 있다. 한편 광학 부분의 렌즈제작 및 광의 웨이브 가이드용인 도파관으로도 사용된다. 여러 형태의 가공된 제품 모습을 그림 3-5와 3-6에 나타냈다.

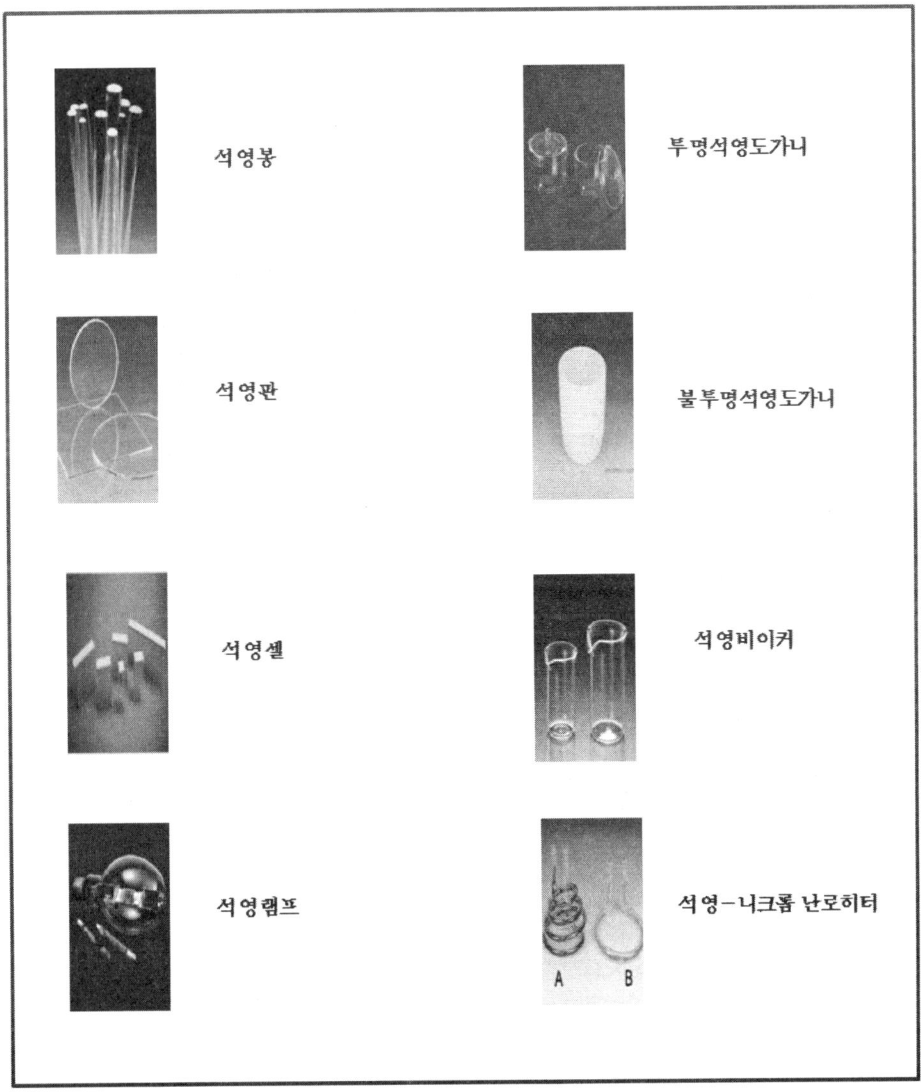

그림 3-5. 여러 형태의 석영 응용제품

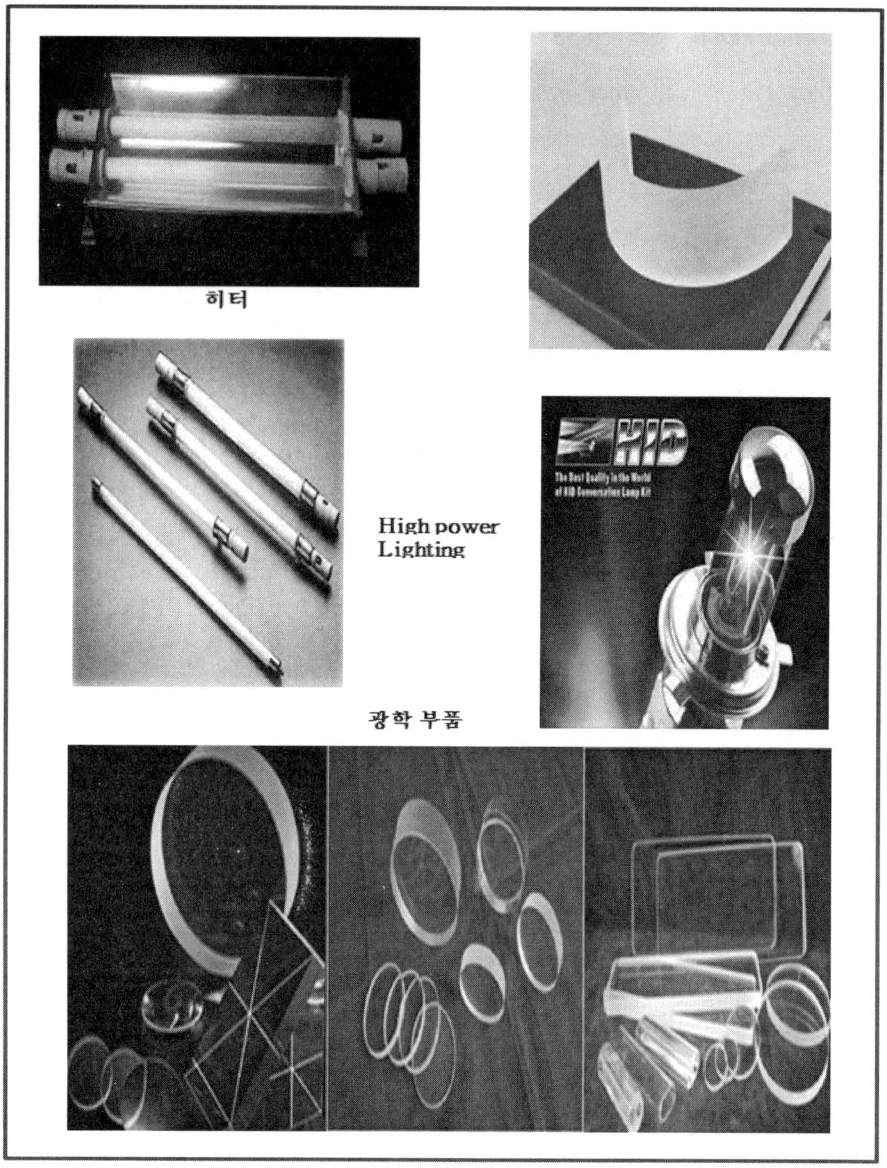

그림 3-6. High power lighting과 광학 부품에 사용되는 석영재료

7.3 석영 제품 제작 관련 요소

석영 응용품 제작에 원료로 쓰이는 석영자재는 원석, 반응 방법, 결정구조 및 불순물에 의하여 결정된다. 관련 자료를 그림 3-7에 통합 도시하였다.

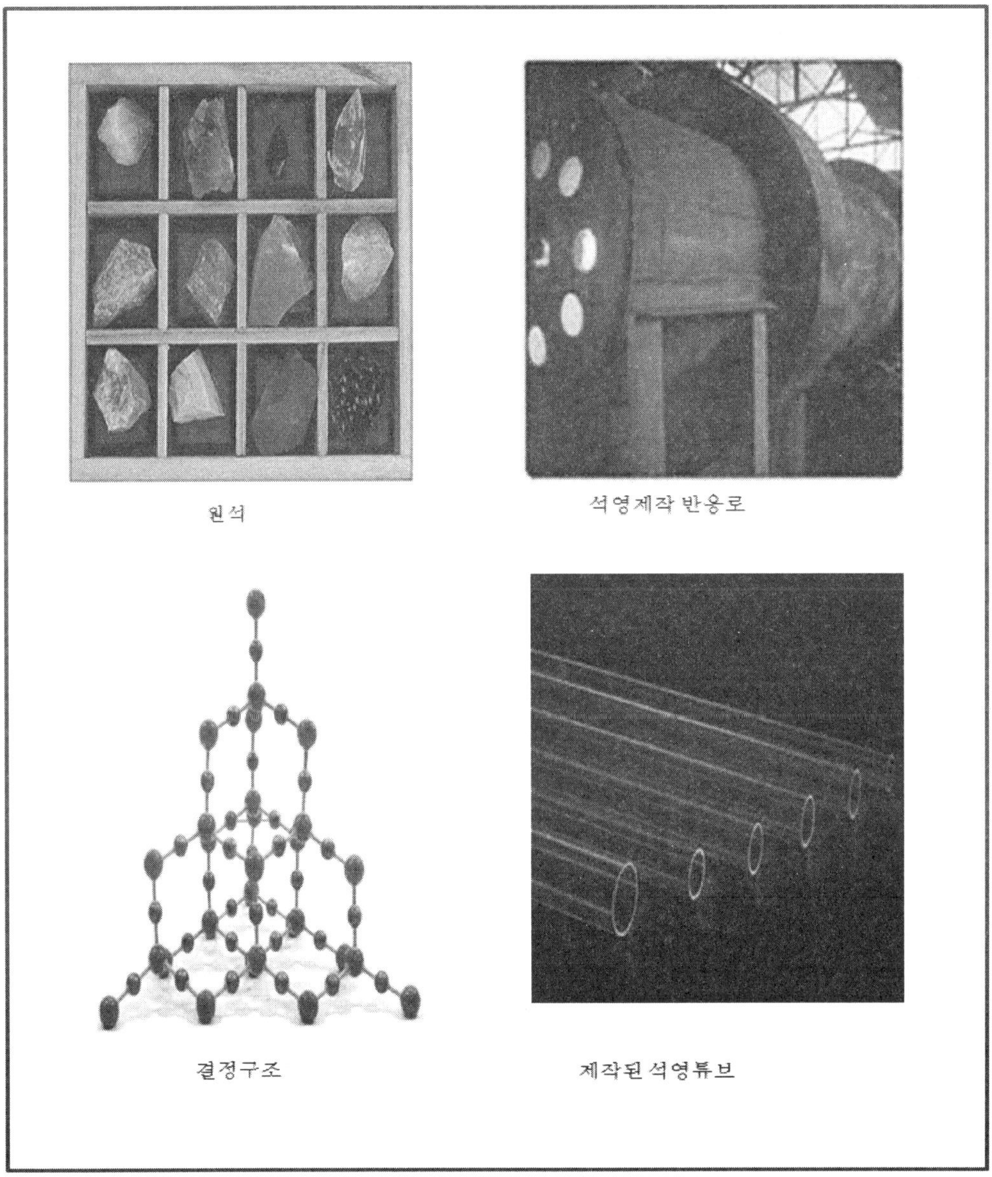

그림 3-7. 석영제품 제작에 필요한 기본 요소

원석과 관련하여서는 규산 광물에 따라 결정구조와 생성방법이 각기 다르다. 여러 규산물에 대한 주요 구성 성분, 결정질 여부, 특성에 대하여 표 3-4에 정리하였다.

표 3-4. 규산광물(silica)의 종류

광물의 종류	주요 구성성분	결정질 여부	비고
quartz	SiO_2	결정질	저온형, 고온형
cristobalite	SiO_2	결정질	저온형, 고온형
tridymite	SiO_2	결정질	저온형, 고온형
keatite	SiO_2	결정질	합성
coesite	SiO_2	결정질	저온-고온에서 생성
stishovite	SiO_2	결정질	저온-고온에서 생성
moganite	SiO_2	결정질	
lechatelierite	SiO_2	비정질	모래나 화성암 등에 낙뢰로 인해 생성(IMA 미승인)
melanophlogite	SiO_2·n(C,H,O,S)	결정질	β형도 있음(IMA 미승인)
silhydrite	SiO_2-nH_2O	결정질	
opal	SiO_2-nH_2O	결정질 부족	
opal-C	SiO_2-nH_2O	비정질	
opal-A	SiO_2-nH_2O	비정질	

IMA : International Mineralogical Association
출처 : Mineralogy Database(http://www.webmineral.com/ 2006.3.30.접속)

7.4 석영브랭크(blank)의 가공방법

석영브랭크는 모든 석영크리스탈 디바이스의 핵심부분으로서, 석영원석을 일정한 방향에 따라 웨이퍼로 절단하고, 연마, 분할과 외형가공 및 에칭 등 과정을 거친 후, 부동한 밀봉조건과 특수한 요구에 따라서 석영브랭크로 가공할 수가 있다. 이는 원석의 단순한 역학적 과정을 설명하지만 불순물 주입 등에 의한 영역적 또는 화학적 처리를 할 수 있다. 석영브랭크 제작 과정이 그림 3-8에 나타나 있다.

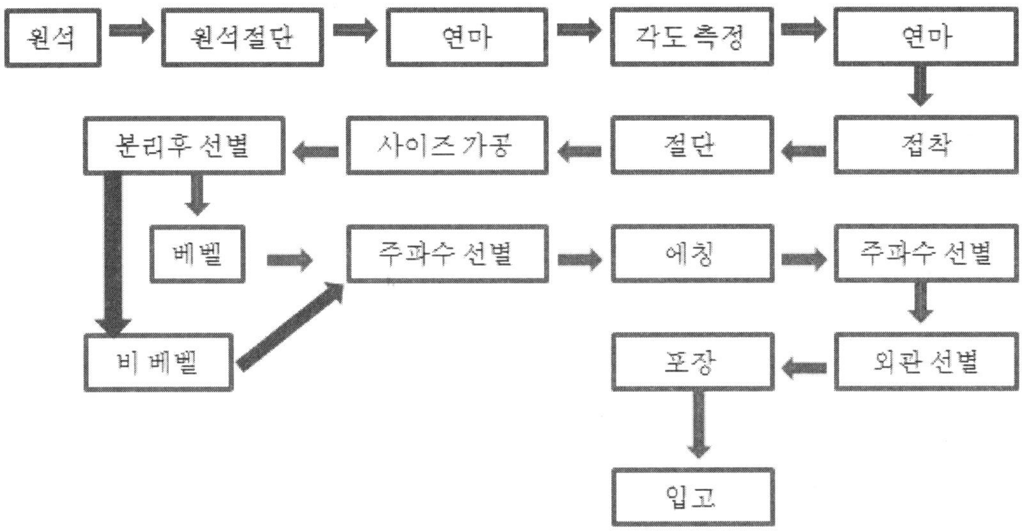

그림 3-8. 석영브랭크(blank) 제작 과정

7.5 석영크리스탈

(1) 석영크리스탈의 압전현상

석영크리스탈은 압전크리스탈의 일종으로서, 특정된 방향으로 누르거나 당기면, 양단에 양/음전하가 발생하는데 이런 효과를 압전기 정효과라고 하며, 반대로 전계인가를 통해서, 크리스탈이 변형(진동)되는 현상을 압전기 역효과라고 한다. 따라서 석영브랭크의 양면에 교류전장을 가할 시, 브랭크는 전장발생에 의한 변형(진동)발생과 변형(진동)발생에 의한 전장발생의 순환전환 과정을 걸치게 되는데, 특정된 브랭크에 따라서 이런 변화주기는 고정적이다. 바로 이런 고정된 순환주기를 이용하여 온정된 기준 클락 신호를 발생시킨다.

(2) 석영크리스탈 디바이스의 응용

석영크리스탈 디바이스는 석영크리스탈의 압전효과를 이용하여 주파수 공제, 온정 및 선택을 진행하는 관건적 디바이스로서, 석영크리스탈 진동자, 석영크리스탈 발진자 및 크리스탈 필터 등 종류가 있으며, 주요하게 통신, 가전 및 기타 각종 공업과 소비류 전자제품에 광범위하게 응용된다.

(3) 석영크리스탈 디바이스의 가공

석영브랭크 양면에 전극을 도금하여, 팟케지 안장, 주파수를 조정 및 밀봉포장 등 과정을 통하면 석영크리스탈 부품으로 가공되며, 석영크리스탈 부품과 직접회로 등 기타 전자부품을 조립하면 석영크리스탈 디바이스로 된다.

7.6 석영유리

석영유리란 양질의 석영, 수정 분말을 산소-수소의 연소 불꽃 혹은 전열로 2,000 ℃ 이상의 온도로 용융, 유리화 한 물질이다. 석영 유리섬유에는 용융 석영유리 섬유, 고 규산실리카 유리섬유, 졸-겔법 실리카 유리섬유가 있다.

석영유리의 특성과 용도는 다음과 같다.

① 광 투명성 : 실리카계 광섬유
② 초고 순도 내열성 : IC 공정장치
③ 초저 열팽창성 : 포토마스크 기판, 레이져 광학재,
④ 내열, 단열, 경량 : 스페이스셔틀, 실리카 타일
⑤ 저 유전성 : IC 봉지재
⑥ 자외 투명성 : 바이오 측정 셀, 방전관 튜브

위와 같은 특징을 활용하여 섬유로서의 특징을 조합하면 고기능성 재료를 전개할 수 있다. 근년 이 장섬유 직포에 수지를 함침하여 프린트 배선판의 적층기재로 검토되고 있다. 장래 에너지(핵융합), 우주, 광전자 분야(레이저 등)에 필수 불가결한 재료로 사용되고 있다. 이 가운데서 스페이스셔틀 외벽에 사용된 실리카 타일은 석영유리 단섬유의 성형체인데 경량성, 내화 단열성을 이용하는 분야가 기대되고 있다. 석영유리 제작장치가 그림 3-9에 나타나 있다.

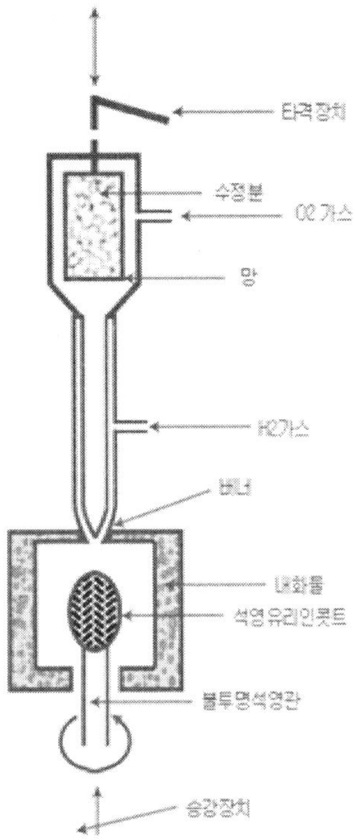

그림 3-9. 석영유리 제조장치(베르네이누 로)

7.7 석영 보트(Boat)

석영보트는 반도체 제조공정에서 매우 필요한 상비재료이다. 이 보트는 세성중에 웨이퍼를 로딩하여 공정을 수행한다. 즉 웨이퍼 캐리어 역할을 담당한다. 또한 열처리 공정에서 고온의 열처리를 행할 경우 역시 캐리어로 이용하여 고온 챔버 내에서 공정을 수행한다. 대표적인 형태는 3가지로 구별되는데 그림 3-10에 그 구조가 나타나 있다. 그림 3-10에서 (a)는 over flow 형태이고, (b)는 수평형(horizontal), (c)는 수직형(vertical) 보트이다.

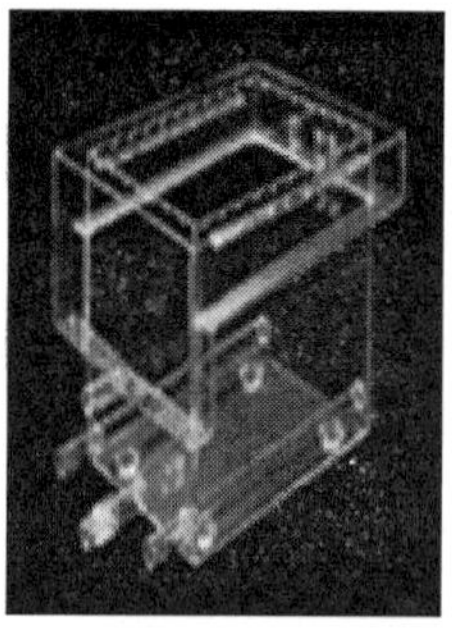

(a)

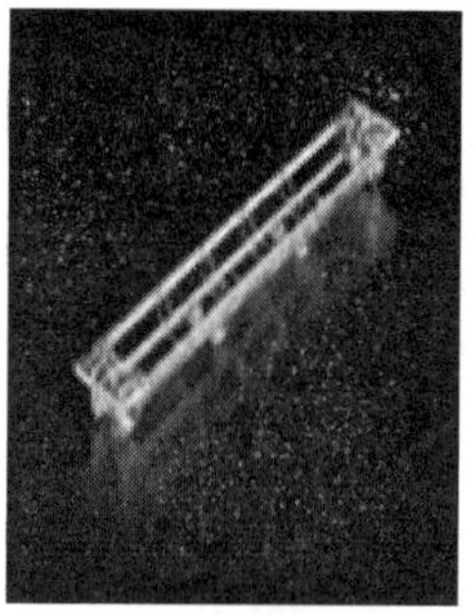

(b)

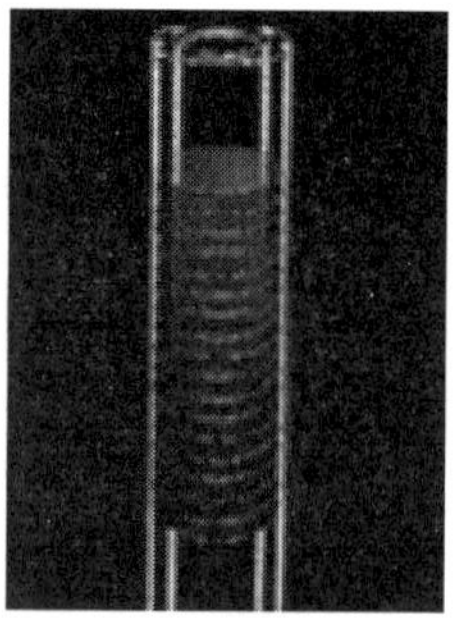

(c)

그림 3-10. Boat의 3가지 유형 : (a) over flow 형, (b) 수평형, (c) 수직형

그림 3-11은 수평형 보트와 이와 장착된 웨이퍼의 모습을 보여주고 있다. 그림 3-11에서 보는 바와 같이 석영 보트 제작 시 중요한 사항은 wafer에 손상을 주는 실오라기 같은 부분이 존재하며 안 되며, 균일한 간격의 유지 및 정열도가 매우 정확하여야 한다. 메가소닉 세정의 경우는 wafer와의 충돌을 감안하여 틈새조정을 정확히 하여야 공정 중에 wafer가 깨어지는 현상을 방지할 수 있다.

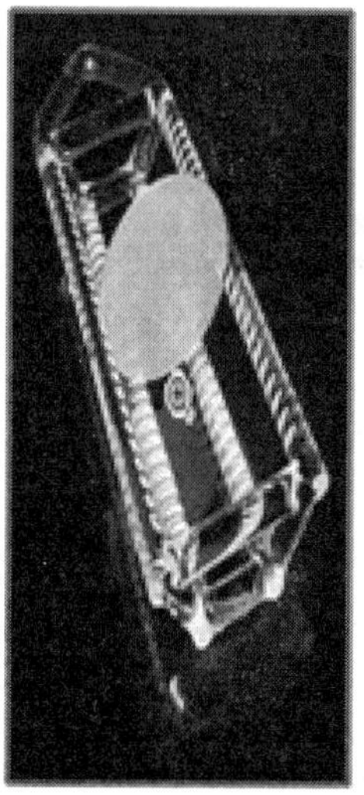

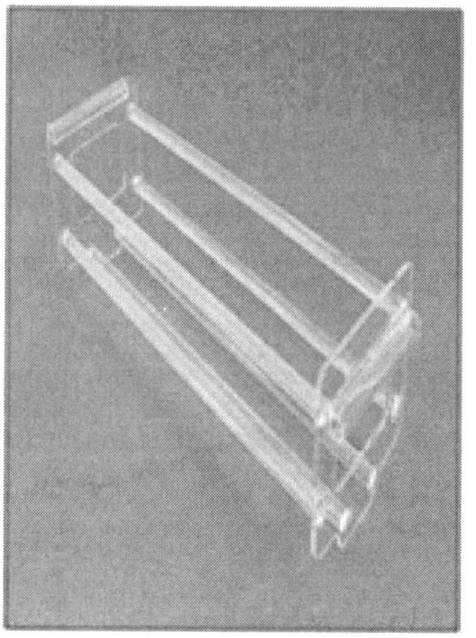

그림 3-11. 수평보트에 Wafer가 장착된 모습

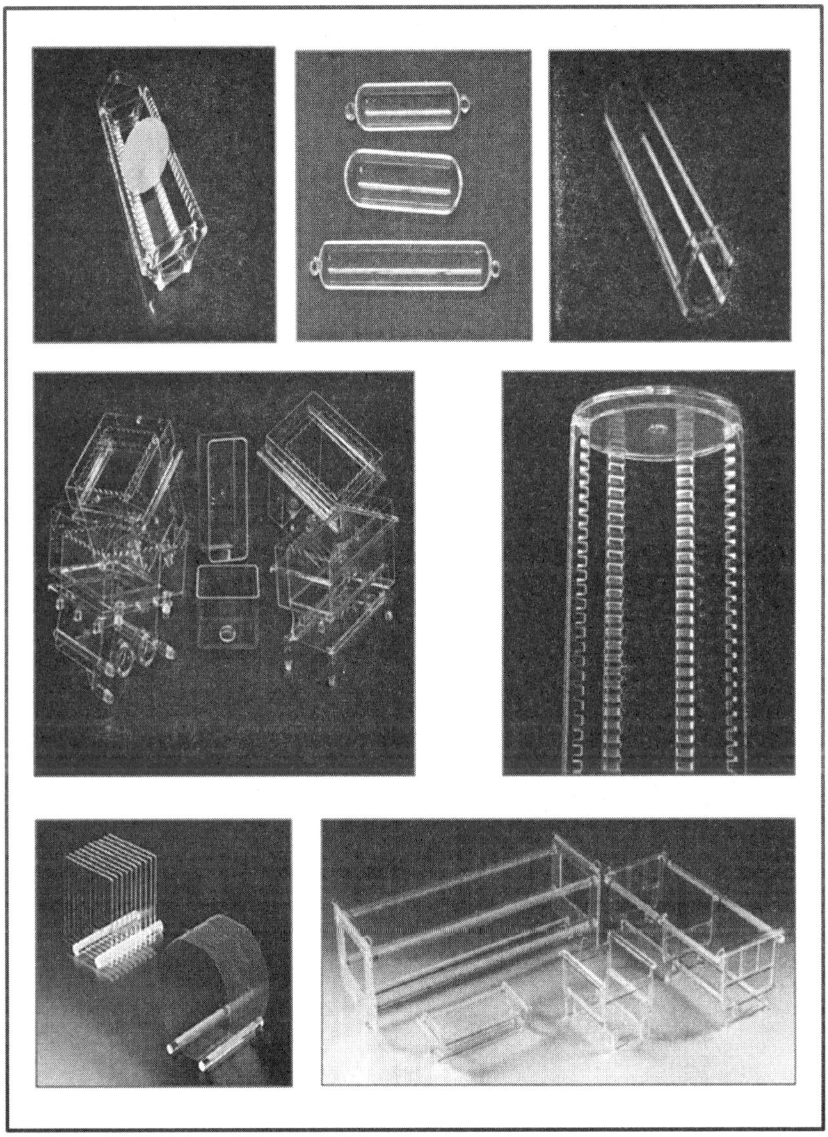

그림 3-12. 다양한 형태의 보트

그림 3-12에 여러 가지 종류의 석영을 이용한 다양한 형태의 모습을 볼 수 있다. 그림 3-12에서 보는 바와 같이 세정 공정인가, 열처리 공정인가, 반응 용기인가에 따라 그 모습이 다양하다. 이처럼 석영은 금속의 산화와 부식의 단점과 유리의 고온에 서의 문제점을 보완할 수 있는 매우 중요한 반도체 공정 및 장비 구성의 재료이다.

7.8 석영튜브

반도체 제조 공정에서 가장 중요한 확산 반응 프로세스에서 사용되며, 12인치 wafer의 등장에 따른 대구경 제품에도 대응하고 있는 추세이다. 석영 튜브의 기능은 히터와 연결되어 열원의 복사체로써 사용된다. 보트가 보조수단인 용기라면 튜브는 직접 열을 받아 전달하는 열원으로 생각해도 무방하다. 결국 간단한 예로 Funacedml를 들면 많은 장수의 Wafer를 보트에 장착하고, 열원 튜브 안으로 이동하여 열 확산을 수행한다. 그림 3-13에 수평형과 수직형 석영튜브가 나타나 있다.

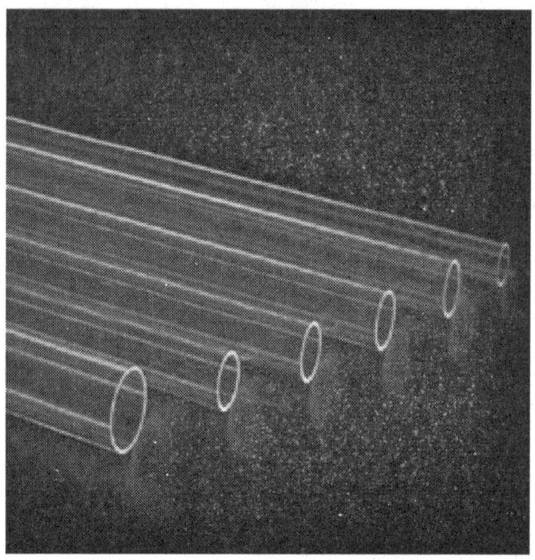

수평형 튜브

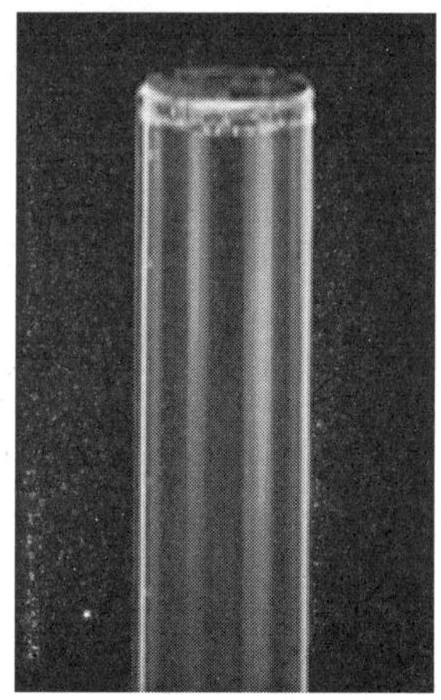

수직형 튜브

그림 3-13. 수평형과 수직형 튜브

수직형의 경우 단열을 위해 하단 연결부에 불투명 석영을 사용한다. 그림 3-14에 그 재료가 나타나 있다.

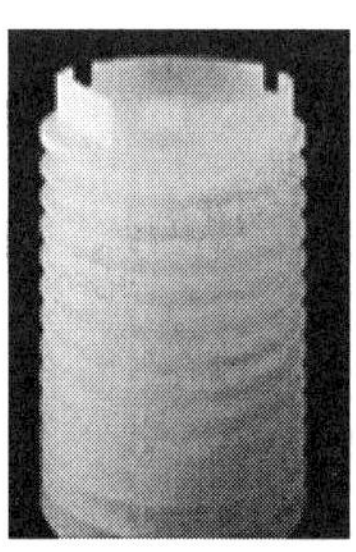

Fin Pedestal
수직형 튜브 하부의 단열에 사용하며, 불투명 석영을 사용한 제품도 제조하고 있습니다

그림 3-14. 수직형 튜브 하단의 단열 위해 사용하는 불투명 석영

7.9 반도체 장비에 석영이 사용되는 실례

(1) RTP 장비 : 고온에서 급속 열처리와 급속 냉각하는 장비

그림 3-15에서 볼 수 있듯이 chamber 구성 요소 중에 열원 복사체로 사용하고 있다. 상단의 그림에서 석영을 wafer를 올려놓는 기판으로 사용하고 있고 챔버 자체도 금속이 아닌 내부가 들여다 보이는 석영관을 사용했다.

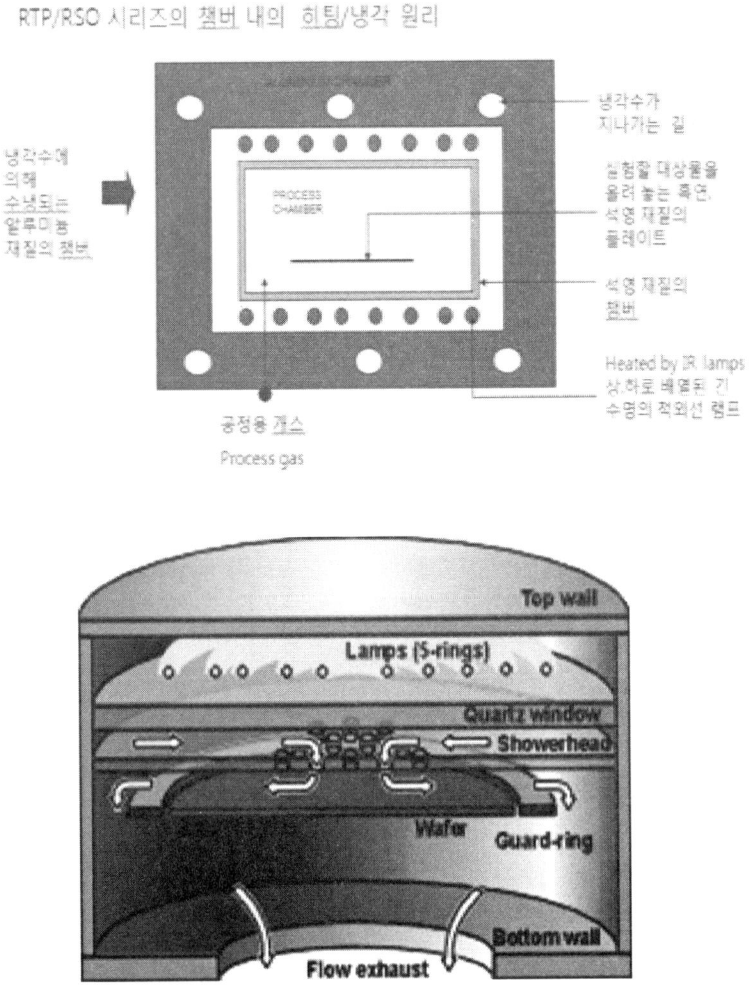

그림 3-15. RTP 장비에서의 chamber 구성(상단) 및 Window(하단)을 구성하는 석영

(2) 확산로(Furnace)에서 석영의 사용

열 확산을 통해 산화막 형성, 이온 확산을 수행하는데 본 로와 관련된 제품은 석영 보트와 튜브가 가장 중요한 장비 구성 재질이다. 그 구조가 그림 3-16에 나타나 있다. 그림에서 (a)는 로 입구에서의 wafer가 보트에 실려 석영튜브로 안으로 들어가는 모습이고, (b)는 외부에서 핀셋을 이용하여 보트에 wafer을 로딩하는 모습이며, (c)는 운반하는 보조 석영 도구를 조립하는 모습이다. 결국 열 확산 순서는 (b) → (c) → (a) 이다.

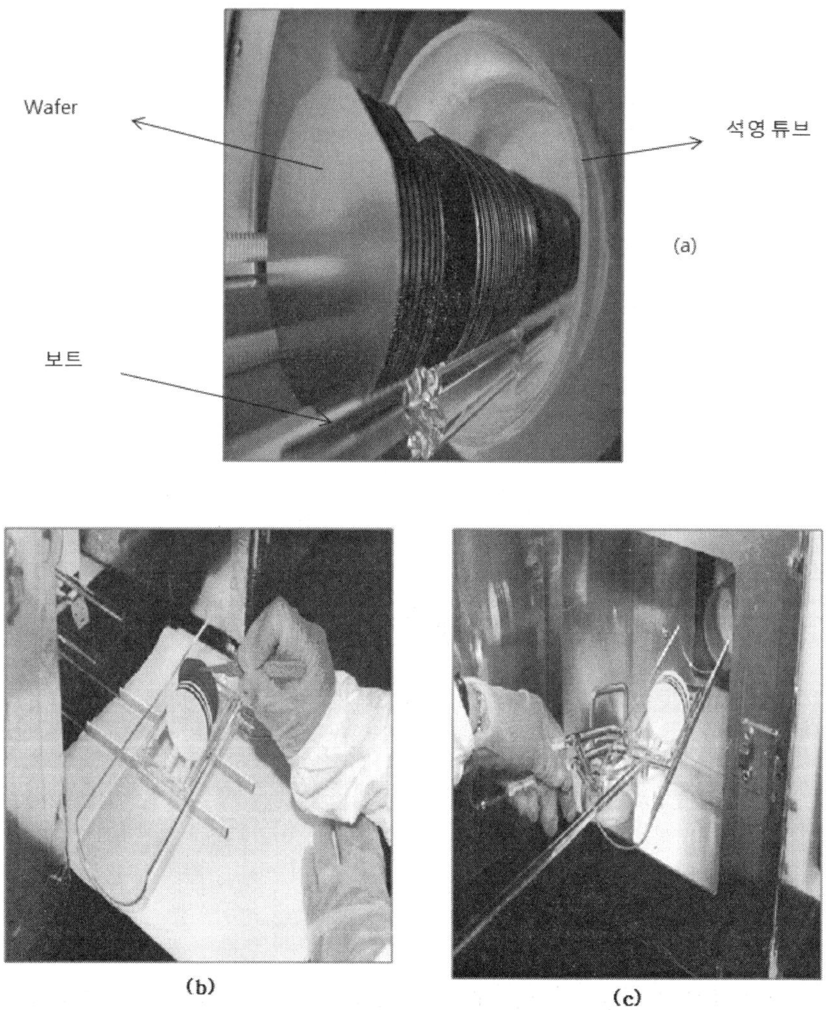

그림 3-16. 확산 공정에서의 석영튜브와 보트의 사용 모습

(3) Photo Mask 제작에서 기판으로 사용

반도체 공정에서 매우 중요한 설계부분은 마스크의 제작에 많이 의존한다. 대개 마스크는 빛이 투과하는 부분과 투과하지 못하는 마치 스위치의 형태로 구성되는데 이를 Binary 마스크라 한다. 반면 두 개의 굴절률이 다른 석영기판을 접합하여 위상차의 변화를 일으켜 노광 장비의 분해능을 돕는 PSM(Phase Shift Mask)가 있다. 이들 마스크는 열화 문제와 내구성 문제로 대개 석영을 사용한다. 그림 3-17에 마스크의 원리가 나타나 있다.

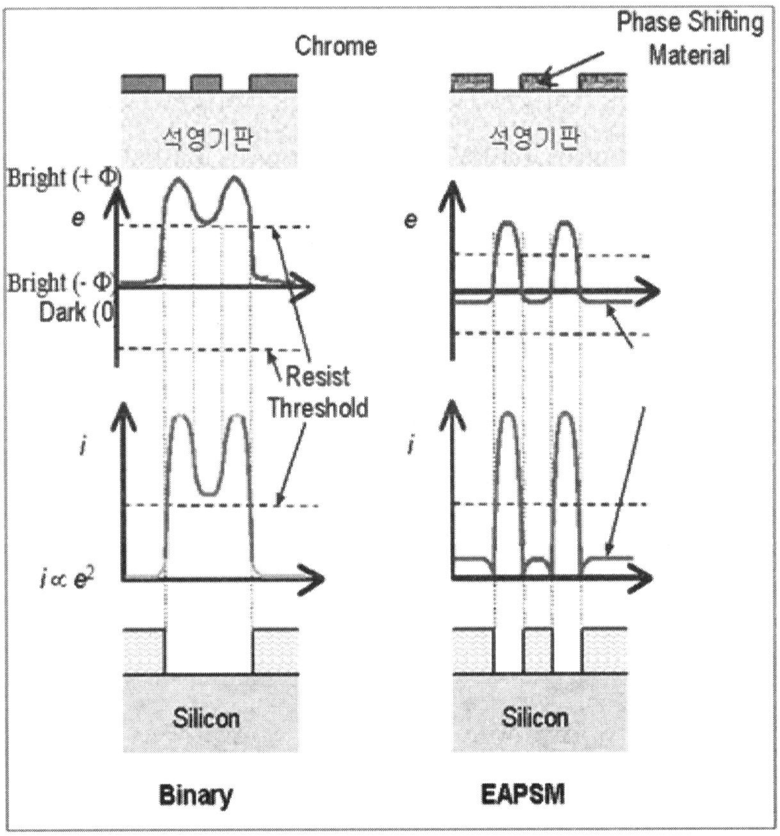

그림 3-17. 마스크 제작에 쓰이는 석영판

(4) CVD, Sputter 장비에서의 석영의 사용

CVD, Sputter 장비에서의 석영이 사용된다. 결국 앞서 설명한 것처럼 반도체 공정에서 wafer의 세정, 열원으로부터 운반체, 열원 그 자체는 석영재료가 쓰임을 알 수 있다. 그림 3-18에 CVD, Sputter 장비에서의 석영의 사용 모습이 나타나있다.

Thin film sputter

CVD 장비

LP, PE CVD

그림 3-18. CVD, Sputter 장비에서의 석영의 사용 모습

제4장

Chemical과 Gas

1. 개 요
2. 감광제(Photoresist)
3. 가스 판넬(Gas Panel)과 가스 캐비넷(Gas Cabinet)
4. 반도체 제조공정의 주요 가스 및 특징
5. Scrubber
6. BECOFLEX
7. 연마제(슬러리, Slurry)

1. 개 요

반도체 공정은 주 원료가 gas와 chemical이 주 원자재료로 쓰인다. 사진 공정에서는 포토리지스터(PR), HMDS, Shinner, 현상액(developer) 등의 화학용품이 쓰이고 있다. 에칭 장비, sputter 장비, CVD 장비들은 gas를 이용하여 플라즈마 상태를 발생하여 화학결합을 하는 등 gas의 사용은 필수적이다. 이 장에서는 이런 gas를 관리하는 패널과 밸브, 그리고 주요 gas의 특성에 대하여 알아본다.

실렌, 아신, 포스핀 등 공정 진행을 하고 남은 독가스는 사용 후 모두 태워서 무해한 가스로 대기 중에 방출해야 하는데 이를 위해 사용되는 스크러버 시스템에 대하여 알아본다. 아울러 가스 덕트(duts) 배선은 어떻게 구성되는지 알아본다. 화학약품의 종류별 성질에 대하여 알아보고, 취급 시 안전대책 사항에 대하여 알아본다. CMP 과정에서 사용되는 연마제의 특징과 종류 역할에 대하여 알아본다.

2. 감광제 (Photoresist)

2.1 Lithography Roadmap

DRAM을 핵심으로 하는 반도체 제품의 대량생산이 시작된 이후로 Lithography 기술 개발이 비약적으로 이루어져 왔다.[1-4] DRAM(Dynamic Random Access Memory)의 집적도는 3년 주기로 4배씩 증가하여 왔고 기타 다른 Memory나 Logic 제품은 약 2-3년 늦게 뒤따라오고 있다. 이에 따른 제품의 Design Rule(Minimum pattern size) 역시 4Mb DRAM의 0.8㎛에서 1Gb DRAM의 0.18㎛까지 발전해 왔고 현재는 Non Optical Lithography 기술을 맞이해야 하는 단계에 놓여 있다. Optical Lithography에서의 해상력은 노광 광원의 파장에 반비례 하는데 "Step and Repeat"의 노광방식을 채택한 초기의 Stepper에서 사용한 광원의 파장은 436nm(g-line)에서 365nm(i-line)을 거쳐 현재는 248nm(KrF Excimer Laser) 파장의 DUV Light를 이용하는 Stepper나 Scanner Type의 노광장비를 주로 사용하고 있다.

Optical Lithography는 그동안 0.6 이상의 High NA(Numerical Aperture : 구경수) Lens와 Hardware, 즉 Aperture, Stage, Alignment, Reticle Management System 등과 같은 노광장비 자체의 발전은 물론이고 CAR(Chemically Amplified Resist) Type Resist와 같은 Material의 개발 그리고 Process 측면에서의 TLR(Tri Layer Resist),

TSI(Top Surface Imaging), ARC(Anti Reflective Coating), Mask에선 PSM(Phase Shift Mask)과 OPC(Optical Proximity Correction) 등의 많은 기술개발들이 이루어져 왔다. 248nm의 DUV Lithography는 초기에 Time Delay Effect, Substrate Dependency 등과 같은 많은 문제들이 발생하였지만 0.18㎛ Design Rule의 제품을 개발하였다. 그러나 그 이하의 Design Rule을 갖는 제품을 개발하기 위해서는 새로운 193nm(ArF Excimer Laser)의 파장을 갖는 새로운 DUV Lithography로의 기술개발이 이어져야 한다. 50 nm급 이하의 반도체 회로 패턴을 위해 ArF 광원에 고굴절률 매질을 접목시킨 immersion 기술이 활발히 연구 중이다.[5-9]

그러나 이러한 DUV Lithography에서 해상력을 높이기 위한 여러 기술을 조합한다 하여도 0.1㎛ 이하의 Patterning은 불가능하므로 새로운 Light Source를 갖는 Lithography의 개발이 활발히 진행되고 있다. 현재 가장 근접한 기술로는 Electron Beam과 X-Ray를 Source로 하는 노광장비 개발이 있고, 그 외에 EUV(Extream Ultra-violet)와 Ion Beam을 Source로 하는 기술이 개발되고 있다. 아직 어느 것이 차세대 Lithography가 될지 예측은 불가능하지만 최소 3년에서 4년 내에는 윤곽이 나타날 것이다. 그림 4-1은 지금까지 기술된 내용이 요약된 Photo Lithography Road Map을 나타내고 있다.

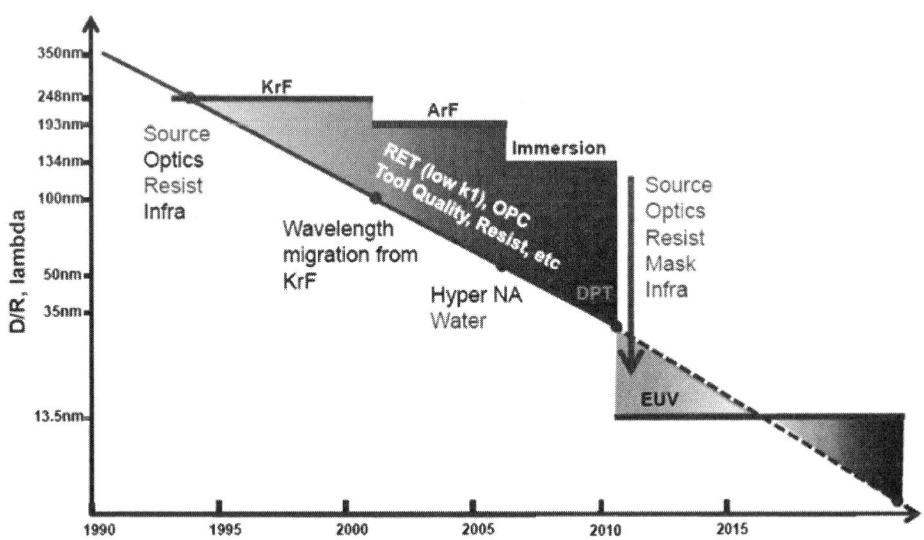

그림 4-1. 포토리소그래피 개발 Roadmap

일반적으로 Lithography라 함은 Patterning을 하는 공정명칭으로서 Photo 공정과 Etch 공정으로 나눌 수 있다. 그러나 근래에 와서 Lithography의 의미는 일반적으로

Photo 공정만을 지칭하고 있고 다시 세부적으로 Light Source에 따른 Optical과 Non-Optical Lithography로 구분되고 있다. 반도체 공정에서의 Lithography는 Wafer 위의 다양한 물질에 Circuit Pattern을 형성시키는 것을 목적으로 Substrate 위에 Resist라는 Polymer 물질을 도포한 후 Pattern의 원판 역할을 하는 Mask를 이용하여 빛을 투과시켜 Resist에 광반응을 일으킨 후 현상하여 Resist Pattern을 형성시키고, 이 Resist를 Barrier로 Substrate를 Etching하여 최종적으로 원하는 Pattern을 구현하는 기술이다. 그림 4-2에서 간단한 Process Scheme을 보이고 있다.

초기에 UV Light를 Source로 한 노광기술로 Submicron Pattering 기술을 구현하여 약 16Mb DRAM급 제품의 개발 및 생산을 하였고, 최근에는 DUV Light를 Source로 하는 노광기술의 발달과 기타 부가기술의 개발로 인하여 Sub-quatermicron 이하의 256Mb과 1Gb DRAM의 개발을 이루었다. 그러나 이러한 Optical Lithography의 한계가 가시적으로 나타나고 있어 새로운 Non-Optical Lithography로의 전환이 필요한 단계에 있다.

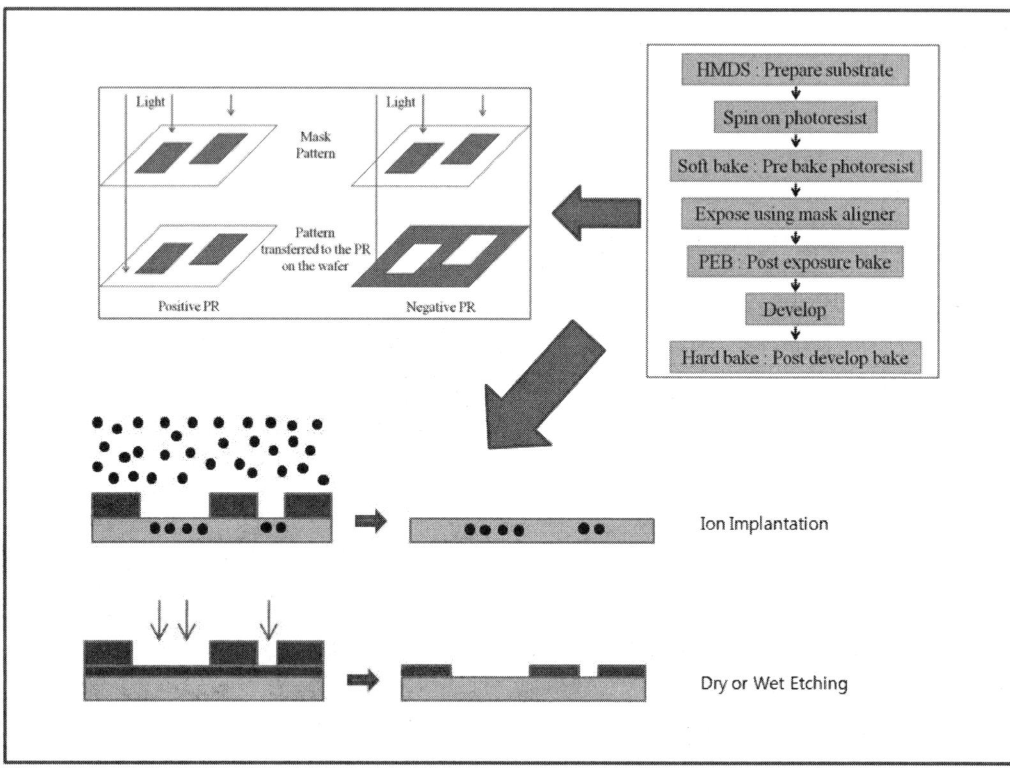

그림 4-2. 포토공정의 간략한 공정설명 도면

2.2 Resist

초미세가공용(microlithography) 포토레지스트는 반도체 디바이스를 제작하는데 있어 기판을 미세하게 가공하는 일련의 프로세스에 사용되어 광 또는 전자선 등의 조사에 의해 현상용매에 대한 용해성이 변화하는 내에칭성 피막재료로서 표 4-1처럼 분류될 수 있다. LSI의 급격한 집적도 향상은 레지스트 자체의 해상도 및 광원의 해상도 향상에 의해서 이루어진다. 광원의 해상도는 광원의 단파장화와 더불어 향상된다. 광원의 단파장화에 따른 광원의 개발과 더불어, 그에 상응하는 레지스트의 개발은 중요하다. 광원의 단파장화는 레지스트의 고감도화를 요구한다.

감광제(포토리지스트)는 크게 광과 반응하는 용해도 변화에 따라 광에 분해되는 포지티브(positive)형, 광에 분해되지 않는 네가티브(negative)형으로 나누어진다. 다른 화학적 결합구조에 대한 사항은 표 4-1에 정리하였다.

Positive 레지스트는 노광지역의 resist가 현상공정에서 제거되고, 비노광지역의 resist가 최종적인 etching mask 역할을 하며, negative 레지스트는 그 반대이다. 용해억제형 포토레지스트(Dissolution Inhibition Resist)는 감광작용을 하는 PAC (Photo Active Compound) 및 physical image를 형성하는 polymer 2성분계로 구성되며 점도조절을 위한 solvent, 색소(dye)가 추가로 첨가된다.

표 4-1. 포토레지스트의 분류

반응 형태	극성변화형, 해중합형, 가교형, 중합형
구성 성분수	1성분, 2성분, 3성분
광 원	g-line(436nm), i-line(365nm), KrF(248nm), ArF(193nm), EUV(13nm), E-beam, Ion Beam, X-ray

대부분 g-line, i-line resist의 경우가 이에 해당한다. 화학증폭형 포토레지스트(Chemically Amplified Resist)는 일반적으로 감광작용에 의해 산(acid)을 발생하는 PAG(photo acid generator), physical image를 형성하는 polymer resin으로 구성된다. 재료의 구성에 따라 2성분계 및 3성분계로 분류되며 DUV, VUV resist가 이 경우에 해당된다. 주쇄절단형 포토레지스트(Chain Scission Resist)는 노광 시 고분자의 polymer가 에너지를 흡수하여 polymer의 chain이 절단되어 작은 분자량(molecular weight)을 갖게 됨으로써 쉽게 용해되는 성질을 갖는다. 1성분계로는 mask 제작 시 사용되는 E-beam용 resist가 대표적인 예이다.

(가) 용해억제형 포토레지스트

Novolac resin(polymer)은 physical image 역할을 하며 organic solvent 또는 aqueous base solution에 용해되며, 기판과 접착력이 우수하다. PAC(Sensitizer)는 광감응 반응에 의해서 latent image를 형성하며 노광전의 PAC은 aqueous base solution에 용해되지 않는 inhibitor 특성을 가지며 약 15~20 wt%를 함유한다. 그림 4-3은 노광에 의하여 용해억제제가 화학반응을 거쳐 현상액에 잘 녹는 화합물로 변하여 빛을 받은 지역은 현상액에 녹고, 빛을 받지 않은 지역에는 용해억제제가 그대로 존재하여 현상액에 녹지 않아 패턴으로 남게 되는 모습을 보여 준다.

Base insoluble sensitizer는 노광에너지에 의해서 N_2gas를 방출시키고 Ketene으로 변화한다. Ketene은 resist 내에 존재하는 수분과 반응하며, aqueous base solution 특성을 갖는 carboxylic acid로 변화하여 latent image를 형성하게 된다. 이때 R(Aryl Sulfonate)이 sensitizer molecule의 용해특성 및 광흡수 특성에 영향을 미치게 된다. Develop 용액에 대한 photo-product 용해특성은 Acid > Resin > PAC+Resin compound 순서의 성질을 갖는다. 노광시 resist의 광흡수 특성은 Dill's A, B, C parameter로 나타내고, PAC에 의한 에너지 흡수계수(A), resin 및 기타 첨가제에 의한 흡수계수(B) 및 PAC의 decomposition rate(C)는 resist 두께 변화에 따른 light intensity 및 PAC 농도분포에 영향을 주게 되어 latent image contrast 및 photo 특성을 결정하게 된다. 이때 i-line resist의 경우 일반적으로 A=0.9(um-1), B=0.08(um-1), C=0.12(mJ/cm^2)의 값을 갖는다.

그림 4-3에 광화학 반응에서 나타낸 바와 같이 DNQ는 알칼리 수용액에서 불용성인 감광물질(photoactivecompound; PAC)으로서 용해억제제(dissolutioninhibitor)로 작용하지만 자외선에 노광되면 인덴케텐을 형성하고, 생성된 인덴케텐은 물과 반응하여 알칼리 가용인 3-인덴칼본산으로 변하게 되어 현상액인 알칼리 수용액에 잘 녹는 용해 촉진제로 작용하게 된다. 즉, 나프토퀴논디아지드(NQD)를 15~25%의 중량 %로 넣은 노볼락 수지막을 노광함으로서 노광 영역의 용해성이 증가하고 포지티브 상이 남게 된다. NQD에 의한 용해억제 기능에 대해서 몇 가지 기작이 발표되었으나 명확하지는 않다. DNQ/Novolak Resin 포지티브형 포토레지스트의 노광에 따른 용해속도 변화를 그림 4-4에 나타내었다.

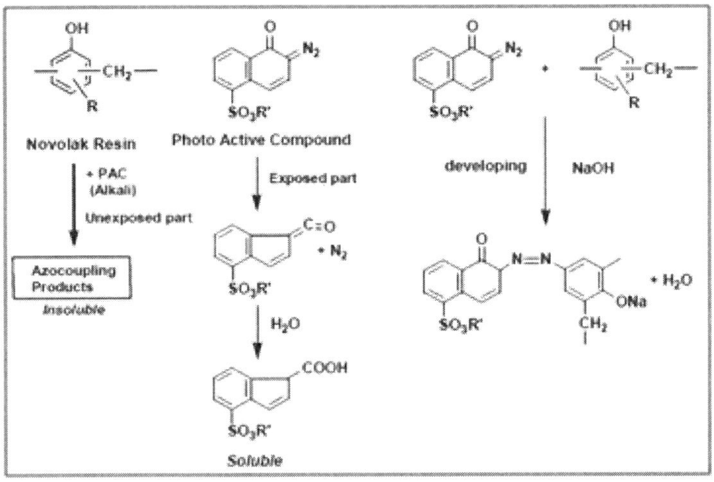

그림 4-3. 용해억제형 포토레지스트의 광화학 반응그림

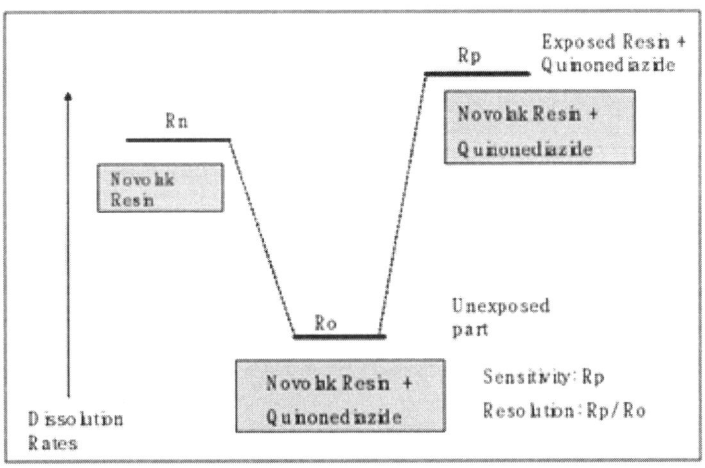

그림 4-4. g-선, i-선 포토레지스트의 노광 부위별 용해도 변화

(나) 화학증폭형 포토레지스트

포지티브 레지스트는 노광에너지에 의하여 PAG(Photo Acid Generator)이 강산(H+)이온을 발생시키는 단계와 PEB(Post Exposure Bake) 공정시 열에너지에 의하여, 기 발생된 강산이 촉매역할을 하여 resin이 현상액에 잘 용해가 되는 구조로 변하는 단계를 갖는다. Negative resist는 노광지역의 polymer가 서로 결합하여 더욱 고분자화(Co-polymerization)되도록 강산이 촉매역할을 담당하여 불용해 성질을 갖게 한다. 레지스트의 화학반응이 2단계로 이루어지며 PEB 공정시 완전한 잠재형상(latent image)이 얻어지므로 작은 노광에너지를 이용하여 매우 sensitive한 광반응을 일으키

는 특성을 갖는다. 그림 4-5에 반응기작도를 도시하였다.

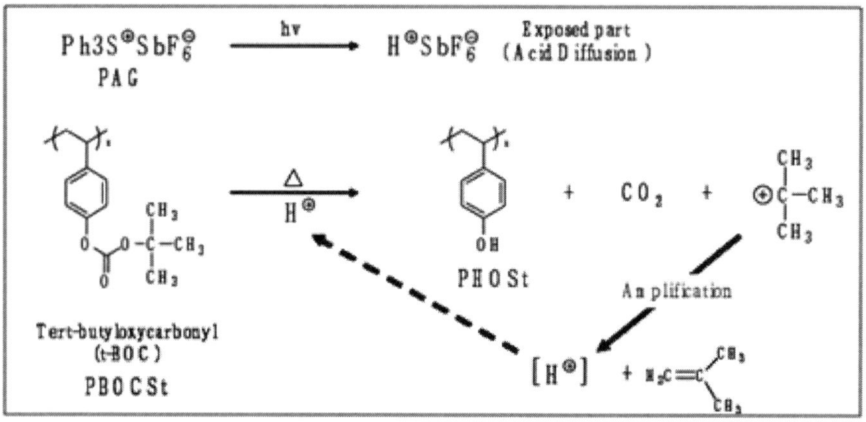

그림 4-5. 포지티브형 화학증폭형 레지스트의 반응구조

(다) 주쇄절단형 포토레지스트

Carbon이 주성분인 고분자 polymer의 main chain이 노광에너지(hν)에 의하여 radical 반응을 일으켜 1차적으로 acylcarbon-oxygen으로 변하고, 최종적으로 decarbonylation에 의해 저분자화되어 현상공정시 용해속도를 증가시킨다. 현상용액은 solvent-base 용제가 일반적으로 상용된다.

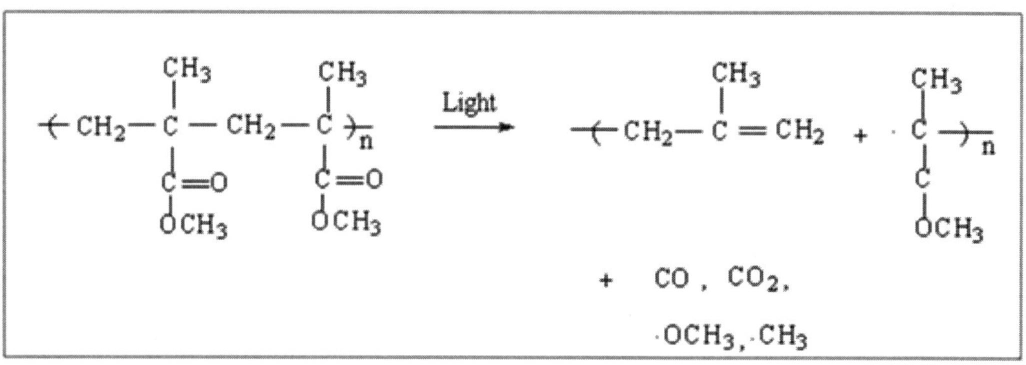

그림 4-6. 주쇄절단형 PMMA의 radical 반응구조

(라) DUV Resist(KrF & ArF)

DUV 리소그라피는 i-line 대비 resolution 및 DOF 등의 성능면에서 우수하지만, 공정제어가 쉽지 않다. 이러한 문제는 짧은 파장에서 기인된 광학적인 원인과 화학증폭형 레지스트의 사용에 의한 화학적인 원인으로 구분할 수 있다.

파장이 짧아지면 standing wave effect에 의한 CD swing 현상과 substrate topology에 의한 반사광의 notching 현상이 심해진다. CD swing이란 입사광과 반사광의 간섭 정도가 레지스트의 미세한 두께 차이 또는 substrate film의 두께 차이에 따라 변함으로써 결과적으로 Line width가 주기적으로 변하는 현상을 말한다. DUV 공정에서는 sensitivity 향상을 위해서 화학증폭형 레지스트를 사용할 수밖에 없는데, 그 반응 메카니즘과 관련하여 PED(Post Exposure Delay) stability, substrate dependency 등의 문제점이 발생한다. 화학증폭형 레지스트는 i-line 공정에서 사용되는 용해억제형 레지스트와는 달리 노광후 발생된 산의 촉매작용에 의해 패턴이 형성되는데, 산이 대기중이나 기판상에 존재하는 염기성 성분에 의해 산(acid)이 손실될 경우에 패턴이 tail 혹은 footing을 형성하게 된다.

화학증폭형 레지스트의 환경오염을 제어하기 위해서는 lithography bay를 격리시키고 bay에 chemical filter를 설치하는 방법, Track/Scanner cluster에 chemical filter를 설치하는 방법, Resist에 수용성의 아민 차단용 polymer를 overcoating하는 방법, amine 성분에 둔감한 레지스트를 사용하는 방법 등이 있다. 반도체 clean room내 ammonia 농도는 room 환경에 따라 다르겠지만, 보통 10~50ppb 정도인데, chemical filter를 거치게 되면, 1ppb 이하로 낮아진다. Ammonia 농도 5~10 ppb 이하 조건에서 평가한 결과 레지스트의 종류에 따라 5분에서 3시간의 PED stability를 가진다.

KrF 다음 노광기술로는 ArF 노광기술이다. ArF 노광 기술의 발전을 위해 필수 불가결한 핵심 과제 중의 하나는 ArF용 resist의 개발이다. 이는 포토공정기술의 개발은 노광장비와 더불어 resist 개발이 중요함을 시사한다. KrF와 같은 화학 증폭형이지만 재료를 근본적으로 개량해야하는 필요가 있기 때문인데, ArF resist 재료 개발이 어려운 것은 benzene 고리를 사용할 수 없기 때문이다. Benzene 고리는 dry etching 내성을 확보하기 위해 i-line 및 KrF resist에 사용되어 왔다. 그러나 ArF resist에 사용하면 ArF laser의 파장인 193nm를 흡수하기 때문에 투명성이 떨어져 resist 하부까지 노광이 불가능한 문제가 발생한다. 이 때문에 Benzene 고리를 가지지 않고 dry etching 내성을 확보할 수 있으며, adhesion이 좋고 2.38% TMAH에 현상할 수 있는 재료의 연구가 진행되고 있다. 현재 ARF resist를 개발 중에 있으며, Performance가 발전하고 있어 차세대 Lithography를 선도할 것으로 생각된다. KrF와 ArF의 광 반응에 관련된 resin의 구조가 그림 4-7에 나타나 있다.

또한 일반적인 CAR(Chemical Amplication Resistor) Type resistor의 광분해 과정을 그림 4-8에 도시하였다.

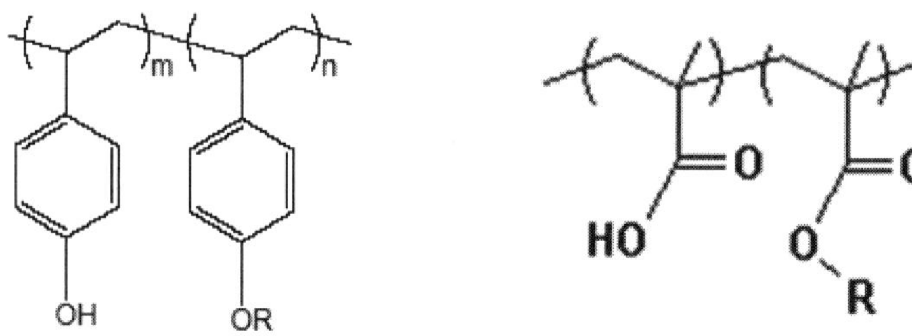

(a) (b)

그림 4-7. Deep UV PR의 resin 구조 : (a) KrF, (b) ArF

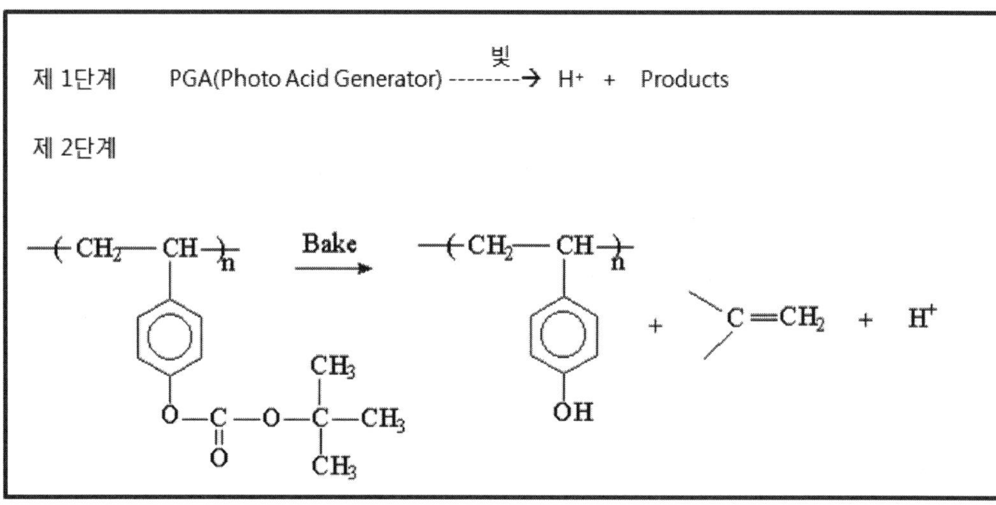

그림 4-8. 포지티브형 화학증폭형 레지스트의 반응구조

2.3 Resist 공정

(가) 평가

레지스트를 평가할 때 통상적으로 실시하는 sensitivity, DOF margin 등의 성능 외에 화학증폭형 레지스트는 PED stability, Substrate dependency 등이 새로이 검토되어야 한다. Design rule 및 단차에 따라서 다르겠지만, 0.6um~0.8um의 global 단차를 갖는 0.25um Design Rule의 device를 기준으로 할 때, 양산용으로 갖추어야할 포토레지스트의 조건을 표 4-2에 나타내었다.

표 4-2. KrF 레지스트의 평가 항목

항목	목표값	시험 조건
Thickness	- 0.7 um	- Spin speed 3,000 rpm
Sensitivity	- 〈30 mJ/cm^2	- Dose required for 0.175 um L/S
CD linearity	- 0.16 um L/S	- Conventional(0.60 NA, 0.60 sigma) - Dose required for making 0.175 um L/S zero Bias
Exposure Latitude	- 〉 20 %	- (Emax - Emin)/Eop - Within a +/-105 Bias of 0.175um L/S
DOF	- Group 〉 1.2 um - Isolated 〉 1.0 um	- Conventional(0.60NA, 0.60sigma) - Within a +/- 10 % Bias of 0.175 um L/S - Wall angle 〉 85 도 - Resist Loss 〈 10 %
CD Swing	- 〈 30 %	- (Peak Eth - Valley Eth) / Peak Eth
IG Bias	- 〈 0.01 um	- 0.175 um L/S
PED 안전성	- 〉 2 hours	- Within 1+/-105 Bias of 0.175um L/S - Ammonium concentration of 20 ppb
Sub. 의존도	- Scum free - No foot	- Nitride, TiN, BPSG
PEB 의존도	- 〈6 nm/도	- 0.175 um L/S
열적 안정성	- 〉 120 도	- 0.30 um L/S - Hot plate
Etch 저항성	- Same as Novolac	- Reactive Ion Etching
Shelf Life	- 〉 6 months	- Room temperature(20-25도)

(나) 공정 순서와 쓰여지는 주요 Chemical

Lithography 공정은 마스크상에 layout된 패턴을 공정제어규격(specification)대로 wafer상에 1차적으로 구현하는 기술이다. 레지스트가 도포된 웨이퍼를 노광할 때 빛에너지에 의해 광화학반응이 일어나며, 후속 현상공정(develop)시 노광지역에서 화학반응에 의해 용해도 속도가 증가되어 패턴 형성을 하게된다. 형성된 포토레지스트 패턴은 후속 공정인 식각 또는 이온 주입 공정시 마스크 역할을 하게 되며 최종적으로 O_2 플라즈마에 의하여 스트립된다. 포지티브 단층 레지스트 공정은 양산성면에서 유리하며, 공정이 간단하며, 해상능력이 우수한 특성을 가지고 있다. 네거티브 단층 레지스트 공정은 PSM 조합 등 특정한 공정에 효과적이며, modified 단층(TIPS) 및 다층(TLR) 레지스트 공정은 해상 능력이 우수하나 공정이 복잡하며, 공정 결함(defect)이 많이 발생하여 양산성이 저조한 특성을 가지고 있다. 단층 레지스트 공정의 장점은 cost-down, 양산성, 공정단순, defect 최소화를 할 수 있는 것이며, 단점은 topology의 영향으로 bulk effect, notching 현상, standing wave effect가 발생한다는 것이다. 일반적인 포토 공정을 요약하면 아래와 같다.

(1) HMDS(Hexamethyldisilazane) prime

하부막질이 wafer일 경우 친수성 wafer 표면에 소수성 PR을 코팅하려면 계면에서의 접착력이 문제가 되기 때문에 이를 증대시키기 위해서 wafer 표면을 HMDS (hexamethylene disilazane)로 처리하고 있다. 그림 4-9와 같이 HMDS는 wafer 표면에서의 dehydration 반응을 통해 친수성 표면을 소수성으로 바꾸어주는 역할을 한다. 실리콘 표면이 소수성일 때는 유기오염물에 오염되기 쉽다. 유기오염물은 분자형 오염물로서 소수성 PR 잔류물이 주원인이 할 수 있는데, 오염물은 소수성 표면 성질을 가지고 있으므로 세정 효과를 크게 감소시키고, 제거되지 않고 남아 있을 시에는 증착되는 박막의 부착을 저해한다. 따라서 유기오염물의 제거는 세정 공정의 첫 번째 단계에서 반드시 수행되어야 한다.

분자식은 $(CH_3)_3Si-NH-Si(CH_3)_3$로서 Si 기판 위의 결합되어 있는 산소(O)와 화학적 반응을 하여 기판과 Photoresist간에 접착력을 향상시키는 공정이다.

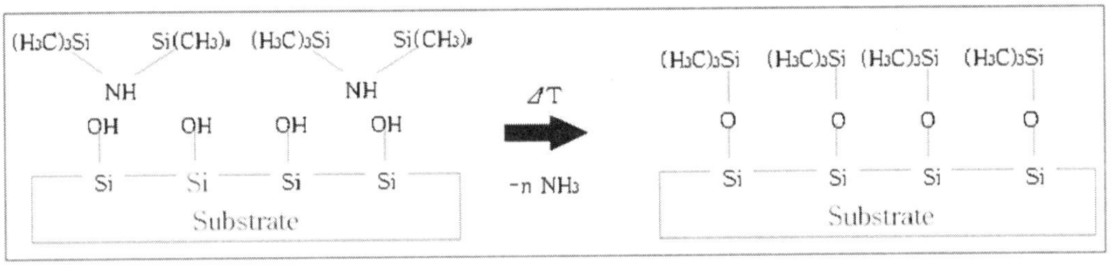

그림 4-9. Si wafer 표면에서의 HMDS(hexaMethylene disilazane)의 반응

(2) Resist coating

Spin 방식에 의하여 photoresist를 균일하게 도포하는 공정이다.

(3) Soft bake

Photoresist 내에 존재하는 약 80~90%의 solvent를 열에너지에 의해 증발시켜 고형의 레지스트 필름 상태를 유지하는 공정이다.

(4) Exposure

Mask를 투과하는 빛이 photoresist의 광화학반응을 노광 지역에 한하여 선택적으로 일으키게 하여, 기 형성된 패턴과의 중첩정확도(overlay accuracy)를 유지하는 공정이다.

(5) Post exposure bake

i-line 포토레지스트의 경우에는 Exposure시 photoresist 내에서 입사광과 반사광 사이의 상호 간섭 현상에 의하여 형성된 광감응제(PAC)의 농도 차이를 열에너지를 이용하여 감소시켜 결과적으로 정재파 현상을 감소시키는 공정이다. DUV 포토레지스트에서는 노광에 의해 생성된 산(H+)을 증폭시켜 레지스트의 resin에서 용해도의 차이를 유발한다.

(6) Develop

알칼리 용액(TMAH 2.38% : Tetramethyl-Ammonium Hydroxide)을 사용하여 노광지역과 비노광 지역간에 용해도 차이에 의한 화학 반응을 이용함으로써 최종적으로 패턴 형성을 재현하는 공정이다.

본 현상액은 사용 후 사후 관리가 매우 중요하다. 반도체 디바이스(LSI 등), 액정디스플레이(LCD), 프린트 기판 등의 전자부품의 제조공정 등에서 발생하는 포토레지스트 및 테트라알킬암모늄 이온을 함유하는 포토레지스트 현상폐액의 재생방법 및 장치에 관하여 매우 관심이 집중되고 있다.

반도체 디바이스, 액정디스플레이, 프린트기판 등의 전자부품 등을 제조하기 위해서는 웨이퍼 등의 기판상에 음형 또는 양형 포토레지스트를 형성하고, 그 소정의 부분에 빛을 조사하고, 다음에 현상액에 의해 불필요한 포토레지스트를 용해하여 현상하고, 다시 에칭 등의 처리를 행한 후, 기판상의 불용성 포토레지스트막을 박리한다. 포토레지스트는 노광부분이 가용성으로 되어 있는 양(positive)형과 노광부분이 불용성으로 되어 있는 음(negative)형이 있고, 양형 포토레지스트의 현상에서는 알칼리 현상액이 주류이고, 음형 포토레지스트의 현상에서는 유기용제계 현상액이 주류이지만, 알칼리 현상액을 이용하는 것도 있다.

알칼리 현상액으로는 통상, 수산화테트라알킬암모늄(테트라알킬암모늄히드록사이드)의 수용액이 이용된다. 따라서 이러한 현상공정으로부터 배출되는 폐액('포토레지스트 현상폐액' 또는 '포토레지스트 알칼리 현상폐액'으로 부름, 이후에 때로는 '현상폐액'으로 간략히 칭함)에는, 통상, 용해된 포토레지스트와 테트라알킬암모늄 이온이 함유되어 있다. 여기에서 테트라알킬암모늄 이온은, 상술한 바에 의해 명백하듯이, 통상은 수산화물 이온(OH-)을 짝이온으로 하는 것이지만, 폐액(폐수)은 공장에 따라서 다른 것으로 되므로, 어느 것이 혼입되어 있는지 알지 못하고, 또한, 경우에 따라서는 다른 폐수와 혼합될 수 있으므로, 다른 종류의 이온을 짝이온으로 하는 염의 형태도 있을 수 있다. 따라서 일반적인 설명에서는 짝이온을 특정하지 않고, '이온'이라 부르는 개념으로 받아들였다. 그러나 폐액 중의 테트라알킬암모늄 이온은, 앞서 설명한 바와 같이, 보통 수산화테트라알킬암모늄으로 존재한다.

이러한 포토레지스트 및 테트라알킬암모늄 이온을 함유하는 포토레지스트 현상폐액을 처리하는 방법에는, 전량을 업자에게 인수하는 방법, 증발법이나 역침투막법에 의해 농축하여 폐기처분(소각 또는 업자에게 인수)하는 방법, 활성진흙에 의해 생물분해처리하여 방류하는 방법이 있다. 또한, 앞서 설명한 바에 의해 얻어진 농축폐액 또는 원래 테트라알킬암모늄 이온농도가 높은 농후한 현상폐액에 대해서는, 전기투석법이나 전해법에 의해 테트라알킬암모늄 이온을, 바람직하게는 수산물 형태(전해법에서는 필연적으로 수산화물형으로 한다)로 농축회수하여, 재이용하려는 시도가 이루어지고 있다.

증발법이나 역투침막법에 의해 농축하는 방법은, 알칼리 가용성의 포토레지스트나 테트라알킬암모늄 이온이 함께 농축되기 때문에, 처리 후의 폐액은 폐기처분을 할 수가 없다. 활성진흙에 의해 생물분해 처리하는 방법은, 테트라알킬암모늄 이온의 생물분해성이 악화되고, 또한, 다른 유기물성분이 폐액에 혼재하는 경우에는, 그 이외의 유기물 성분을 분해하는 미생물 쪽의 증식이 불활발하게 되고, 더욱이 그 생물분해성이 악화되기 때문에, 저농도의 폐액의 경우 밖에 처리할 수 없으므로, 대규모의 처리시설이 필요하게 된다. 또한, 전기투석이나 전해에 의해 테트라알킬암모늄 이온을, 바람직하게는 수산화물의 형태로 농축하는 방법은 공해대책이나 자원의 유료활용이라는 점에서 매우 우수하지만, 고순도로 하기 위해서는 운영비용이 들고, 또한 탈염폐액으로서 배출되는 배수의 양(용적)이 거의 또는 그다지 감소되지 않는다는 문제점이 있다.

(7) Inspection

Patterning된 결과에 대한 공정품질 즉 CD, Overlay accuracy, resist pattern profile 및 defect 유무 등을 공정규격에 준하여 검사하는 단계이다.

불량의 예가 그림 4-10에 나타나 있다.

표 4-3. SLR process 공정순서

공정	조건
1. HMDS prime	상온-150도, Hot plate
2. P/R coating	0.4-1.6um thickness
3. SOB(Soft Bake)	90-110도/1-2분, Hot plate
4. Exposure	최적 노광에너지 및 best focus 설정, Overlay 보정 parameter 입력
5. PEB(Post Exposure Bake)	90-130도/1-2분, Hot plate oven
6. Develop	상온-150도/1-2분
7. Inspection	CD, Overlay, Pattern fidelity

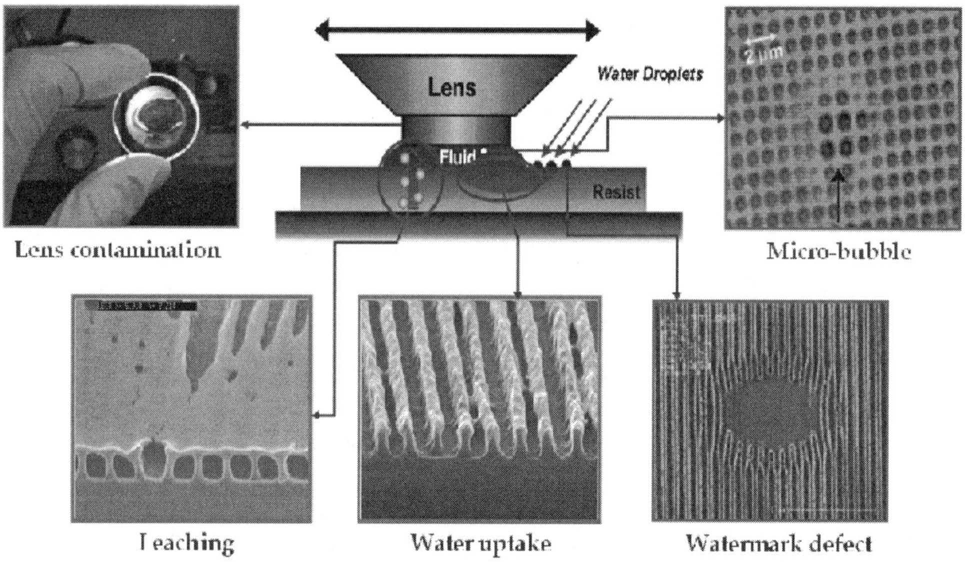

그림 4-10. resistor의 공정 불량

참조	
친수성	물에 녹기 쉬운 성질. 또는 분자나 원자단이 전기를 띠고 있어 물분자와 결합하여 물속에서 안정된 상태로 되는 성질
소수성	물에 녹기 어려운 성질. 물속에서 탄화수소 또는 용질에 있는 지방 친화성 원자단이 분자 간 응집을 하려는 경향

PEB 후에 CAR형 resist의 반응도가 그림 4-11에 나타나 있다. 그림에서 보는 바와 같이 CAR형 DUV PR의 경우 아민기의 의한 Top 부분의 손실이 매우 크다. 그래서 FAB내 아민기의 조절이 중요하다.

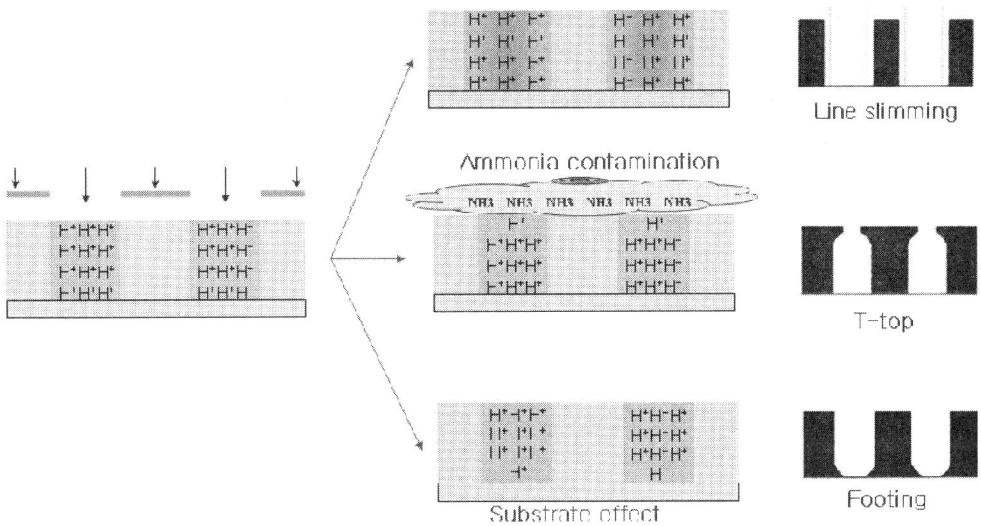

그림 4-11. PEB 후 화학증폭형 PR의 계면 반응

(다) EB(Electron Beam)-EUV용 Resist

화학 증폭형 및 비화학 증폭형의 EB 레지스트가 연구되고 있다. 레지스트 요구 성능은 고감도, 고플라스마 에칭 내성이다. EB용 포지형 화학 증폭형 레지스트로 히드록시스티렌/아크릴레이트 공중합체, POSS를 측쇄로 하는 메타크릴레이트 공중합체가 있다. 카테콜 유도체를 쓴 분자 레지스트도 있다. 알칼리현상 가능한 비 화학 증폭형 포지형 레지스트로 폴리설폰을 용해 저지제로 한 노볼락계 레지스트가 보고되었다.

케이지형 네트워크형의 Si-H 부분을 포함한 실세스키옥산에 광산 발생제 또는 광염기 발생제를 블렌드한 계는 고감도 negative형 EB 레지스트이다. EUV용 레지스트 재료의 설계 개념은 KrF 및 ArF 리소그래피의 경우와 같이 노광파장에 투명할 것, 고감도일 것, 고플라스마 에칭 내성일 것, 발생 가스가 적어야 하는 것이다. 이 파장에서의 흡수는 관능기가 아니고 원소의 종류에 의존한다. 많은 원소가 이 파장의 광을 흡수하는 데 산소 및 불소는 특히 강하게 흡수한다. 따라서 레지스트 고분자의 구성원소로 H, C, Si, B 등이 선택된다. 레지스트 재료로 노보르넨 유도체의 개환 메타시스 중합 고분자, 페닐메틸실란과 메타크릴산 t-부틸의 공중합체, 측쇄에 POSS를 함유하는 아크릴 고분자, 함 불소 유기고분자가 있다.

고진공 하에서 사용되는 EUV 리소그래피는 레지스트에서 가스 발생의 문제가 심각하다. 화학 증폭형을 기본으로 하는 현재의 레지스트 디자인에서는 광산 발생제에서의 분해 생성물, 극성 변화 보호기의 분해물, 막 중의 잔존 용제가 EUV광 노광 시의 가스 발생원이 된다. 가스 발생이 적은 재료를 개발하는 것이 중요한 과제이다.

광산발생제(PAG)는 화학 증폭형 레지스트에서 아주 중요한 역할을 하며 각 리소그래피에 적합한 PAG의 개발은 중요한 과제이다. ArF 레지스트용의 PAG로 방향환을 갖지 않는 새로운 설포늄염형의 PAG 및 지환 구조의 비이온성 PAG의 개발, 레지스트막 중의 PAG의 광반응으로 발생하는 산의 새로운 정량법, 레지스트 감도 및 패턴형성에 미치는 PAG의 종류와 효과 등에 관한 기초 연구가 되어 있다.

(라) Organic Anti-Reflection Coating (ARC)

(1) 유기 ARC의 필요성

Device의 선폭(critical dimension)이 감소하고 PR 자체의 두께가 얇아짐에 따라 하부 topology에 의한 영향성이 점점 더 증대되고 있다. 또한 DUV(248 nm)는 i-line (365 nm) 대비 기판의 반사율이 높아져 간섭 현상이 심하게 나타난다. 초기 리소그래피 공정에서는 무반사 막질로 간주되어 온 oxide 위에서 패턴 형성 시 하부막에 의한 반사가 큰 문제가 되지 않았고 전체 pattern profile에 대한 반사광의 영향성도 크지 않았지만, 90년대 후반부터는 선폭 균일도 개선 등의 목적 등으로 반사 방지막이 필요하게 되었다. 이러한 배경으로 반사광을 상쇄간섭 및 흡수를 통해 제거하는 유무기 반사 방지막 층이 적극적으로 확산 적용되었다. 이러한 반사 방지막의 역할은 과거 대비 반사광의 전체 양이 증가했다기 보다는 pattern size 감소에 따라 반사광의 영향으로 변화되는 pattern variation의 전체 profile에 대한 ratio 증대에 따라 점점 더 그 역할이 중요해지고 있다.

그림 4-12는 유기 ARC 종류에 따른 pattern profile의 변화를 나타내고 있다.

사용 ARC의 적정 반사도와 두께를 조절함으로써 PR profile에 발생되는 standing wave 효과에 따른 측면 산포를 줄일 수 있게 된다.[10-11]

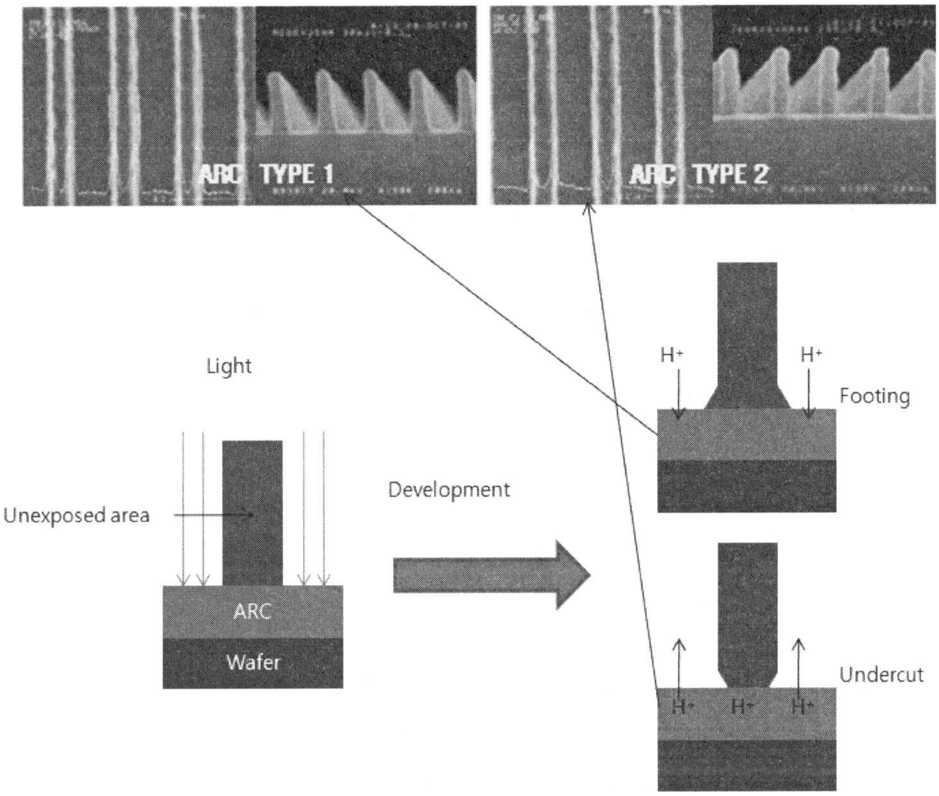

그림 4-12. 유기 ARC 종류에 따른 pattern profile의 변화

(2) 무기 ARL과 유기 ARC의 장단점 비교

반도체 포토 공정에서 반사 방지막의 역할을 하는 layer는 크게 유기 ARC와 무기 ARL로 나뉜다. 과거에는 CVD 공정을 사용해 무기막을 형성시키는 무기 ARL이 많이 이용되었으나 최근 10년간 유기 ARC의 적용이 이를 대체했다. 유기 ARC가 주로 사용되는 이유는 무기 ARL 대비 공정 단가가 싸다는 점이다.

비싼 CVD 공정이 아닌 PR coating 전에 spin coating을 써서 간편하게 막을 형성시킬 수 있기 때문이다. 유기 ARC design에서 가장 중요한 것은 유기 ARC 위에 도포되는 PR에 사용되는 용매에 대한 불용성이다. 이를 위해 도포 후 높은 온도에서 소성과정을 거쳐 cross-linking을 유발시킨다. 이렇게 경화된 유기막은 더 이상 반응성이 없고 같은 유기물인 PR과 intermixing 되지 않는다. 한 가지 유기 ARC의 단점으로 cross-linking을 위해 고온 소성(200 ℃ 이상)이 필요하며, 이때 발생하는 fume이 소성 기구를 오염시키는 문제가 있어, 최근 fumeless 소재 개발 등이 진행되고 있다.

(3) 유기 ARC의 구성성분

유기 ARC는 PR의 coating 전에 막질을 형성하고 이후 PR coating시 사용되는 용매에 불용, 불출되어야 함으로 일반적으로 ARC spin coating 후 높은 온도로 가열하여 경화시키는 방식을 막형성 방법으로 주로 사용하고 있다. 그림 4-12는 대표적인 유기 ARC 막 형성 방법을 도식한 개략도이다.[11-14] 유기 ARC 용액을 spin coating 하고 고온으로 가열하면 유기 ARC 성분 내 TAG(thermal acid generator)에서 산(H+) 촉매가 발생되고 이렇게 발생된 산을 촉매로 resin의 가교 결합이 일어나게 된다.

Resin은 활성 반응기를 가지고 있어 cross-linker와 산촉매 하에 반응하여 가교 결합을 형성하며 일부는 유기 ARC 내에 포함되어 있는 chromophore와도 반응해 전체 막을 형성한다. 이렇게 형성된 막은 PR 용액에 사용되는 PGMEA나 EL 등의 용매에 swelling 되지 않고 도포 등에도 문제를 일으키지 않게 된다. 유기 ARC maker별 사용하는 resin, 촉매, cross-linker 및 chromophore 등은 PR 용액의 불용성을 기본 물성으로 목표로 하고 막 형성 후 반사 방지막으로의 역할을 극대화하는 방향으로 소재 개발을 진행하고 있다. 최종 형성된 막의 물성에 따라 위에 도포되는 PR pattern profile에도 영향을 주게 되므로 원하는 pattern에 맞는 유기 ARC의 선별적 선택이 요구된다. 여기서 chromophore는 발색단으로 아조기이다. 즉, - N = N -, 같은 유기화합물에 정해진 빛깔을 생기게 하는 원자단을 말한다.

(4) 유기 ARC 사용에서의 표면 및 계면 특성

그림 4-13은 유기 ARC 종류에 따른 PR pattern profile이다. 동일 노광 조건에서 진행하더라도 그림과 같이 사용되는 ARC의 종류에 따라 footing성 profile 또는 undercut성 profile을 보일 수 있게 된다. Type 1과 같이 PR이 footing성 profile을 갖는 것은 노광 부위에 발생된 산 중 ARC와의 계면에 존재하는 것 일부가 ARC로 확산되어 계면 자체의 산의 양 자체가 줄어 PR의 deblocking 반응이 어렵게 된다. 이후 현상 공정을 진행하게 되면 PR 바닥부분은 용해가 되지 않아 ARC type 1에서와 같이 footing성 단면을 갖게 된다.

반대로 type 2 ARC는 위와 같이 PR에서 발생된 산이 ARC 내부로 확산되어 footing성 단면을 갖는 것을 억제하기 위해 자체 내에 산을 포함한 ARC인 경우이다. Type 2 ARC의 경우 산을 PR 계면 쪽으로 확산시키게 됨으로 vertical 한 단면이나 undercut성 단면을 유도할 수 있게 된다. 이렇게 ARC의 종류 및 그 조성을 제어함으로써 PR과 유기 ARC 계면에서의 단면을 제어할 수 있다. 대체적으로 line and space를 형성하는 pattern에서는 패턴 쓰러짐의 문제가 많아 footing성 단면을 유도하는

ARC를 사용하게 되고 contact and hole pattern처럼 PR의 not-open 등이 많은 layer에서는 undercut성 단면을 유도하는 ARC를 사용하게 된다.

일반적으로 ARC 개발에서 중요하게 고려해야 할 사항은 필름형성 시 conformality가 높고 PR과 intermixing이 없어야 하는 전제 조건이 있다. 아울러 얇게 코팅되는 막이므로 pin hole과 같은 defect 발생이 없어야 하고, 고온 소성 진행하므로 이때 발생하는 fume 등을 억제하는 설계가 중요하다.

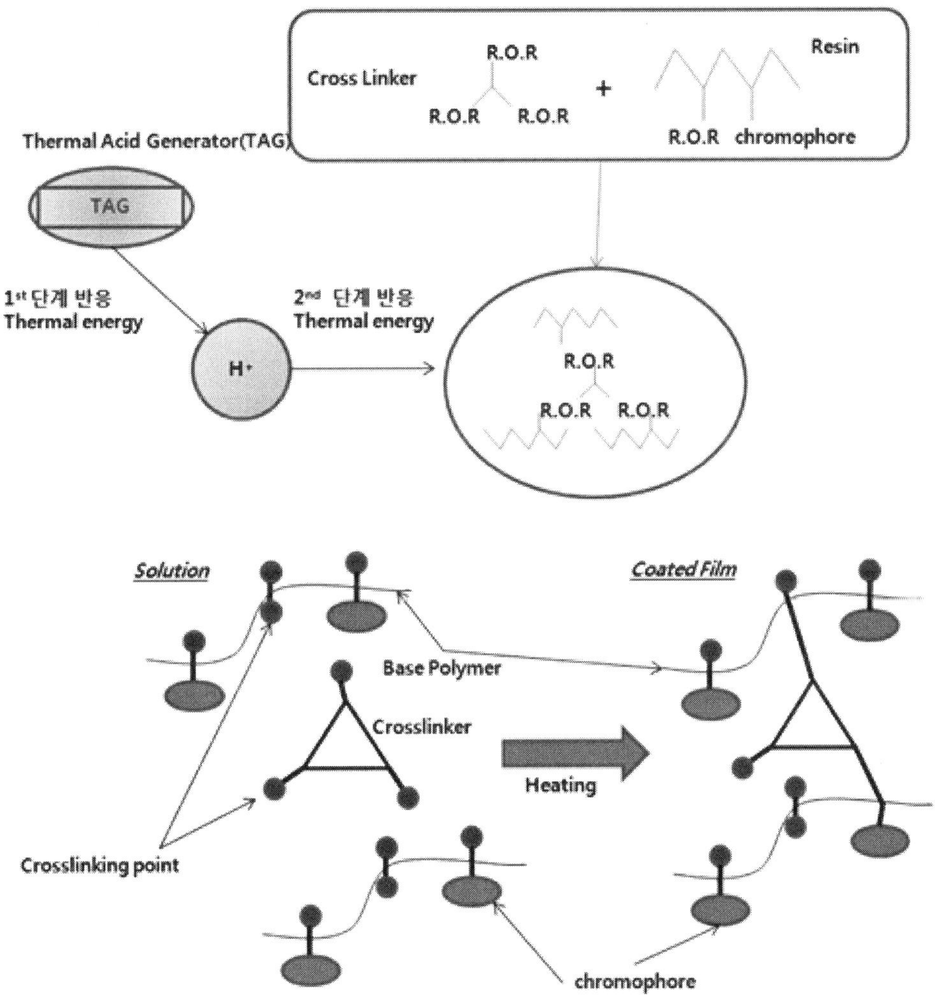

그림 4-13. 유기 ARC 막 형성 방법을 도식한 개략도

(5) 유기 ARC 사용에서의 표면 및 계면 Control의 중요성

유기 ARC는 patterning시 반사 방지막의 역할을 하기 위해 형성되는 막으로서 상부의 PR막과 접하게 됨으로 polymer-polymer 계면 연구가 적용이 되는 부분이다. 유기 ARC의 표면에는 PR이 도포되고 또 patterning 되는 과정을 겪게 됨으로 PR과의 계면 제어에 따라 PR 단면이 결정된다. 또한 PR 용매에 따라 ARC를 팽창 및 변화시킬 가능성이 없도록 고온 소성 후 안정한 내 화학성 확보가 중요 고려 대상이다. 아울러 ARC는 PR mask로 하부 막질 식각 시 우선 식각되는 막임으로 PR과의 식각 선택비를 갖는 게 매우 중요하다. 유기물과 유기물 간의 식각 선택비 확보는 매우 어려운 부분이나 최근 식각 내성이 낮은 그룹 등을 주 사슬에 포함시켜 식각 내성을 올린 ARC 등이 활발히 개발 적용되고 있다. 즉 유기 ARC 하부 계면의 특성은 주로 식각 선택비 등을 고려해 개발하는 것이 중요하다.[15] 최근 ARC 도포 후 형성된 patterning 공정에 대한 simulation에서는 이러한 표면 및 계면의 작용에 대해서도 함께 simulation 하려는 노력이 있다.[16-17]

3. 가스 판넬(Gas Panel)과 가스 캐비넷(Gas Cabinet)

3.1 개요 및 필요성

Gas Cabinet은 반도체 공정에서 필요로 하는 초고순도의 Gas를 필요로 하는 장비까지 안전하고 오염 없이 공급시켜 주기 위한 설비이며, Gas 용기(Bottle)에 고압으로 충전되어 있는 Gas를 일정 압력으로 맞추어서 1차적으로 V.M.B/P(Valve Manifold Box/Panel)로 보내주거나, 공정 장비로 직접 공급하여 Wafer를 가공하는데 사용된다.

V.M.B/P는 Gas Cabinet에서 공급받은 고순도의 Gas를 각 Stick으로 분배하여 여러 공정 장비로 보내므로 Cabinet 수량을 줄여 주는 역할을 한다.

반도체 기술이 향상됨에 따라 공정에서 필요로 하는 Gas의 순도 또한 높은 순도를 요구하게 되어 본 장비에서도 사용되는 모든 배관재료를 고 순도의 재료로 사용하여 오염원을 최소화 하여야하며, 또한 배관 구조에서도 여러 방면으로 검토하여 순도를 저하할 수 있는 부분들을 제거해야한다. 그리고 안전성 또한 많은 검토과정을 거쳐 설계하여 안전하게 Gas를 공급할 수 있어야만 한다. 그림 4-14는 Gas Cabinet의 구조를 나타내고 있다. Gas의 흐름을 조절하는 것은 판넬에서 이루어지는데 판넬의 구조는 그림 4-15와 같다.

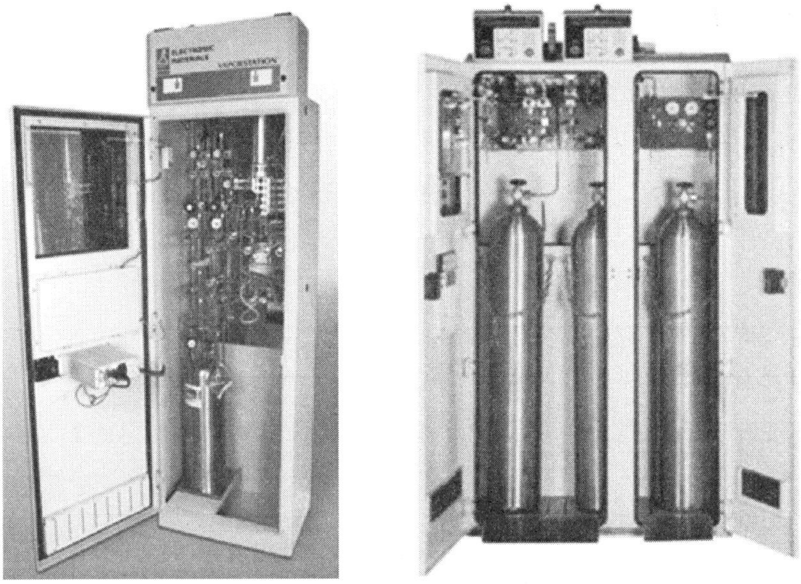

그림 4-14. Gas Cabinet의 구조

그림 4-15. Gas 판넬 구조

Gas 판넬의 주요 구성요소는 밸브, 가스량 조절기, 필터, 가스와 배관을 청소하는 퍼지(Purge) system이다.

3.2 주요 구성 요소

(가) 밸브(Valve)

밸브는 Gas의 흐름을 조정하는 장치이다. 종류는 크게 손으로 동작하는 매뉴얼 형식과 전자식으로 하는 오토매틱 형식이 있다. 표 4-4에 분류된 밸브를 나타내었다.

표 4-4. 밸브의 종류

밸브 (Valve)	매뉴얼 밸브 (Manual Valve)	게이트 밸브(Gate Valve)
		Stop or 글로우 밸브(Globe Valve)
		체크 밸브(Check Valve)
		기타
	오토매틱 밸브 (Automatic Valve)	작동 밸브(Regulator Valve)
		컨트롤 밸브(Control Valve)

(1) 게이트 밸브(Gate valve)

밸브 디스크가 유체의 통로를 수직으로 막아서 개폐하고 유체의 흐름이 일직선 위에 있는 밸브의 총칭이다.

○ 장점
- 유체저항이 적어, 압력손실이 적다.
- Globe Valve에 비하여 면간 거리가 짧다.
- 일반적으로 완전개폐용으로 사용, 유량조절용으로는 적당치 않다.

○ 단점
- Seat의 마모가 된다.
- Valve의 Lift가 길어 높은 공간을 차지한다.
- 유속이 빠른 유체일 때 조금 연 상태에서는 Disc의 진동과 소음현상이 있다.

① 웨지 게이트 밸브(Wedge gate valve)

밸브 디스크가 쐐기 모양인 게이트 밸브로 단순한 게이트 밸브라고 칭하고, Disc가 통째로 되어있다. 온도 변화가 없는 곳에서 사용하는 Solid Wedge Disc형과 Disc의 가운데가 파져 있는 고온과 열의 변화가 심한 곳에 쓰이는 Flexible

Wedge Disc형이 있다.

② 더블 디스크 게이트 밸브(Double disc gate valve)
2개의 밸브 디스크 조합으로 구성되고 밸브대의 추력에 의해 밸브 디스크를 눌러 벌려서 출구·입구의 밸브 시트면에 면압을 주는 게이트 밸브

③ 패럴렐 슬라이드 밸브(Parallel slide valve)
서로 평행인 2개의 밸브 디스크의 조합으로 구성되고, 유체의 압력에 의해 출구쪽의 밸브 시트면에 면압을 주는 게이트 밸브
- 두 개의 다공판으로 되어있어 열팽창과 압력변화 영향을 최소화
- Gas 증기 액체의 유량 조절용 사용

④ 벤투리 포트 게이트 밸브(Venturi port gate valve)
유로를 중앙부에서 조이는 게이트 밸브

⑤ 스루콘딧 게이트 밸브(Through conduit gate valve)
전개 시에 유로와 동일한 크기의 통로로 열리는 밸브 디스크 구조인 게이트 밸브

⑥ 나이프 밸브(Knife gate valve)
Gate의 Disc끝이 칼날과 같이 날카로워서 점도가 높은 물질이나 구형과 같은 고체, 고형물질이 포함된 유체에 좋다.

(2) 글로브 밸브(Globe valve)

밸브 디스크가 밸브대에 의하여 밸브시트에 직각방향으로 작동하는 밸브의 총칭

○ 장점
- 유체의 량을 조절하는 대표적인 밸브이다.
- 유량을 미세하게 조절할 수 있다.
- 고압에 사용적합하다.

○ 단점
- Disc의 움직이는 범위가 짧아 작동시간이 Gate Valve에 비하여 짧다.
- Valve를 Pipe Line에서 떼어내지 않고 수리할 수 있어 편리하다.
- 동일 규격으로 Gate Valve에 비하여 무겁고 가격이 비싸다.

- Valve Seat가 유체의 흐르는 방향과 평행으로 되어있고 유체의 흐르는 길(path)이 S자형으로 되어 있어 유체의 방향을 변경시켜 유체 압력손실이 크다.
- 와류현상이 일어난다.
- 압력손실로 저압의 유체에는 적당하지 않다.

▣ Y형 밸브(Y globe valve)

일반적으로 공 모양의 밸브 몸통을 가지며, 입구와 출구의 중심선이 일직선 위에 있고 유체의 흐름이 S자 모양으로 되는 밸브

- 특징
  - 유체가 Gate Valve와 같이 유체저항이 없다.
  - Globe Valve와 같이 유량을 조절할 수 있다.
  - 기능면에서 Gate Valve와 Globe Valve를 합한 형태이다.

(3) 기타

▣ 앵글 밸브(Angle valve)

밸브 몸통의 입구와 출구의 중심선이 직각이며, 유체의 흐름 방향이 직각으로 변하는 밸브

- 특징
  - 유체가 90° 각도로 꺾이고 Globe Valve가 필요할 때 관이음쇄(Fitting)를 절약할 수 있는 구조이다.
  - Globe Valve에 비하여 와류현상과 압력손실이 적어 유체의 압력차가 큰 곳에 사용한다.

▣ 니들 밸브(Needle Valve)

유량을 조절하기 쉽게 밸브 디스크가 바늘 모양으로 되어 있는 밸브

(4) 조절 밸브(Control Valve)

조절 밸브는 압력, 온도, 레벨, 유량 등의 제어변수를 원하는 설정치에 일치시기 위하여 이들의 상태량을 측정하고 그 측정값과 설정치를 비교하여 차이에 응하여 정정동작을 기계자신이 행하는 자동밸브이다. 요구사항은 크게 세 가지 측면이다.

첫째는 안전성(Safety)으로 공장이나 공정설비의 안전가동에 그 중요성이 있다.

둘째는 안정성(Stability)으로 공정 중단에 의한 비용손실과 에너지원 등의 불안정으로 인한 품질저하 등이 없이 공정설비를 계획적 연속적으로 가동해야 하기 때문이다.

셋째는 정확성(Accuracy)으로 안정성을 기본으로 한 정확도를 꾀할 수 있어야 한다.

역할과 기능은 아래와 같다.

- ○ 공급기능(Dispensing) : Utility에서 스팀, 물, 천연가스 등을 주공정에 공급해주는 기능
- ○ 감소기능(Dissipating) : 압력(에너지)을 감소시키는 기능
- ○ 분배기능(Distribution) : 탱크 A와 B가 공정으로부터 유체(에너지)를 공급받는 경우, 밸브는 공정의 유체를 각 탱크에 분배해주는 역할
- ○ 공급, 감소, 분배기능 중 하나이거나 또는 복합적인 기능을 가짐
- ○ 연속공정 : 공정유체의 흐름을 변동시키거나 조절
- ○ Batch Process : 유체의 흐름을 개방 또는 차단
- ○ 고압방출에 의한 사고방지 목적 : 빠른 동작(Quick open, shut)에 중점

(5) 체크 밸브(Check Valve)

역류방지 밸브라고도 하는 체크 밸브는 배관에 설치되어 유체가 오직 한쪽 방향으로만 흐르도록 하는데 사용한다. 체크 밸브는 오직 배관 내의 유체에 의해서 작동하기 때문에 어떠한 외부 구동력도 필요로 하지 않는다. 여기서는 유체가 흘러야 하는 흐름 방향을 "정방향", 반대 흐름을 "역방향"이라고 한다.

체크 밸브를 사용하는 이유는 다음과 같다.

- ○ 유량계 펌프 컨트롤 밸브와 같은 역류에 의해 영향을 받을 수 있는 장치보호
- ○ 워터 해머와 같은 수 충격과 관련된 압력서지차단
- ○ 범람방지
- ○ 시스템 가동 중지 시 역류방지
- ○ 진공조건해소

체크 밸브를 이용하면 역류를 완벽하게 막을 수 있지만 체크 밸브를 배관 내에서 스톱밸브 대용으로 사용해서는 안된다. 체크 밸브에는 응용처별로 적합한 여러 가지 종류가 있다.

(6) 솔레노이드 밸브

제어계에서 압축 공기와 전기를 모두 사용하여 두 매체의 장점을 이용하려면 신호 변환 장치가 필요하게 된다. 변환 장치에는 전기 신호를 공압 신호로 변환시켜 주는 솔레노이드 밸브가 있으며 이는 공압 밸브와 전기 개폐 부분으로 구성되어 있다. 솔레노이드 밸브는 크게 편솔레노이드 밸브와 양솔레노이드 밸브로 구분된다. 편솔레노이드 밸브는 공압 밸브의 한 쪽에만 솔레노이드가 부착되어 있다. 편솔레노이드 밸브에서는 솔레노이드가 동작하면 공기의 유로가 변경되고 솔레노이드의 동작이 멈추면 내장된 스프링의 힘으로 유로가 원래 상태로 돌아오게 된다. 따라서 편솔레노이드 밸브를 이용하여 유로를 계속 변경된 상태로 만들기 위해서는 지속 작동을 시켜야 한다. 지속 작동이란 밸브를 작동시키기 위해서는 계속해서 신호를 가해 주어야 하는 작동 방법을 말한다. 대부분의 경우 밸브의 원위치는 보통 스프링에 의하여 이루어진다.

양솔레노이드 밸브는 공압 밸브의 양쪽에 솔레노이드가 부착되어 있다. 따라서 한쪽 솔레노이드에 전기 신호를 주면 유로가 변경되고 전기 신호가 제거되어도 유로가 변경된 상태를 유지한다. 다시 유로를 원래대로 변경하려면 반대쪽에 부착되어 있는 솔레노이드에 전기 신호를 가해 주어야 한다. 따라서 양솔레노이드는 순간 작동이 된다. 순간 작동이란 순간적인 신호만으로 밸브를 작동시킬 수 있는 경우이다. 짧은 신호만으로도 밸브의 전환이 일어나며 신호가 없어져도 그냥 그 위치가 유지된다. 유로를 원래대로 변경하려면 반대 방향의 신호가 필요하다. 따라서 이러한 순간 작동으로 동작되는 밸브들은 메모리 기능이 있다고 한다. 몇 가지 종류의 솔레노이드 밸브의 모습이 그림 4-16에 나타나 있다.

그림 4-16. 솔레노이드 밸브

▣ 일반적 작동원리

① 3/2-way 편솔레노이드 밸브(직동형)

그림 4-17의 (a)에 3/2-way 편솔레노이드 밸브의 일반적 구조도를 보이고

있다. 솔레노이드에 전기 신호가 입력되면 아마튜어(armature)는 위로 당겨진다. 이 결과로 P와 A는 서로 연결되어 유로가 형성되고 출구 R은 닫힌다. 솔레노이드에 공급되던 전기 신호가 차단되면 스프링에 의하여 아마튜어는 원 위치되어 P와 A에 형성되었던 유로는 차단된다. 이와 같은 직동형 솔레노이드 밸브는 일반적으로 자력이 충분하지 못한 경우에 밸브의 공칭치수가 커지면 솔레노이드 부가 너무 커지게 되어 전기 소모도 많아지고 아마튜어 부와 간극 사이에 이물질이 끼게 되면 전류가 많이 흘러 솔레노이드 부가 타는 경우도 발생된다. 따라서 직동형의 솔레노이드 밸브가 사용되는 경우는 공압 밸브 본체가 소형인 경우로 국한되고 일반적으로 1/8″ 이상의 솔레노이드 밸브인 경우에는 대부분 간접 작동형의 밸브가 사용된다.

② 4/2-way 솔레노이드 밸브(간접 작동형)

그림 4-17의 (b)에 4/2-way 솔레노이드 밸브(간접 작동형)의 구조도가 도시되었다. 압력 공급선 P와 파이로트 밸브는 작은 관으로 연결되어 있다. 솔레노이드에 통전이 되면 파이로트 밸브가 열리게 되고 압축공기는 주 밸브의 제어 피스톤으로 흐르게 된다. 그러면 두 개의 제어 피스톤에 압력을 가하게 되어 P와 A, B와 R이 연결된다. 라인 Z에서 배기가 일어나게 되면 내장된 스프링은 원위치로 돌아오게 되며 P에서 B로, A에서 R로 유로가 형성된다.

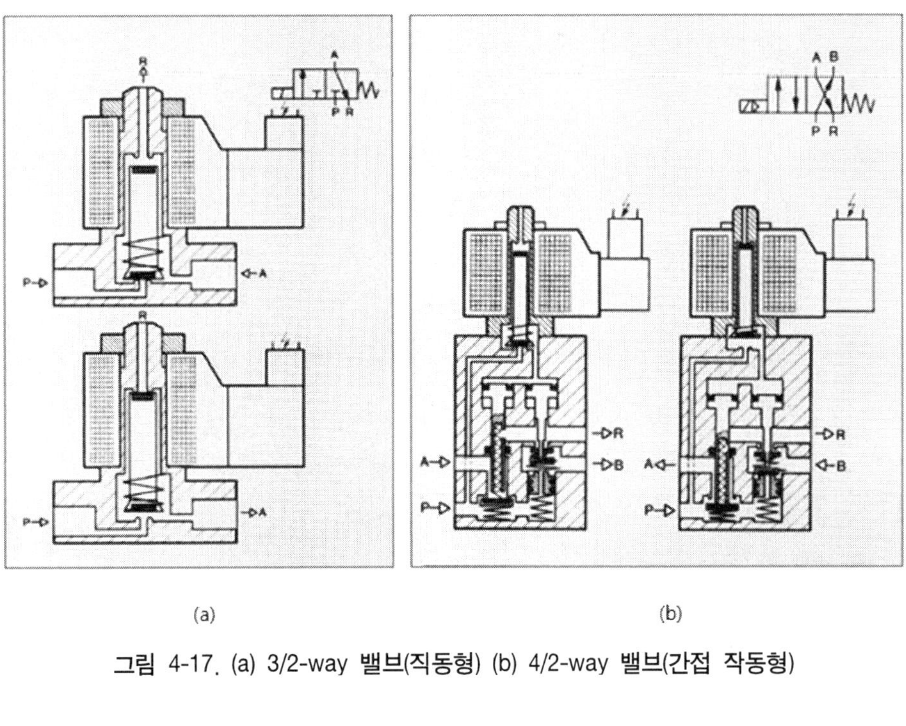

(a) (b)

그림 4-17. (a) 3/2-way 밸브(직동형) (b) 4/2-way 밸브(간접 작동형)

▣ 밸브별 특징

① 2 Way 밸브

각각 한 개의 입구와 출구에 파이프 접속 구를 가지고 있다. 이 밸브가 유체 흐름을 열고 닫는 방식은 먼저, 평상시 닫힘 구조(Normally Closed Construction)와 같이 전기가 통하지 않을 때 닫혀 있다가 전기가 통할 때 열리는 방식이다. 또 한 가지 방식은 평상시 열림 구조(Normally Open Construction)로 전기가 통하지 않을 때 열려 있다가 전기가 통할 때 닫히는 원리를 따른다.

② 3 Way 밸브

세 개의 파이프 접속구와 두 개의 오리피스가 있다. 주로 다이어프램 밸브나 단동 실린더에 압력을 가하거나 배기시킬 때 사용된다.

작동원리로는 첫째, 평상시 닫힘 구조(Normally Closed Construction)가 있는데, 밸브에 전기가 통하지 않을 때 압력 포트는 닫히고 배기 포트는 실린더 포트로 연결된다. 밸브에 전기가 통할 때에는 압력 포트가 실린더 포트에 연결되고 배기 포트는 닫힌다.

둘째로 평상시 열림 구조(Normally Open Construction)라는 방식은 밸브에 전기가 통하지 않을 때 압력 포트는 실린더 포트에 연결되고 배기 포트는 닫힌다. 밸브에 전기가 통할 때에는 압력 포트가 닫히고 실린더 포트는 배기 포트에 연결된다.

마지막으로 만능 구조(Universal Construction) 방식은 평상시 닫힘 상태나 열림 상태 어느 것이나 가능하고, 두 가지 유체 중 어느 하나만을 선택할 수 있다. 또한, 유체 흐름을 어느 한 쪽에서 다른 쪽으로 우회시킬 수 있다.

③ 4 Way 밸브

일반적으로 복동 실린더를 작동할 때 사용된다. 이 밸브는 네 개 또는 다섯 개의 파이프 접속구를 가지고 있는데, 한 개의 압력 포트와 두 개의 실린더 포트 및 한 개 또는 두 개의 배기 포트 위치에서 압력은 하나의 실린더 포트에 연결되고 다른 것은 배기로 연결되며, 압력과 배기 방향이 역전된다.

▣ 솔레노이드 일반적 구조

사용 유체와 직접 맞닿는 부품들은 비금속과 스테인리스 스틸로 되어 있다. 특히, AC 솔레노이드 구조는 스테인리스 스틸 몸체와 함께 은이 사용된다는 점을 제외하고는 쉐이딩 코일이 구리로 되어 있다. DC 솔레노이드 구조에는 쉐이딩 코일이 필요치 않다. 코어 튜브는 스테인리스 스틸로서 납땜이나 용접 이음새 없이 인발에 의해 성형되어 있다. 최대작동 압력차(M.O.P.D : Maximum Operating Pressure Differential.)는 솔레노이드가 안전하게 밸브를 작동시킬 수 있는 입 · 출구 사이의 최대압력 차이다. 만약, 밸브 출구의 압력을 모른다면 최대작동 압력차를 공급압력으로 여기는 것이 가장 안전하다. 또한, 최소작동 압력차(Minimum Operating Pressure Differential)는 밸브를 열고 그 상태를 유지하기 위해 필요한 입 · 출구 사이의 최소압력 차이다. 부유 피스톤 또는 다이어그램 2 Way 밸브인 경우에는 최소작동 압력차 이하에서 밸브가 닫히기 시작하며, 3 & 4 Way 파이럿 밸브인 경우에 최소작동 압력차는 공급압력 포트와 배기 포트 사이에서 측정할 수 있으며, 한 위치에서 다른 위치로의 완전한 전환을 위해서는 작동 사이클 동안 계속 이 최소작동 압력차가 유지되어야만 한다. 다만, 직동, 헝 다이어프램(Hung Diaphragm), 또는 헝 피스톤(Hung Piston) 밸브는 최소작동 압력차가 필요 없다. 그리고 안전작동 압력(Safe Working Pressure)은 밸브가 손상되지 않고 정상 작동할 수 있는 라인 압력 또는 시스템 압력이다. 내(耐) 압력(Proof Pressure)은 보통 안전작동압력의 5배 정도로 나타난다. 최대 대기온도는 코일 절연에 대한 안전제한을 정하기 위한 UL 시험조건에 근거한 것이다. 그리고 밸브 내에 사용 유체가 최고 유체온도인 상태에서 밸브에 계속적으로 전기가 흐르고 있는 조건에서 결정된 것이다. 그렇지만 대부분의 실제 적용에서는 최대 대기온도 보다 훨씬 더 높은 대기온도에서의 사용을 허용한다. 게다가 최대 대기 온도 제한치를 82℃ 또는, 그 이상으로 확대하기 위한 표준 구조를 변경할 수도 있다. 완전히 닫힌 후부터 완전히 열릴 때까지, 또는 그 반대의 응답시간은 밸브 사이즈, 작동방식, 전기공급 상태, 유체, 온도, 입구 압력, 압력 강하에 따라 달라진다. 평균적인 조건에서 공기용 AC 밸브에 대한 응답시간은 다음과 같이 일반화 할 수 있다.

* 소형 직동 밸브 : 5~10 ms
* 대형 직동 밸브 : 20~40 ms
* 내부 파이럿 작동 밸브 : 다이어프램형(15~75 ms), 피스톤형(75~150)

일반적으로 사용 유체에 따른 영향은 소형 직동 밸브에서는 거의 없다. 그렇지만 대형 직동 밸브와 내부 파이럿 작동 밸브에서의 응답시간은 50~100% 정도 느리다. 또, DC 밸브의 응답시간은 AC 밸브보다 50% 정도 더 느리다.

▣ 솔레노이드 코일(Coil)

대부분의 솔레노이드 밸브들에는 연속 사용 코일(Continuous Duty Coil)이 장착되어 있으며, 이 밸브들은 과열되거나 고장없이 연속적으로 전기를 통할 수 있다. 표준 코일로서 어느 조정 장치에도 연결시킬 수 있는 18 리드선을 공급하고 있으며, 스패이드, 스크류 터미널과 DIN형 스패이드 커넥터 코일들도 공급하고 있다. 3상 전력 시스템에 대해서는 2가닥의 선을 3상의 어느 2선과도 연결시킬 수 있다.

모든 코일은 산업용 전압으로 설계되어 있고 일반적으로 더 넓은 전압 사용범위를 요하는 배터리 충전 회로를 위해서는 특별한 코일을 필요로 한다. 이러한 응용에는 특별한 연속 사용등급 Class H 코일은 대기온도 60 ℃ 이하에서 전압 사용범위가 공칭 이하 12~28%까지 가능하다. HC를 첨가한 표준 공칭 전압 125 V DC와 250 V DC는 각각 90~140 V 및 180~280 V 전압의 범위까지 사용이 가능하다. 솔레노이드 밸브들은 구조에 따라 최대작동 압력 차(M.O.P.D.) 하에서 공칭 전압 이하 15%까지 작동하며, 짧은 시간 동안은 공칭 전압 이상 10%까지 작동할 수 있다. 소비전력은 Watt Rating으로 구할 수 있다.

AC 밸브에 대해서는 와트(W), 볼트(V), 암페어(A), Inrush(코일에 전기가 통할 때 발생하는 높은 순간적인 서지)와 Holding이 나타나 있다. Inrush와 Holding의 정격 전류는 정격 볼트-암페어(Volt-Ampere Rating)를 전압으로 나눌 수 있다. 더욱이 DC 밸브에는 돌입 전류(Inrush Current)가 없다. 정격 전류는 정격 DC 와트를 전압으로 나눔으로써(Watts(DC) Amps = Voltage) 구할 수 있다. 밸브에 오랫동안 전기가 통하였을 때에는 솔레노이드가 뜨거워졌기 때문에 아주 짧은 시간 동안만 손으로 대볼 수 있다. 이것은 완벽하게 작동하는 안전온도이다. 그러므로 어떠한 과도한 열도 연기나 코일 절연체의 타는 냄새로 알 수 있다. AC 밸브는 간단히 코일을 바꿈으로써 다른 전압으로 변경할 수 있는데, 마찬가지로 DC 밸브도 다른 전압으로 바꿀 수 있지만, AC에서 DC 또는 반대로 DC에서 AC로 바꿀 때에는 각 제조업체와 상의하는 것이 바람직하다.

(나) 질량 유량 제어장치(Mass Flow Controller, MFC)

유체의 유량 제어 기술은 모든 산업 부분에서 매우 중요한 사항이다. 모든 물질은 기체, 액체, 고체로 분류되며 이러한 물질의 유체의 유량(중량) · 온도 · 압력을 계측 · 제어하는 프로세스에 의해 각 제품이 제조되어 있다. 기체의 유량계측 · 제어 기술은 그 기본 원리만 수십 종이 있고, 액체 · 고체에 비하면 기체의 경우, 대부분의 기체는 특별히 냄새가 있는 기체가 아닌 한, 인간의 오감으로는 판단할 수 없다. 이런 이유로 기체의 계측 · 제어는 다른 액체 · 고체에 비해 직접적으로 천칭(저울)으로 측정하는 방법이 아닌 압력이나 온도 등의 간접적 변화의 정도를 가지고 측정 · 제어하는 방법이 발달해 왔다. 현재, 가정에서 사용하는 도시가스를 비롯해 각종 공업 분야에서의 실험 · 프로세스, 또 반도체, 신소재 등의 최첨단 산업 · 기술까지 모든 영역 · 분야에서 기체를 사용하고 있다. 특히, 반도체 분야에서는 제조 공정에 있어서 수십 종류의 가스를 흘려, 실리콘 등의 물질과 반응 및 증착 등의 공정을 반복해 행해지고 있다. 따라서 반도체 제조 공정에 빠뜨릴 수 없는 기체의 유량계측 · 제어 기술이 발전해 나가지 않으면, 반도체 자체는 물론 반도체를 이용하는 생활 기기나 우주 기기 등의 발전은 곤란하다고 말할 수 있다. 가스의 정밀 유량계측을 주관하는 Mass flow meter(이하 MFM)나 유량 제어를 주관하는 Mass flow controller(이하 MFC)는 원격 유량계측 · 제어나 자동 유량 제어를 고정밀도로 할 수가 있어 특히 높은 정밀도를 요구되는 Line 이나 위험한 Gas를 사용하는 프로세스, 또 자동 제어가 필요한 프로세스 등에 빠뜨릴 수 없는 기기가 되었다.

▣ MFC 구조

① 사용 단위

유량은 관로를 지나 단위시간에 흐르는 유체의 체적 또는 질량의 정도를 나타내는 양을 나타내고, 체적 유량은 단위시간당 흐르는 양을 체적으로 표현하는 유량이며, 질량 유량은 단위시간에 흐르는 양을 질량으로 표현하는 유량이다. 체적 유량은 그 유체의 온도 · 압력에 있어서의 유량이고, 분당 리터량(L/min)으로 나타낸다. 질량 유량은 그 유체의 온도 · 압력에 관계하지 않고 분당 그램(g/min)으로 나타낸다.

유량의 단위로 g/min는 일반적이지 않기 때문에, 0 ℃ 1013 hPa 혹은 25 ℃ 1013 hPa의 조건하에 있어서의 체적 유량값으로 나타낸다. 질량 유량의 단위로서 "국제 단위"(SI단위)는 g/min, kg/h을 이용하고 있지만, Mass Flow Controller(MFC)의 경우는, 종래부터 이용되고 있는 SCCM, SLM을 유량 단위로서 이용하고 있다.

SCCM, SLM는, SEMI Standard로도 정의되어 있다.

② 원리 및 구조

MFC는 크게 나누어 Sensor, Bypass, Control valve, 전기 회로부로 구성되

어 있다. MFC의 Gas INLET로부터 유입된 Gas는, Sensor부와 Bypass부에 일단 분류되어 재차 합류 해, 유량 Control Valve에 의해 설정 유량값으로 제어된다. 실제로 유량으로 검출되는 것은 Sensor부에 흐르는 양이고, 많게는 Bypass부로 흐르게 된다.

Sensor부에서 검지된 유량은 증폭 회로·보정 회로를 거쳐서, 한편은 출력 신호로서 MFC Connector부로부터 출력되어 또 한편은 비교제어 회로, Valve 구동 회로를 통해서 Valve를 제어하고 있다. 비교 제어 회로에는 설정 신호(유량 설정 신호)가 주어져 있고 이 설정 신호와 출력 신호를 비교해, 최적인 유량 제어를 행하기 때문에, 비례+적분+미분에 의한 PID 제어 회로로 되어 있다. 그림 4-18이 일반적인 MFC의 구조를 보여주고 있다.

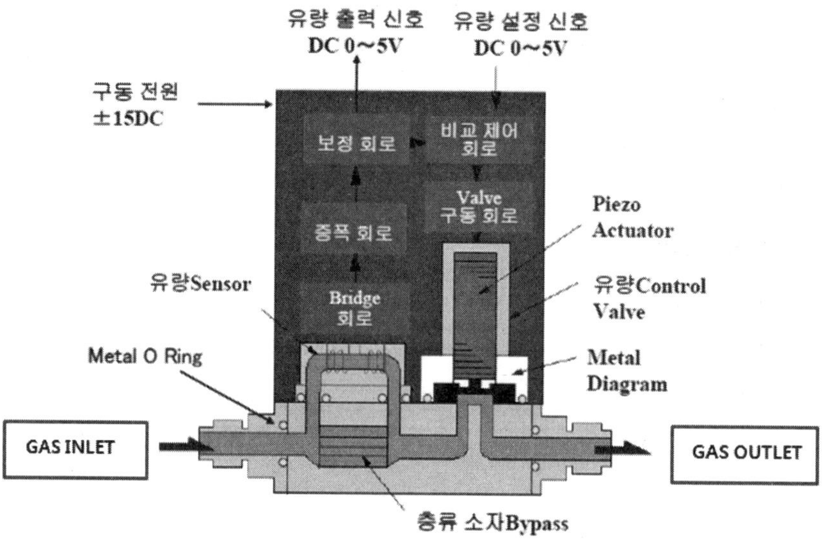

그림 4-18. 일반적인 아날로그 MFC 구조

(다) Filter와 Purge

Gas의 순도를 유지하기 위한 방법은 크게 2가지가 있다.

첫 번째는 가스가 판넬에서 장비로 들어가기 전에 고순도 필터를 장착하여 미세 먼지, 수분, 배관에서 발생되는 각종 오염물질을 제거하는 방법이다.

두 번째는 바이패스(bypass) 배관을 통하여 수시로 배관과 연결 부위들을 고순도 질소로 세정하는 방법이다. 이를 Purge라고 한다. 이 두 요소도 앞서 언급한 구성요소인 밸브나 가스량 조정 시스템 못지않게 고 순도 가스 판넬을 구성하는 중요 요소이다.

(라) 안전밸브의 성능 기준

반도체에서는 독성 가스 고압축 가스를 사용하기 때문에 이를 조절하는 안전밸브에 대한 규제사항은 철저히 준수되어야한다.

▣ 안전밸브의 일반구조는 다음 각 항목과 같이 한다.

① 주조품은 내·외면 모두 매끄럽고 기공, 모래 물림, 터짐 등이 없어야 하며 단조품에는 터짐, 겹침, 제품 흠 등이 없어야 한다.
② 기계 가공면에는 흠, 다듬질 정도의 불균일 등이 없어야 한다.
③ 디스크와 디스크시트의 접촉면에는 기공 또는 그 밖의 흠이 없어야 한다.
④ 안전밸브는 함부로 압력을 조정할 수 없도록 봉인할 수 있는 구조이어야 한다.
⑤ 독성 및 가연성가스의 안전밸브는 밀폐구조이어야 한다.
⑥ 설정압력이 3MPa을 초과하는 증기 또는 235℃를 초과하는 유체에 사용하는 안전밸브는 스프링이 분출하는 유체에 직접 노출되지 않도록 해야 한다.

▣ 재료측면에서는 안전밸브의 재료는 다음 각 항목과 같이 한다.

① 보일러용 안전밸브 재료의 사용제한은 KS B 6233(육상용 강제보일러의 구조)과 같다.
② 압력용기용 안전밸브 재료의 사용 제한은 KS B 6733(압력용기-기반규격)과 같다.
③ 기타 재료의 사용 제한은 KS B ISO 4126-7(과압방지안전장치-제7부 : 일반자료) 또는 국제규격(ISO, ASTM)을 따를 수 있으며, 특수한 온도나 압력에 사용될 안전밸브는 제조자가 그 성능을 보증하는 서류를 제출해야 한다.

▣ 안전밸브의 스프링은 다음 각 항목과 같이 한다.

① 스프링의 외관은 흠 및 그 밖의 결함이 없어야 한다.
② 자리감김부분은 테이퍼 가공 또는 연삭가공이어야 하며, 자리감김의 수는 각 1번 감기 이상으로 해야 한다.
③ 자리의 양 끝부분은 원칙적으로 연삭을 하여 스프링의 축선에 직각이고 또한 평활해야 하며 연삭부의 길이는 100분의 75 감김 이상으로 해야 한다.
④ 시험장치에 고정하여 밀착하중을 3번 가하고 하중 제거 후 10분 경과 시 자유높이 감소율이 100분의 0.5 이하이어야 한다.
⑤ 스프링 코일 바깥쪽면의 기울기는 1° 이하(단, 기울면 틈새가 0.5㎜ 미만 시는

최소 0.5㎜)이어야 한다.

⑥ 스프링의 치수허용차는 표 4-5에 따르며, 스프링 상수시험으로 대체할 수 있다.

표 4-5. 스프링의 치수 허용차

항 목	허 용 차
자유높이	자유높이의 ± 1% (최소 ±0.5㎜)
코일안지름, 바깥지름	코일지름의 ± 1% (최소 ±0.4㎜)
스프링상수	± 5%

▣ 분출압력의 성능기준은

① 분출압력의 성능기준은 설정압력에 대해 표 4-6과 같이 한다. 다만, 설정압력을 초과하는 것을 허용하지 않는 경우의 허용차는 (+)쪽을 (-)쪽에 가할 수 있으며 배압과 온도에 대한 보정이 필요한 경우 설정압력은 냉각차 시험압력을 적용한다.

② 안전밸브의 작동은 디스크가 확실히 열리고 닫히는 등 분출과 정지가 안정되어야 한다.

표 4-6. 설정압력과 허용치

설정압력(MPa)	허용차
0.5 미만	±0.015MPa
0.5 이상 2.0 미만	±100분의 3
2.0 이상 10.0 미만	±100분의 2
10.0 이상	±100분의 1.5

▣ 밀폐성 시험은 다음 각 항목과 같이 한다.

① 금속시트 안전밸브를 스팀, 소프트시트 안전밸브를 스팀 또는 공기(질소)로 시험한 경우에는 1분 동안 수중에 방출되는 기포가 없고 육안, 청음에 의한 누설이 없어야 한다.

② 금속시트 안전밸브를 공기(또는 질소)에 의해 시험한 경우 누출량이 1분 동안 수중에 방출되는 기포의 수가 표 4-7의 적정값을 초과해서는 아니 된다.

표 4-7. 수중에 방출되는 유동지름의 크기에 따른 기포의 수

분출압력(MPa)	유동지름의 크기	
	7.79㎜ 이하(분당기포수 : 개)	7.79㎜ 초과(분당기포수 : 개)
7 이하	40	20
7 초과 10 이하	60	30
10 초과 14 이하	80	40
14 초과 17 이하	100	50
17 초과 21 이하	100	60
21 초과	100	80

▣ 내압시험기준은 주어진 기준 시간 이상을 유지한 후 변형 및 누설 등 이상이 없어야 한다.

▣ 공칭 분출량 시험

① 분출량 시험은 KS B 6216(증기용 및 가스용 안전밸브) 부속서 및 KS B 6352(안전밸브의 분출계수 측정방법) 또는 이와 동등 이상의 규격과 같이 한다.

② 제조자 또는 수입자가 안전밸브 안전인증을 받는 경우로서 시료 또는 분출압력 등의 제약으로 분출량 시험이 불가한 경우에는 제9호를 적용하지 않는다.

▣ 안전인증표시

안전인증 안전밸브에는 규칙 제58조의 6(안전인증의 표시)에 따른 표시 외에 다음 각 항목의 내용을 추가로 표시해야 한다.

① 호칭지름
② 용도(증기: 포화/가열, 가스명)
③ 설정압력(MPa)(냉각차 설정압력 포함)
④ 분출차(%)
⑤ 공칭분출량(kg/h)
⑥ 정격양정

4. 반도체 제조공정의 주요 가스 및 특징

4.1 주요 공정 가스

공정에 사용되는 가스는 크게 반응 가스, 캐리어 가스, Purge gas, 공압가스로 분류된다. 표 4-8에 그룹별 Gas의 종류와 영문과 한글 명명이 나타나있다.

표 4-8. 주요 공정 가스

그룹	분자식	한글명	영문명
공정 반응 Gas			
실리콘 그룹 (Silicon Group)	SiH_4	모노실란	Silane
	Si_2H_6	디실란	Disilane
	SiF_4	4불화규소	Silicon Tetrafluorosilane
	$SiCl_4$	4염화규소	Silicon Trichlorosilane
	$SiHCl_3$	3염화실란	Trichlorosilane
	SiH_2Cl_2	디클로로실란	Diclorosilane
아세닉 그룹 (Aresenic Group)	AsH_3	알루신	Arsine
포스퍼러스 그룹 (Phosphorus Group)	PH_3	포스핀(인화수소)	Phosphine
보론 그룹 (Boron Group)	B_2H_6	디보란	Diborane
	BF_3	3불화붕소	Boron trifluoride
	BCl_3	3염화붕소	Boron trichoride
	BBr_3	붕소	Trichlorosilane
하이드라이드 (Hydride Group)	GeH_4	모노게르만	Monogermane
	H_2Se	세렌화수소	Hydrogen Selenide
할로겐, 할로겐나이드 (Halogen, Halogenide Group)	CHF_3	3불화메탄	Trifluoromethane
	CF_4	4불화메탄	Tetragluoromethane
	C_2F_6	6불화에탄	Hexafluoroethane
	C_3F_8	8불화프로판	Perfluoropropane
	C_4F_8	8불화시키로	Octafluorrcyclobutane
	$CHCl_3$	클로폼	-

표 4-8. 주요 공정 가스(계속)

캐리어 가스(Carrier Gases)			
기타 그룹	NH_3	암모니아	Ammonia
	CO_2	이산화탄소	Corbon Dioxide
	H_2S	황화수소	Hydrogen Sulfide
	$SiCl_4$	4염화규소	Silicon Trichlorosilane
	$SiHCl_3$	3염화실란	Trichlorosilane
주요 캐리어 가스 그룹 (Carrier Gases Group)	H_2	수소	Hydrogen
	N_2	질소	Nitrogen
	O_2	산소	Oxygen
	He	헬륨	Helium
	Ar	알곤	Argon
기타	$(CH_3O)_3PO$	트리메틸파스메이트	
	PF_3	삼불화인	
	CH_3F		Methyl Fluoride
	$CHClF_2$	염화2플루오르화메탄	Monochlorodifluoro methane
	$(CH_3O)_3B$	트리메틸 보레이트	Trimethyl borate
	$POCl_3$	옥시염화인	Phosphorus oxychloride
	PF_5	오불화인	Phosphorus pentafluoride
	CHF_3	3플루오르화메탄	Methane trifluoride
	$(CH_3O)_3PO$	트리메틸파스페이트	
	$(C_2H_5O)_4Si$	테트라에톡시실란	Tetraethhoxysiline
	$(C_2H_5)_2Te$	디에틸텔루라이드	
	C_4F_8	옥타플루오르싸이클로부탄	

4.2 주요 공정 가스의 물리적 화학적 특성

가스에 대한 물리적, 화학적 특성의 파악은 Gas에 대한 관리에 매우 중요한 사항이다. 위 두 가지 특성을 세심하게 파악한다면 물리적인 측면은 보관, 관리에서 효율적인 방법을 제시하고, 화학적 측면은 외부 환경과의 반응, 상호간의 반응에서 발생할 수 있는 안전사고의 예방에 도움이 될 것이다. 관련 특성의 요약 사항을 표 4-9~21에 나타내었다.

(가) 위험성 Gas

표 4-9. 위험성 Gas

질식성	Ar_2, N_2, CO_2
지연성	O_2, 공기
가연성	GeH_4, AsH_3, PH_3 , SiH_4, B_2H_6, SiH_2Cl_2, $SiHCl_3$, H_2
폭발성	CH_4, C_2H_2, C_3H_8, H_2S, CO
독성	AsH_3, B_2H_6, PH_3, SiH_4, C_2H_2, BF_3, NH_3, CO, H_2S, Cl_2, HCl, BCl_3, PCl_3, $SiCl_4$
부식성	NH_3, HCl, Cl_2, H_2S, BF_3, PCl_3, $SnCl_4$, $SiCl_4$

(나) 물리적 특성

표 4-10. 무기가스의 물리적 성질

가스 명	산소	질소	아르곤	헬륨	수소	황화수소	암모니아	아산화 질소
분자식	O_2	N_2	Ar_2	He_2	H_2	H_2S	NH_3	N_2O
분자량	32.00	28.01	39.95	4.003	2.016	34.08	17.03	44.01
외관 (상온 상압)	무색	무색	무색	무색	무색	무색	무색	무색
취기	무취	무취	무취	무취	무취	불쾌	자극	감미한 향
가스밀도 (kg/m^2) 0℃, 1atm	1.429	1.251	1.783	0.1785	0.0898	1.539	0.7708	1.977
비중 (공기=1)	1.11	0.97	1.38	0.14	0.07	1.19	0.60	1.53
액체밀도 (kg/l)(b.p)	1.141	0.808	1.398	0.1248	0.0709	0.993	0.674	1.266
발화점 (℃)	-183.0	-195.8	-185.7	-268.9	-252.7	-60.2	-33.4	-88.6
융점 (℃)	-218.8	-209.9	-189.2	-272.2 (26 atm)	259.1	-85.5	-77.7	-90.9
임계온도 (℃)	-118.4	-147.1	-122.5	-267.9	-240.2	100.4	132.4	36.5
임계압력 (atm)	50.1	33.5	48.0	2.26	12.8	89	112	130.5
물에 대한 용해도 (cc/100cc H_2O) (0℃, 1atm)	4.89	2.35	5.6	0.97	2.1	437	89.9 (g/100gH_2O)	130.5

표 4-11. 수소화물의 물리적 성질

가스명	시란	지시란	포스핀	아르신	지보란	스치핀	세렌화 수소	수소화 텔르르	겔루망
분자식	SiH_4	Si_2H_6	PH_3	AsH_3	B_2H_6	SbH_3	SeH_2	H_2Te	GeH_4
외관 (상온상압)	무색기체								
취기	기분 나쁜 냄새	자극 냄새	썩은 물고기 냄새	마늘 냄새	비타민B 냄새	마늘 냄새	마늘 냄새	마늘 냄새	마늘 냄새
비중 (공기=1)	1.11	2297 (bp)	1.18	2.70	0.95	4.33	2.81	-	2.66
액체밀도 (g/cc)	0.68 (-185℃)	0.901 (b.p.)	0.746 (-90℃)	1.604 (-64.3℃)	0.4698 (-12.0℃)	2.26 (-25℃)	2.004 (-41.3℃)	2.65 (b.p.)	1.523 (-142℃)
발화점 (℃,1atm)	-112	-14.3	-87.7	-62.5	-92.53	-17	-47.3	-2	-88.9
융점 (℃,1atm)	-185	-132.6	-133	-117	164.86	-88	-64.0	-49	-165
증기압 (atm)	24.5 (-30℃)	23.7 (20℃)	36.6 (21℃)	14.95 (21.1℃)	28 (0℃)	0.26 (-47℃)	0.13 (-74.2℃)	1.53 (10℃)	0.28 (-30℃)
임계압력 (atm)	48.0	50.84	64.5	65.14	39.5	-	91.0	-	54.8
임계온도 (℃)	-3.5	150.85	51.3	99.9	16.7	-	137	200	35
물에 대한 용해도	반응	알카리성 반응	20cc/100cc (20℃)		반응	500cc /100cc (상온)	377cc /100cc (4℃)	용해	-
비 고	* 상온 안전 * 300℃ 방전 에너지로 분해.	시란보다 불안정. 실온으로 SiH_4와 H_2로 분해.	300 ℃ 이상에서 분해		실온에서 분해		160 ℃ 분해.	실온 분해. 반응은 빛과 습기로 촉진	200℃ 분해 Ge_2와H_2가 됨

표 4-12. 할로겐화합물의 물리적 성질 (1)

가스명	3염화 붕소	3불화 붕소	염소	염화 수소	4염화 탄소	3불화 메탄	6불화 에탄	8불화 프로판	5불화 인
분자식	BCl_3	BF_3	Cl_2	HCl	CCl_4	CFH_3	C_2H_6	C_3F_8	PF_5
외관 (상온/상압)	무색 기체	무색 기체	황록색 기체	무색 기체	무색 액체	무색 기체	무색 기체	무색 기체	무색 기체
냄새	마른풀 냄새	자극 냄새	자극 냄새	자극 냄새	무취	무취	무취	-	자극 냄새
비중 (공기=1)	4.70	2.33	2.49	1.27	5.35	-	4.8	-	-
액체 밀도 (g/cc)	1.35	1.589	1.486	1.194 (-36℃)	1.47 (15℃)	1.437 (b.p.)	1.608 (b.p.)	1.608 (b.p.)	1.636 (-84.6℃)
발화점 (℃,1atm)	12.5	-100.3	34.05	-85.0	76.75	-82.0	-78.7	-36.7	-84.6
융점 (℃,1atm)	-107	-127.1	-100.98	-114.2	-23	-155.2	-100.7	-160	-84.6
증기압	100 torr (-32.4℃)	40atm (-20℃)	6.6 atm (20℃)	100 torr (-114℃)	200 torr (38.3℃)	41.4 (20℃)	18 atm (0℃)	7.6 atm (20℃)	0.72 atm (-90℃)
임계압력 (atm)	38.2	49.2	76.1	81.5	-	47.75	29.8	26.46	33.5
임계온도 (℃)	179	-12.25	144	51.4	-	25.9	19.7	71.9	19.0
물에 대한 용해도	반응	반응	7.3 g/l (20℃)	82.3 /100g (0℃)	0.08 /100g (20℃)	0.1 wt%	약간의 가수 분해	-	반응
비 고	-	-	-	-	-	-	-	-	열적으로 안정. 건조 때 250℃의 유리를 침해 안함

표 4-13. 할로겐화합물의 물리적 성질 (2)

가스명	옥시 염화인	디클로로 시란	트리클로로 시란	4염화 규소	4불화 규소	3염화 인	3불화 인	3염화 비소
분자식	$POCl_3$	SiH_2Cl	$SiHCl_3$	$SiCl_4$	SiF_4	PCl_3	PF_3	$AsCl_3$
외관 상온/상압	무색 투명액체	무색 기체	무색 기체	무색 투명액체	무색기체	무색 투명기체	무색기체	유(油) 상 액체
냄새	자극 냄새	달고 신 자극	자극 냄새	자극 냄새	숨막히는 냄새	자극냄새	무취	-
비중 (공기=1)	5.32	3.51	4.70	5.90	3.61	4.77	-	6.29
액체밀도 (g/cc)	1.645 (25℃)	1.22 (7℃)	1.342 (20℃)	1.524 (0℃)	1.590 (-80℃)	1.574 (21℃)	1.13 (0℃)	2.150 (25℃)
발화점 (℃,1atm)	105.8	8.2	31.8	59	-94.8	76	-101.2	130.21
융점 (℃,1atm)	1.25	-12.2	-126.5	-70	-90	-112	-151.3	-16
증기압	100 torr (47.4℃)	100 torr (-36℃)	100 torr (- 16.4℃)	100 torr (5.4℃)	100 torr (- 113.℃)	100 torr (21℃)	9.5 torr (-50℃)	100 torr (70.9 ℃)
임계압력 (atm)	-	46.2	-	36.8	36.7	-	42.7	-
임계온도 (℃)	-	176	-	233.6	-14.2	290	-2.05	-
물에 대한 용해도	반응	반응	반응	반응	반응	반응	물로 서서히 분해	-
비 고	열로 분해 인의 염화물,산화물 맹독성 fume형성	-	-	벤젠 이용 용해	-	-	-	자외선 이용 분해

표 4-14. 유기금속화합물, 알킬 금속의 물리적 성질 (1)

가스명	디메틸 아연	디에틸 아연	디메틸 카드뮴	디에틸 카드뮴
화학식	$(CH_3)_2Zn$	$(C_2H_3)_2Zn$	$(CH_3)_2Cd$	$(C_2H_3)_2Cd$
분자량 ($gmol^{-1}$)	95.44	123.50	142.48	170.5
발화점(℃)	-29.2	117.6	105.5℃	64℃ at 19.5 torr
융점(℃)	44.0	-30	-4.5	21
액체밀도	1.386 $gmol^{-1}$ (10.5℃)	1.207 $gmol^{-1}$ (20℃)	비중 1.9846	비중 1.6531
증기압	Log P = 7.802 - (1560/T) 10℃ → 194.8 torr	Log P = 8.28 - (2109/T) 10℃ → 6.7 torr	Log P = 7.764 - 1850/T) 10℃ → 16.9 torr	-

표 4-15. 유기금속화합물, 알킬 금속의 물리적 성질 (2)

가스명	3메틸 알루미늄	3에틸 알루미늄	3이소부틸알루미늄	3메틸 갈륨
화학식	$(CH_3)_3Al$	$(C_2H_5)_3Al$	$(iC_4H_9)_3Al$	$(CH_3)_3Ga$
분자량 ($gmol^{-1}$)	72.086	114.166	198.329	114.82
발화점(℃)	127.12	186.6℃	212.4℃	55.8℃
융점(℃)	15.28℃	-46.8℃	1℃	-15.7℃
액체밀도($gmol^{-1}$)	0.752 (20℃)	0.839 (15℃)	0.7929 (15℃)	1.151 (15℃)
증기압	Log P = 7.3147 -- (1534.1/(T + 220)) 10℃ → 4.4 torr	100℃ → 6.75 torr	100℃ → 11.6 torr	Log P = 8.07 - (1703/T) 10℃ → 112.8 torr

표 4-16. 유기금속화합물, 알킬 금속의 물리적 성질 (3)

가스명	3에틸 갈륨	3메틸 인듐	3에틸 인듐
화학식	$(C_2H_5)_3Ga$	$(CH_3)_3In$	$(C_2H_5)_3In$
분자량 ($gmol^{-1}$)	156.906	156.93	202.4
발화점(℃)	142.6	135.8	184
융점(℃)	-82.3	88.4	-32
액체밀도 ($gmol^{-1}$)	1.058 (30℃)	-	1.16 (20℃)
증기압	Log P = 8.224 - (1655/T) 10℃ → 237 torr	30℃ → 7.2 torr	75℃ → 10 torr

(다) 화학적 특성

표 4-17. 반도체가스의 화학적 성질 (1)

가스명	시란	디클로로시란	3클로로시란	4염화규소	4불화규소	디시란
분자식	SiH_4	SiH_2Cl_2	$SiHCl_3$	$SiCl_4$	SiF_4	Si_2H_6
물과의 반응성	가수분해 하여 4배의 수소가 생성 특히 알카리성 수용액으로 분해	가수분해 하여 염산과 포리시로키산의 혼합물이 생성	강한 반응 염산을 생성	가수분해 규산과 염산이 생성	물과 반응하여 H_2SiF_6, SiO_2, H_2O, HF, SiO_2를 생성	알카리와 반응하여 수소와 규산이 생성
연소성	공기 중에서 자연발화	100℃ 이상 때 공기 중에서 자연발화	공기 중에서 발연	-	불연성	공기 중에서 순식간에 발화
타물질 반응성	Cl_2 등의 할로겐 가스와 강한 반응	아세톤과 반응	-	알코올로 분해	600℃에서 $SiCl_4$과 반응 $SiClF_3$, $SiCl_2F_2$ 그리고 SiCl3F가 생성	F_2, Br_2, NCl_3, SF_6와 세게 반응
재료 사용상의 주의	부식성은 없음	미량수분의 존재로 강산이 된다. 드라이 상태에서 불활성 Al, 황동, 스테인리스 강 등은 부식됨	물의 존재로 강산이 된다.		산화 및 환원에 대해서 안정	탄소강, SUS, 동, 모넬, 유리, 테프론, 나이론, 바이톤 Kel-F 등의 사용이 가능

표 4-18. 반도체가스의 화학적 성질 (2)

가스명	포스핀	3염화인	3불화인	5불화인	옥시시염화인	아신
분자식	PH_3	PCl_3	PF_3	PF_5	$POCl_3$	AsH_3
물과의 반응성	수화물을 생성	물에 의하여 분해하여 염산이 생성	물에 의하여 서서히 분해	물이 소량 있어도 분해하여 HF와 POF_3을 생성	물과 반응하여 인산과 염산을 발생	가압하에서 수화물을 발생. 용존 산소에 의하여 As로 분해.
연소성	공기 중에서 자연 발화	불연성. 산소와 서서히 화합하여 오키시염화린이 생성	공기 중에서 세게 발연 안 한다	공기 중에서 세게 발연함	젖은 공기 중에서 세게 발연	공기 중에서 청백색 불꽃을 내여 타며 As_2O_3를 발생
타물질과의 반응성	Cl_2 등의 할로겐 가스와 거세게 반응	HBr,HI와 반응한다. $PCl_3+3HX \rightarrow PX_3+3HCl$	수소와 가열하에 반응하여 PH_3을 발생	3메틸아민과 강하게 반응. NH_3, N_2O_4, NOF 등과도 반응	수산기를 가진 유기화합물과 반응	Cl_2와 반응하여 HCl와 As가 된다. (E.R. 0.8~98%)
재료 사용상의 주의	NH_3보다 강한 환원성. 탄소강 SUS, 모넬, 하스테로이 등 사용 가능	니켈강, 철, 저합금강, 니켈크롬강, 태플론, Kel-F 등 사용가능	철 또는 유리용기에서 보존한다.	모넬, 잉커넬, 니켈, Kel-F 테플론 등 사용가능	스테인리스도 부식 당함. 보통 유리가 사용가능	강환원성. 탄소강, SUS, 모넬, 놋쇠, 테플론, 바이톤, 나이론 Kel-F 등 사용가능

표 4-19. 반도체가스의 화학적 성질 (3)

가스명	3염화비소	디보란	3염화붕소	3불화붕소	스티핑	세렌화수소
분자식	$AsCl_3$	B_2H_6	BCl_3	BF_3	SbH_3	SeH_2
물과의 반응성	물로 분해하고 $As(OH)_3$과 HCl이 생성	신속, 완전한 가수분해 하여 붕산과 수소로 된다.	분해하여 염산이 생성	가수분해함 플루오르 붕산이 생성	젖은 유리관 내에서 24시간으로 완전히 분해	가수분해
연소성	-	공기 중에서 자연발화 (특히 젖은 공기 40~50℃)	불연성	불연성	공기 중에서 연소하여 안티몬이 생성	공기 중에서 푸른색 불꽃 연소하여 SeO_2를 생성
기타 물질과의 반응성	$AsCl_3$+NaOH → NaH_2AsO_3 +3NaCl+H_2O	HCl 등의 할로겐가스와 세게 반응. NH_3과도 반응.	피리징, 니토로벤젠과 부가 화합물 생성	알카리 알카리토류금 속에 의해 붕소와 금속불화물을 생성	염소와 반응 $SbCl_3$와 HCl을 발생. 알카리 반응하여 급속히 분해	초산과 세게 반응. Cl_2
재료 사용상 수의	Mo, Ag, Au, P과는 반응 아니하며, Mg, Zn, Al, Sn, Pb, Cu와는 세게 반응	일반 금속 양호 고무, 구리스, 윤활유는 불가. 사란, 테플론 폴리에틸렌, 은 사용 가능.	니켈크롬강, 니켈강, 철, 저합금강, 니켈 하스테로이, 인코넬, 데프론, Kel-F, 유리 사용가능.	*dry가스… 강, SUS, Cu, Ni황금, Al, 모넬 사용가능. *wet기스 Cu, 경질고무, 파이 렉스 유리 사용가능	-	Al, SUS, 탄소강, 황동, 테플론 바이톤, 나이론 사용가능

표 4-20. 반도체가스의 화학적 성질 (4)

가스명	아산화질소	4염화탄소	3불화메탄	6플루오르 에탄	8플루오르 프로판
분자식	N_2O	CCl_4	CHF_3	C_2F_6	C_3F_8
물과의 반응성	반응 안함	반응 안함 Fe, Al의 작용으로 가수분해	반응 안함	약간 가수분해	-
연소성	지연성	불연성			고온의 공기 중에서도 불연
기타 물질과 반응성	유기물 알카리 금속을 산화	알카리와 가열하면 분해	가연성 가스와 혼합하여 점화하면 분해하며 유독가스 발생		
재료 사용상 주의	부식성은 없음	철과 알루미늄의 작용으로 가수분해 $CCl_4 + H_2O \rightarrow CO_2 + 4HCl$	부식성은 없음		

표 4-21. 반도체가스의 화학적 성질 (5)

가스명	수소화 텔루르	4수소화 게르마늄	염소	염화수소	황화수소	암모니아
분자식	TeH_2	GeH_4	Cl_2	HCl	H_2S	NH_3
물과의 반응성	젖은 공기에 접하면 바로 분해	시란과 비슷하지만 반응성은 작다.	$Cl_2+H_2O \leftrightarrow HClO+HCl$ $HClO \rightarrow HCl+1/2O_2$	비반응 물에 용해	수용액 중에서 전리평균 $H_2S \leftrightarrow H^++HS^-$ $HS^- \leftrightarrow H^+ + S^{2-}$	비반응 물에 용해
연소성	공기 중에서 점화하면 청백색의 불꽃을 내며 연소	시란과 같이 세게 연소 안함 E.R.0.8~98%	지연성	O_2에 안정	공기 중에서 청백색의 불꽃을 내며 연소	공기 중에서 650℃ 이상에서 가연(O_2 중에서의 E.R.16~25%)
기타 물질과 반응성	염소와 세게 반응하며 텔루르의 염화물을 생성	-	H_2와 폭발반응 대부분 금속과 반응	F_2와 반응 금속과 반응 염화물과 수소를 생성	Cl_2, Br_2 등과 강하게 반응. 대부분 금속과 습기의 존재하에 반응	할로겐과 세게 반응한 Hg과 반응하여 폭발성 화합물을 생성
재료 사용상 주의	-	탄소강, SUS 동 황동, 모넬, 하스테로이, Kel-F, 테플론, 유리, 바이톤, 나이론 등 사용가능	*dry가스(액) Steel, SUS, 주철, 동합금, 니켈합금이 사용가능 *wet가스 모넬, 테플론 하스테로이C, 사용가능	수분존재로 강산 되며, 대부분의 금속 부식. Baked 탄소 graphite가 사용가능	Al, SUS316은 wet에서도 사용가능. 건조하면 동도 사용가능	알칼리성, 부식성이 강하다. 철, SUS는 사용가능. 동, 석, 아연과 그의 합금은 불가능. packing은 연(鉛)아스베스트가 양호

표 4-22. 인체에 대한 독성

가 스	독 성	허용농도 (ppm)
시란	흡입으로 호흡기를 매섭게 자극, 급성의 국소자극작용이 강하며 전신 및 만성적인 영향에 대해서 미확인	0.5
포스핀	급성…두통, 흉부불안, 구토, 악감, 횡격막의 동통 만성 소화기장해, 황달, 비인두 자극, 구내염, 빈혈	0.3
디보랑	흡입하면 폐를 자극, 폐수종, 간장, 신장을 침범한다. 기침, 호흡곤란, 전흉부만의 고통, 구토	0.1
알신	급성 → 헤모글로빈과 결합하여 급격한 적혈구의 저하를 시키며 강한 용혈, 두통, 구역질, 현기증 만성 → 점차 적혈구가 파괴된다. 요에 단백이 난다.	0.05
3염화붕소	습기로 가수분해 하여 염산과 붕산을 생성하며 피부, 점막(粘膜)을 침해한다. 폐기종, 기관 상부에의 자극	(BBr.1) (BF.1)
디클로로시란	흡입한 경우 호흡기 상부를 매섭게 자극하여 목이 메며 기침이 난다. 눈, 피부, 점막에 접촉하면 화상이 난다.	-
암모니아	흡입으로 호흡기의 부종(浮腫), 성문의 경련, 질식을 일으킨다. 피부 점막에 대한 자극성, 부식성이 강하다.	25
스티핑	아르신이 생체에 미치는 독성과 같다. 과도의 피폭에서는 헤모글로빈 요(혈색요소)를 배설	0.1
세렌화수소	결막자극과 호흡이상, 폐수종, 악심, 구토, 구상(口腔)의 금속 취기 현기증, 호흡의 마늘냄새, 사지권태(四肢倦怠)	0.05
염화수소	피부,점막을 침해, 아픔을 동반하여 화상을 이른다. 눈에 접하면 자극, 흡입하면 호흡기 자극시 질식이 나며 폐기종, 인두경축	5

5. Scrubber

스크러버(Scrubber)란 기체를 액체에 접촉시켜, 기체중 가용성 성분을 액상 중에 용해시키는 일련의 공정, 즉 '가스 흡수'를 목적으로 한 장치로써 이러한 장치를 주로 "스크러버(Scrubber)" 또는 "가스 흡수탑(Gas Absorption Tower)"이라 통칭하고 있다. 스크러버의 역할은 가스 흡수에만 국환되는 것은 아니며, 실제로 스크러버(Scrubber)는 가스 흡수 외에 증류(Distillation), 증습(Humidification) 및 먼지(Dust)와 액적(Mist)의 제거 등 다양한 용도로 사용되고 있다. 그림 4-19에 내부 흐름도와 실제 설치된 Scrubber 시스템을 보이고 있다.

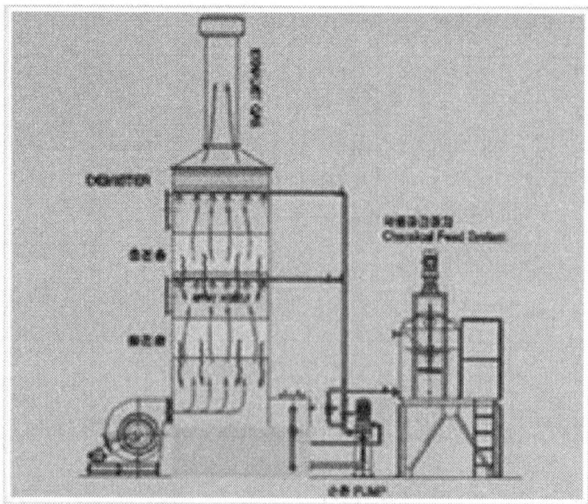 

그림 4-19. Scrubber 내부 구조(좌) 및 실제 설치 모습(우)

(가) Scrubber 종류

▣ HORIZONTAL SCRUBBER

기체와 액체가 직각으로 교차하는 Cross-Flow형으로 Kimre의 3차원 Structural mesh인 Kon-TaneTM Packing을 사용한다.

장점으로는

① 고효율(99.9% 이상)
② 압력손실이 적다.
③ 물의 소비량이 절대적으로 적다.
④ 개보수가 용이하다.
⑤ 설계변경이 쉽다.
⑥ 먼지가 많아도 막힘이 적고, 운전 중 청소가 용이하다.
⑦ 건물 하중부하를 최소화할 수 있다.
⑧ 미세 먼지, 산/알칼리 가스 및 냄새제거에 이용된다.

그림 4-20에 내부 흐름도와 실제 설치 모습을 나타내었다.

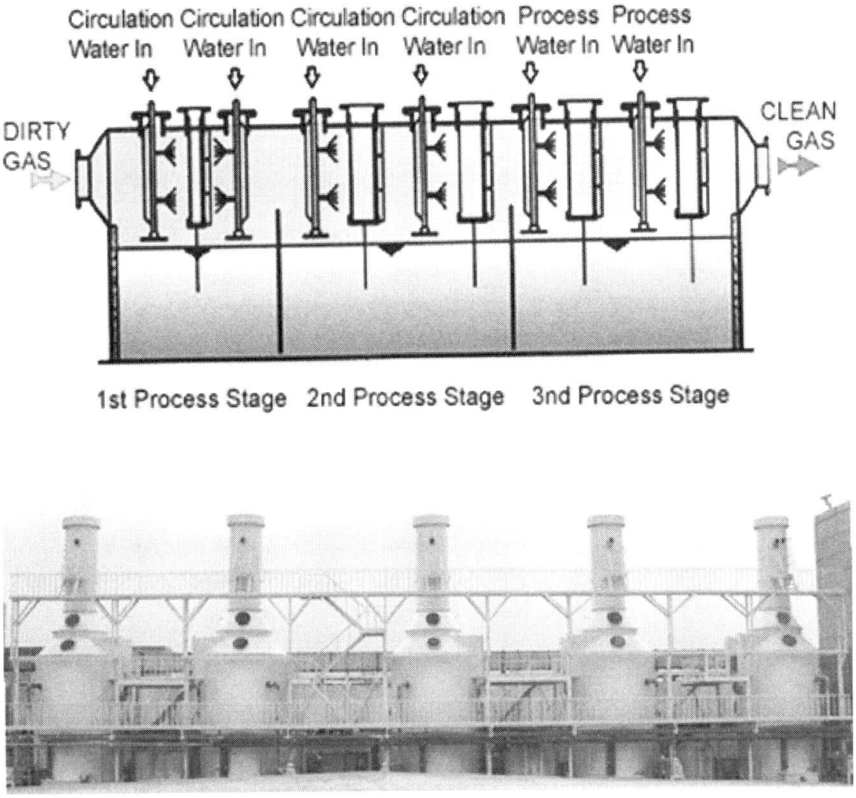

그림 4-20. 수평형 Scrubber의 내부 흐름도와 실제 배치도

■ VERTICAL SCRUBBER

외형은 수직형이나 기액접촉은 Cross-flow 형태로서 수평형과 수직형의 장점만 채용한 개념으로서 신 개념의 Scrubber이다. Packing은 Kimre의 Kon-TaneTM Packing을 사용한다.

장점은 수평형의 장점 이외에,

① 설치면적이 적다.
② 기존 수직형 Scrubber 개조시 효율이 증대(최소 90% 이상)한다.
③ Fan 부하가 감소되어 풍량이 증가한다.
④ 압력손실이 일정하여 제품 품질이 향상된다.
⑤ Packing의 막힘 현상이 없다.
⑥ 수명은 반영구적이다.

그림 4-21에 수직형 Scrubber의 내부 흐름도와 실제 배치도가 나타나있다.

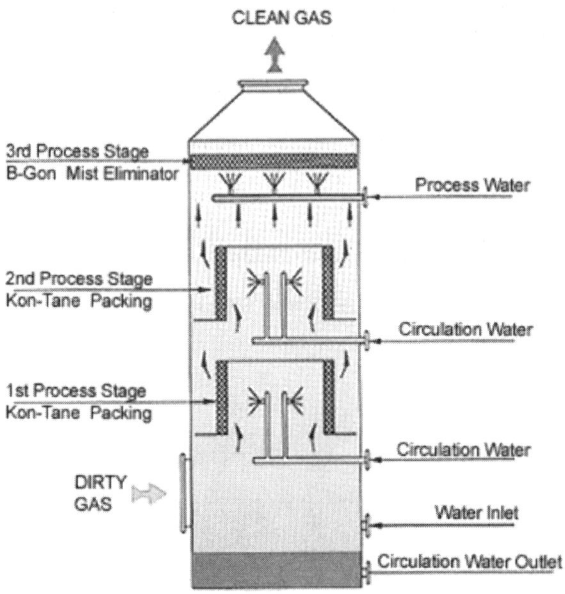

그림 4-21. 수직형 Scrubber의 내부 흐름도와 실제 배치도

▣ MULTI-THROAT VENTURI

Venturi Scrubber의 효율은 Venturi 목(Throat) 전, 후단의 압력차에 의해 결정된다. 이런 압력차는 처리 풍량 및 속도로 결정되는데 처리 풍량의 변화는 곧 효율의 변화를 초래한다. Multi-Throat Venturi는 유체역학적으로 설계된 U자형의 목 부위를 여러 개 만들어 설치하고 처리 풍량에 따라 목(Throat)을 조절하여 압력차를 일정하게 유지시키며 효율이 일정하도록 한다. 미세 분진제거 및 고온 Gas의 Quencher로도 사용한다. 그림 4-22에 그 구조도가 나타나있다.

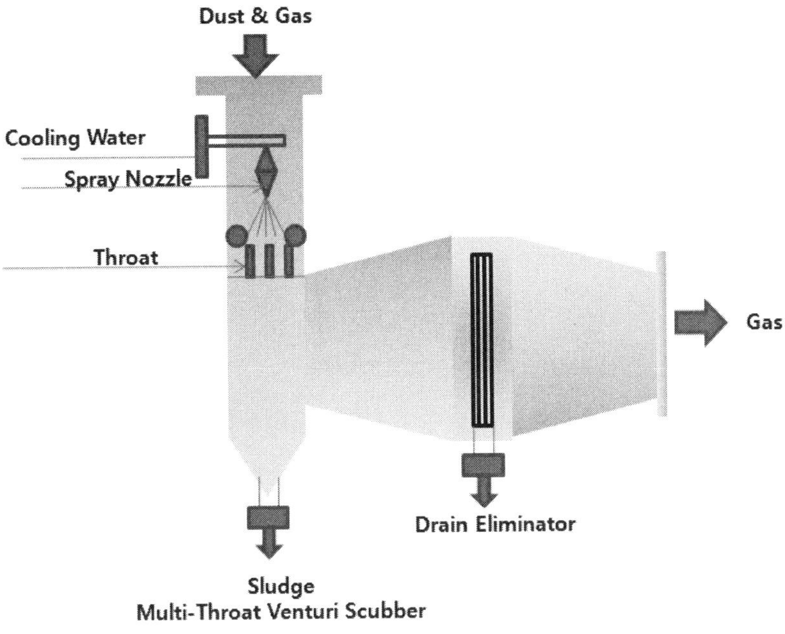

그림 4-22. Venturi Scrubber의 구조도

▣ FLUIDIZED-BED SCRUBBER

가스가 Scrubber를 통과하는 속도는 중앙에서 최대이고 벽쪽은 거의 Zero(0)가 된다. 이러한 속도분포를 Rotabed 장치를 이용하여 유동상층(Fluidized Bed)을 만들고 여기서 기체와 액체가 서로 혼합되어 흡수가 일어나면서 가스가 제거뒤다.

장점으로는

① Packing류를 쓰지 않으므로 절대로 막힘이 없다.
② 통과유속이 빠르므로(약 4~6m/s) 크기가 작고 설치면적이 적다.
③ 고효율이고 고장이 없다.
④ 운전비가 적게 든다.
⑤ 주로 먼지가 함유된 가스, Sludge가 있는 가스처리에 사용된다.

그림 4-23에 그 구조도가 나타나있다.

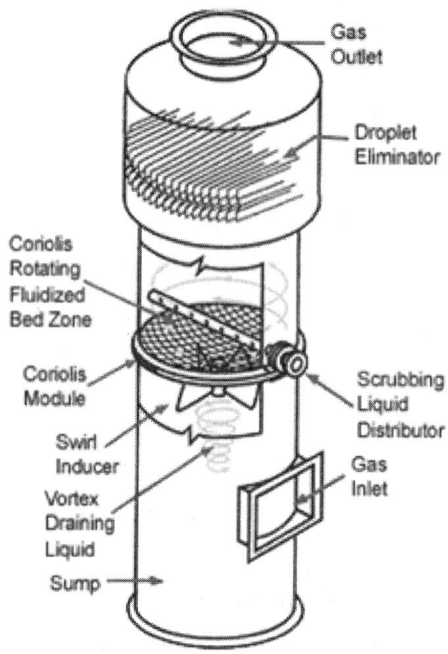

그림 4-23. FLUIDIZED-BED SCRUBBER의 구조도

6. BECOFLEX

충진재를 사용하지 않고 작은 장비 크기로 냄새와 먼지를 제거하는데 가장 이상적인 장비이다. 원리는 물에 젖은 Fiber Brush를 고속으로 회전시켜서 생기는 엄청난 운동 에너지로 가스와 물을 접촉시켜 고상의 입자 및 가스를 흡수시켜 제거하는 장치이다. Option으로 추가 2차 Packing or Coalescer를 설치할 수도 있다.

장점은

① 막힘이 없이 미세 분지의 제거가 가능하다.
② 압력손실이 없다.
③ 추가 Fan이 없다.
④ 설치 면적이 작다.
⑤ 물의 사용량이 적다.

그림 4-24에 그 구조도가 나타나있다.

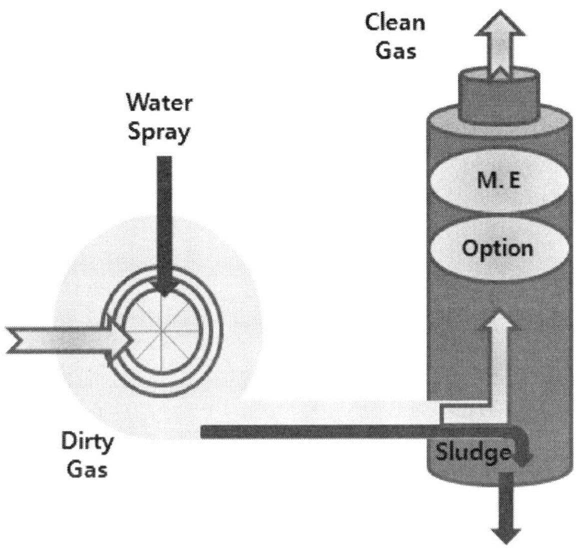

그림 4-24. BECOFLEX Scrubber의 구조도

(가) WET SCRUBBER

(1) 일반적 원리

세정집진장치는 보통 습식 집진 장치라고 하는데 액적, 액막, 기포 등에 의해 함진가스를 세정하여 입자에 부착, 입자 상호간의 응집을 촉진시켜 직접 가스의 흐름으로부터 입자를 분리시키는 장치이다. 세정 집진장치의 일반적인 포집원리는 다음과 같다.

① 액적에 입자가 충돌하여 부착
② 미립자 확산에 의한 입자간 응집
③ 배기가스의 증습에 의한 입자간 응집
④ 입자를 핵으로 증기의 응결 및 응집성 촉진
⑤ 액막, 기포에 입자가 접촉하여 부착

사용되는 액체는 주로 물(water)이지만 경우에 따라서 표면 활성제를 사용하기도 하며 최종적으로 mist가 인근지역으로 비산되는 것을 방지하기 위하여 dimister를 설치하는 것이 좋다.

(2) 종류

세정 집진장치는 크게 나누어 유수식, 가압수식, 회전식으로 분류된다. 유수식은 집진기 내에 일정량의 액체를 채워놓고 처리가스를 유입시켜 함진 가스를 세정하는 방법이다. 가압수식은 물을 가압, 공급하여 함진가스를 세정하는 방식으로 각종 scrubber, packing tower, spray tower 등이 있다. 회전식은 송풍기의 회전을 이용하여 물방울, 수막기포를 형성하여 세정하는 방식이다.

① 유수식

집진기내에 일정량의 액체(물)를 채워놓고 처리가스의 유입에 의하여 다량의 액적, 액막, 액포를 형성시켜 함진가스를 세정시킨다. 보유액은 순환시키기 때문에 보충수량이 적은 것이 특징이다. 압력손실은 120~200 mmH_2O이고 포집 입자는 1~100 ㎛ 입자에 적합하다.

② Venturi scrubber

가압수식 중에서 집진효율이 가장 높아서 광범위하게 사용된다. throat부의 처리가스 속도는 보통 60~90 m/sec정도이며, 압력손실은 300~800 mmH_2O이다. 사용수량은 Dust의 입경친수성 등에 따라 다르지만 일반적으로 10 ㎛ 이상의 큰 입자에서는 0.3ℓ /㎥, 10 ㎛ 이하의 미립자 또는 친수성이 작은 먼지의 경우는 1,5 ℓ /㎥ 정도가 필요하다.

③ Jet scrubber

Ejector의 일종으로 압력수 고압분무로 가스를 흡입하여 throat 부분에서 먼지를 물방울에 포집하며 blower를 사용하지 않는다. 먼지입자 외 물방울의 접촉으로 집진효율은 좋으나 용수량이 많아(10ℓ /㎥) 처리가스량이 많을 경우는 잘 사용하지 않는다.

④ Cyclone scrubber

Tower의 inlet line(duct)은 원통 측면으로 연결하여 가스가 측면을 따라 회전 이동하도록 하며 중심부에서 사방으로 압력수를 분무하여 세정 집진하고 또한 내관에서 외관으로 빠지는 부분에 유수식 집진을 동시에 거치기 때문에 효율은 매우 좋다.

⑤ Packing tower

Type, 충전재, 충전층 두께, 처리가스에 따라 다르지만 압력손실은 100~250 mm H_2O 정도이며 용수량은 2~3ℓ /㎥ 정도이다. 충전재로는 보통 1~2in 정도의 표면이 매끈한 것을 충전층에 넣어 배기가스와 액체와의 접촉 면적을 크게 하여 가스의 세정효과를 높인다.

(3) WET SCRUBBER의 특징

- ○ 압력 손실이 적어 유지비용이 저렴하다.
- ○ DUST, MIST 외 다양한 대기 오염 물질을 동시 제거 가능하도록 설계되어있다.
- ○ 내부식성 재료 사용으로 수명이 길다.
- ○ 가스 유량의 변동에 대해 안정된 흡수 효율을 발휘한다.
- ○ 다양한 동결 방지 대책으로 겨울철 운전에 대처 가능하다.

(4) 적용영역

- ○ 화학공업, 철강공업 등 유해 가스 발생 사업장
- ○ VOCs 발생 사업장
- ○ 도금공장 등 흄 발생 사업장
- ○ 폐수 처리장, 분뇨 처리장 악취 발생 사업장
- ○ 미세 입자상 물질 배출 사업장
- ○ 미세한 입자상 부유물 등 제거 등 다양한 유해 가스 배출 시설 설비

(나) 이온교환식 스크러버(Ion Scrubber)

대기오염, 수질오염, 토양오염, 각종 쓰레기 및 폐기물에 의한 오염, 지하수 오염 등 인간의 경제적 활동에 따른 이러한 인위적인 오염원들은 적절한 제어를 통해 정화시키지 아니하면 최종적으로 우리의 삶을 파괴할 수밖에 없다. 이중에서 대기오염에 대한 제어는 다른 오염원들과 비교해서 볼 때 가시적인 현상으로 판단하기 어렵기 때문에 대기오염에 대한 현상을 간과하여 더욱 피해가 클 수밖에 없는 실정이다. 산업생산활동 각 공정에서 발생하는 각종 유해가스는 그 종류도 다양하며 인체에 미치는 영향도 다양하여 적절한 제어 및 정화기술을 적용하기가 어려운 실정이다. 이러한 유해가스는 주로 악취(offensive odor), 휘발성 유기화합물(VOCs), 유독성 가스 등으로 구분할 수 있으며 그동안 이의 제어 및 정화기술들이 많이 개발되어 적용되어오고 있지만 충분한 제거효율을 보장할 수 없다는 것과 유지 관리가 어렵고 또한 유지관리비가 많이 소요

되는 등 경제성이 떨어지는 현실이라 볼 수 있다. 따라서 이러한 문제점들을 보완하기 위해서 새로운 개념의 유해가스 제어 및 정화기술인 이온교환섬유를 이용한 반건식 스크러버(이온교환 스크러버)가 개발되었으며 이는 기존의 유해가스 제어 및 정화기술을 대체할 수 있는 고효율 저비용의 설비라 할 수 있다.

(1) 이온교환섬유의 개요

이온교환섬유는 1935년 영국의 B.A. 애덤스와 F.L. 홈스에 의해 다가(多價) 페놀과 포름알데히드를 축합시킨 섬유가 양이온을, m-페닐렌디아민과 포름알데히드를 축합시킨 섬유가 음이온을 교환하는 것이 발견된 이래, 물속에 있는 각종 이온을 제거할 수 있다는 사실이 밝혀져 최근까지 주로 수질분야에서 이온교환수지 형태로 불순물 제거, 경수 연화, sucrose · 물엿 · 알코올 · 유지 · 가스 등의 정제 및 각종 이온의 분리추출(희토류원소 · 초우라늄원소 등의 분리추출, 비타민 · 알칼로이드 · 아미노산 등의 추출정제) 외에 미량물질의 정량, 이온의 치환 또는 촉매, 크로마토그래피 분석 방면 등에 매우 광범위하게 응용되어 왔다. 이온교환섬유는 다양한 방법에 의해 제조되고 있으나 본 설비에서의 제조 방법은 방사선을 조사하여 라디칼을 형성시킨 부직포에 그라프트 중합법에 의해 제조하며 이온교환섬유에는 양이온 및 음이온교환섬유 두 종류가 있고 양이온교환섬유는 염기성 가스를 음이온교환섬유는 산성가스를 효과적으로 제거한다.

이온교환 스크러버의 중요한 특징은 다음과 같다.

첫 번째 특징은 물리적 흡착과 화학적 흡착이 동시에 이루어진다는 것으로 연구결과 물리적 흡착제인 활성탄이나 실리카겔에 비해 흡착능력이 2~4배 가량 높은 것으로 확인되었다.

두 번째 특징으로는 여러 번 재생 반복 사용할 수 있다는 점으로 이는 물리화학적 흡착성능이 파괴점(Break Point)에 다다를 시점에 주기적으로 재생액을 공급하여 줌으로써 흡착성능의 저하를 막아 효율을 지속적으로 유지할 수 있다.

(2) 이온교환 스크러버의 원리 및 구조

▣ 원리

유해가스 제거는 이온교환필터의 물리화학적 흡착반응과 재생액에 의한 필터의 탈착반응의 연속적인 반응 메카니즘에 의한다. 반응식은 다음과 같다.

① 음이온 교환필터를 사용 시

$P\text{-}R_3OH + H_2S$ ---〉 $P\text{-}R_3SH + H_2O$ (흡착반응)

$P\text{-}R_3SH + 2NaOH$ ---〉 $P\text{-}R_3OH + Na_2S + H_2O$ (탈착/재생반응)

$P\text{-}R_3OH + HCl$ ---〉 $P\text{-}R_3Cl + H_2O$ (흡착반응)

$P\text{-}R_3Cl + NaOH$ ---〉 $P\text{-}R_3OH + NaCl$ (탈착/재생반응)

② 양이온 교환필터를 사용 시

$P\text{-}O_3H + NH_3$ ---〉 $P\text{-}O_3NH_4$ (흡착반응)

$2P\text{-}O_3NH_4 + H_2SO_4$ ---〉 $P\text{-}O_3H + (NH_4)_2SO_4$ (탈착/재생반응)

그림 4-25에 이온교환섬유의 반응 메커니즘이 도시되어 있다.

크게 3단계의 과정을 거치는데 수소와 수산기(OH)를 흡수(absorption)하는 과정과 황상과 수산화나트륨과 반응하여 해리(desorption)되는 과정, 마지막으로 다시 재생되는 과정으로 진행한다.

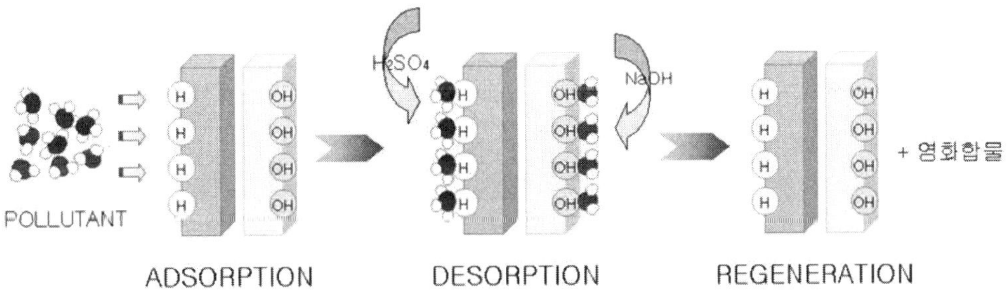

그림 4-25. 이온교환섬유의 반응 메커니즘

▣ 구조

이온교환스크러버는 몇 개의 이온교환섬유를 연결하여 카트리지 형식으로 만든 이온교환필터가 내부에 장착되어 있으며 유해가스가 내부로 이송되어 이온교환필터를 통과하는 사이에 물리화학적 흡착의 원리에 의해 유해가스를 제어 및 정화하는 구조로 단일 유해가스의 경우에는 처리가스의 특성이 염기성 혹은 산성가스 인지를 고려하여 양이온 및 음이온교환섬유를 선택하여 적용하며 또한 악취와 같은 복합가스 및 2종류 이상의 혼합유해가스를 제어 및 정화하기 위해 상부에는 양이온 교환필터가 장착되어 염기성 가스를 제거할 수 있도록 하며 하부에는 음이온교환필터가 장착되어 산성가스를 제거할 수 있도록 한다. 지속적인 유해가스의 처리로 소실된 라디칼을 각각의 재생액 공급으로 재생 및 복원시키기 위해 교대로 교차하며 운전할 수 있도록 특별히 고안된 구조이다.

이때 양이온교환필터를 재생하기 위해 H_2SO_4 수용액이, 음이온교환필터를 재생하기 위해 NaOH용액이 주로 사용되며 재생시 챔버 내에 염화합물이 생성되어 저류되므로 유해가스의 인입농도에 따라 최소 1~2개월에서 최대 12~18개월에 한번씩 주기적으로 교체하면 된다. 그림 4-26에 이온교환 스크러버 구조도, 그림 4-27에 카트리지 구조가 나타나 있다.

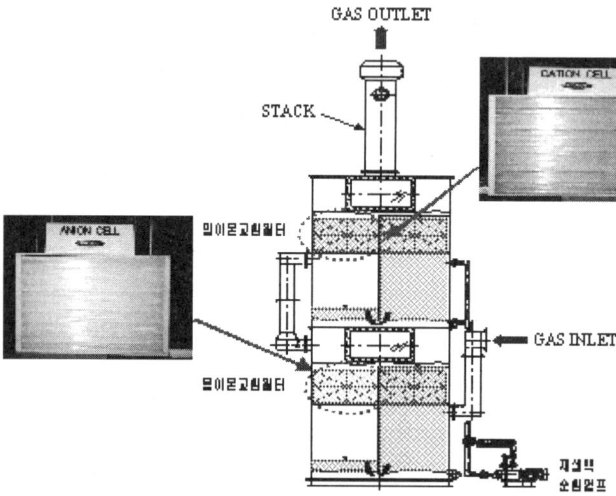

그림 4-26. 이온교환 스크러버 구조도

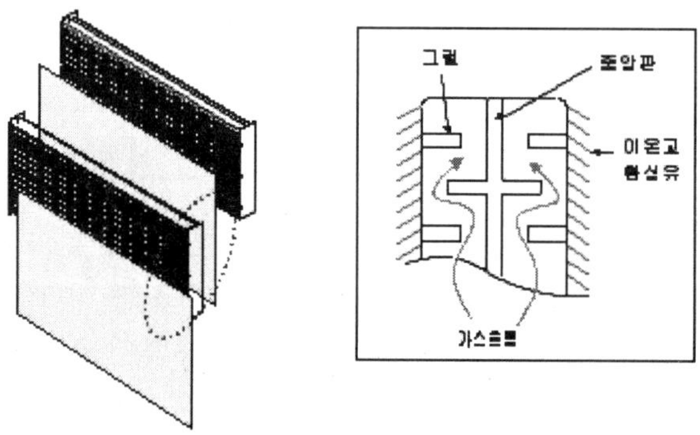

그림 4-27. 카트리지 구조도

▣ 이온교환스크러버의 주요 구성 요소

① 이온교환섬유

* 상부 : 양이온교환섬유(염기성 유해가스 처리용)
* 하부 : 음이온교환섬유(산성 유해가스 처리용)

② 재생액 저장 챔버

* 상부 : 두 개의 재생액 저장 챔버가 있어 다량의 유해가스 처리로 소실된 이온교환 라디칼을 H_2SO_4 수용액(5%)으로 재생 및 복원시킨다.
* 하부 : 두 개의 재생액 저장 챔버가 있어 다량의 유해가스 처리로 소실된 이온교환 라디칼을 NaOH 수용액(5%)으로 재생 및 복원시킨다.

③ 수위조절용 펌프

한 재생액 저장 챔버에서 다른 재생액 저장 챔버 내로 재생액을 이송시켜 재생하고자 하는 챔버의 수위를 높임으로써 이온교환필터를 재생액에 완전히 잠기도록 한다.

④ Dust Pre-filtration

이온교환스크러버로 유입되는 유해가스 내의 분진을 사전에 제거하여 이온교환필터의 물리화학적 반응율을 높여주고 또한 분진 유입으로 인한 이온교환필터의 막힘을 방지하여 내구성을 증가시켜 주는 역할을 한다.

이러한 구조적 특징들은 이온교환필터의 완전재생 및 복원을 통해 이온교환필터의 수명을 최대한 연장시키고 각종 유해가스의 제거효율을 높이는 중요한 역할을 한다.

(3) 적용분야 및 응용성

이온교환스크러버는 산성 및 염기성계 무기배가스를 배출하는 공정에서 특히 효과를 발휘할 수 있으며 용수사용량이 매우 적으므로 상하수도 단가가 높은 공장입지에 적용하면 저렴한 유지관리비용으로 유해가스 제거효율이 높은 설비를 설치할 수 있다.

주요 사용처는 다음과 같다.

- ○ 반도체 제조공장
- ○ 하수 및 폐수처리장
- ○ 음식물처리 및 건조설비
- ○ 식품 제조공장
- ○ 금속제품 제조 및 가공시설
- ○ 산업용 화학제품 제조 및 가공시설
- ○ 고무 및 플라스틱제품 제조 및 가공시설
- ○ 석유정제 기타 석유 및 석탄제품 제조시설
- ○ 비금속 광물제품 제조시설
- ○ 종이 및 담배제품 제조 및 가공시설

이온교환필터를 이용하여 유해가스를 제거하는 이온교환스크러버는 물을 사용하여 유해가스를 직접 제거하는 습식스크러버에 비해 전기사용량은 36~75%, 용수사용량은 75~99% 이상을 절감할 수 있어 유지관리비용이 저렴하므로 대기오염 방지시설 투자비용을 대폭 감소시켜 경제적으로 도움이 되며 이온교환필터의 탁월한 물리화학적인 흡착성능으로 인한 유해가스 제거효율이 95% 이상으로 뛰어나 에너지 절감 및 환경보호 측면에서 획기적인 설비이다.

분진 집진 기능과 가스 흡수세정효과를 겸하고 있어 환경분야 및 산업제조 공정 등에 보편적으로 사용되고 있는 세정식 스크러버에 비해 경제성 및 효율성이 우수하여 비교우위를 차지하므로 연료 및 물 부족 국가인 우리나라뿐만 아니라 세계적으로 실시하고 있는 에너지 절약대책에 효과적으로 기여하며 보급 및 기술적 파급효과가 상당히 크리라 사료된다.

다만 이온교환스크러버의 성능향상을 위해서는 산성 및 염기성 계열의 유해가스 제거효율 보다 상대적으로 낮은 제거율을 보이고 있는 중성계열 유해가스에 대한 연구와 이를 통한 성능개선이 필요하다.

(4) 유해 가스 분해 방법

다양한 방법이 있지만 요약하면 다음과 같다.

표 4-23. 유기 가스 분해 방법

방 식	설 비 명	원 리	특 징
연소법	축열식 연소장치	축열재에 의해 열교환율을 높여 연소	- 설비의 복잡 - 설비비가 높다 - 운전비가 고가 - 다양한 화합물 적용가능 - 설치면적이 넓다 - 유지관리가 어렵다 - 제거효율이 높다
	촉매 연소장치	촉매에 의해 250~350 ℃의 저온으로 산화분해	- 설비의 복잡 - 설비비가 높다 - 대용량에 부적합 - 폭발의 위험성 - 운전비의 고가 - 유지관리가 어렵다 - 제거효율 높다
	직접 연소장치	약 800 ℃로 가열 연소분해	- 설비의 복잡 - 설비비가 높다 - 운전비의 고가 - 유지관리가 어렵다 - 광범위한 유기용제 제거 - 제거효율 보통
흡수법	세정식 스크러버	물, 산, 알카리, 산화제의 수용액에 의한 화학반응	- 유지관리가 어렵다 - 약품 및 용수사용이 많다 - 화학폐수의 다량발생 - 설비의 부식 - 제거효율 보통
흡착법	활성탄 흡착탑	흡착제에 의한 물리적 흡착	- 설비가 간단 - 실적이 많다 - 다양한 화합물 적용 가능 - 고농도에는 비경제적 - 활성탄 교체주기가 짧다 - 폐활성탄 발생 - 제거효율 보통
미생물법	바이오 필터	미생물에 의한 산화분해 (미생물 담체)	- 친환경적 - 설치면적이 넓다 - 설비비가 높다 - 2차 오염물질 발생이 없다 - 유지관리비가 적다 - 제거효율 우수

7. 연마제(슬러리, Slurry)

반도체 디바이스에 Cu 배선이 도입되고, Cu-CMP 슬러리가 등장한 후 10년 가까운 세월이 경과됐다. 한편, CMP 공정에는 아직 과제가 많으며 여기에 대응하는 고성능 CMP 슬러리의 개발이 요구되고 있다. 반도체 디바이스의 미세화/다층화에 의한 고집적화를 위해 리소그래피 공정은 노광 패턴의 해상도를 높이기 위해 노광 광원의 파장을 짧게 함으로써 대응해왔다. 더욱 미세한 패턴을 형성하려면 초점 심도에 들어가며 더욱 평탄한 표면을 준비해 두어야 한다. 그 역할을 담당하고 있는 것이 평탄화 프로세스인 CMP(Chemical Mechanical Polishing : 화학적 기계적 연마)이다.

CMP 프로세스는 1990년대부터 디바이스 제조에 본격적으로 도입되었으며 처음에는 전술한 이유로 리소그래피 공정의 보조 프로세스로 사용됐다. 그 후, 미세화가 더욱 진행되어 배선 재료가 기존의 Al에서 Cu로 변경되기에 이르렀고, CMP 프로세스의 위치 부여도 크게 변화됐다. Cu 배선은 다머신(Damascene)법이라 불리는 기존의 배선 형성 공정과는 다른 방법으로 형성된다. 이것은 절연막으로 형성된 배선구에 Cu를 전기 도금으로 매입하고, 여분의 Cu를 CMP로 연마 제거하는 것이다. Cu 배선 형성 공정에서는 CMP가 기간 기술이다.

한편, CMP 공정에는 해결해야할 과제도 많다. CMP 공정은 미소 입자이고 웨이퍼를 직접 처리하는 공정이며 CMP 처리 후의 웨이퍼는 디펙트(잔사, 연마 가루, 흠집 등)가 철저히 저감되어야 한다. 또한 복수의 재료가 혼합되는 면을 다른 연마속도의 슬러리로 연마함으로써 디싱(dishing), 에로젼(errosion)이라는 국소적인 오목부가 발생하는 현상이다. CMP는 wet 프로세스이므로 금속 Cu와 같이 화학적으로 매우 변질(부식)되기 쉬운 재료가 연마 대상물인 경우, 과도한 부식을 억제해야 한다. 또한 기술 노드 45nm 이후에는 절연막으로 Ultra Low-k막 등의 신규 재료가 검토되고 있으며 여기에 대응하는 고성능의 CMP 슬러리 개발이 요구되고 있다. 주요 CMP 물질에 대한 공정과 소요되는 슬러리에 대하여 알아본다.

7.1 Cu-CMP

Al 배선에서 Cu 배선으로의 전환은 130nm 노드 이후, 2000년 초부터 시작됐다. Cu 대머신 배선이 도입됨에 따라 탄생한 Cu-CMP 슬러리도 등장한지 10년 가까운 세월이 지났고, 초기에 비해 성능이 우수한 슬러리가 시장에 많이 투입됐다. 특히, 최근에는 평탄화 특성이 대폭 향상됐으며 최첨단 디바이스 제조 프로세스의 요구에 대응해야 하는 지금도 그 성능은 계속해서 향상되고 있다. 한편, 일찍부터 Cu 배선을 도입하여 양산 실적을 갖고 있는 기존 라인의 전환과, 향후 Cu 배선의 도입이 진행될 것이라 생각되는 메모리 디바이스용으로서 저 비용화의 관심도 높아지고 있다.

Cu-CMP에서는 Cu 성막 후, 필요 없는 Cu막의 대부분을 제거하면서 초기 단차를 완화한 다음 절연부 표면의 배리어막이 노출될 때까지 Cu를 제거한다. 2스텝에 의해 Cu막 연마를 실행하고, 그 후 배리어 CMP에 의해 배리어막을 제거하는 3스텝 공정에 의해 연마가 실행되는 경우가 많다.

1 Step은 공정에서는 높은 Cu막 연마 속도를 갖고 재빨리 단차를 완화하는 것이다. 2 Step은 공정에서는 필요 없는 Cu막 제거 후에 단차 발생을 억제하여 평탄화 하는 것이 요구된다. 즉, 어느 것이든 필요 없는 Cu는 빨리 용출시키고 필요한 Cu(배선 부분의 Cu)의 용출은 억제하는, 상반된 특성을 어떻게 양립시키는가 하는 것이 슬러리 설계의 포인트이다. 조성 중에는 Cu를 용출시킬 목적으로 산화제와 수용성 착체를 형성하는 연마 촉진제가 포함되고 Cu의 용출을 억제할 목적으로 방식제 등의 보호막 형성제가 포함된다. 지립(砥粒)은 보호막을 긁어 용출을 개시시키는 보조적인 역할을 담당, 양쪽의 밸런스를 조정한다. 일반적으로 산화제에 과황산암모늄(APS)을 사용하는 슬러리가 평탄화 특성에 우수하다고 알려져 있지만 연마 후에 여분의 Cu가 남기 쉽다는 점, APS가 분체라는 점, 슬러리에 첨가한 후의 연마 성능 안정성이 매우 악화된다는 점이 문제였다. 그에 비해 산화제에 과산화수소를 사용하는 타입의 슬러리는 Cu 잔류가 발생하기 힘들다는 점, 다루기 쉽다는 점이 장점이지만, 평탄화 특성이 떨어지는 경향이 있다. 그러나 최근에는 과산화수소 타입이라도 보호막 형성제를 연구함으로써 APS 타입과 동등한 평탄화 특성을 가진 것이 개발되었으며 그 취급의 용이성까지 포함하여 일정한 평가를 받아 시장으로 확대되고 있다. 평탄화 특성을 향상시킨 과산화수소 타입 슬러리의 일례를 그림 4-28에 나타낸다.

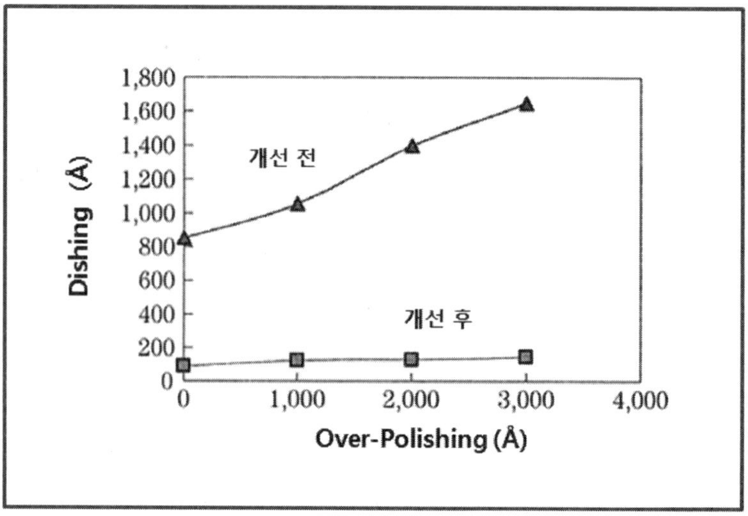

그림 4-28. 과산화수소 타입 Cu-CMP 슬러리에서 평탄화 특성 개선

이 슬러리에서는 보호막 형성제로서 복수의 첨가제를 병용하여 Cu막 표면에 강한 보호막을 형성하고 또한 지립을 최적화함으로써 보호막 제거성을 제어, 우수한 평탄화 특성을 얻는 데 성공했다. 또, Cu-CMP는 주로 화학적 작용으로 진행되기 때문에 다른 용도의 슬러리에 비해 지립의 농도를 낮게 설정할 수 있다. 때문에 비교적 슬러리의 농축화가 쉽고 농축 타입의 슬러리도 많이 존재한다. 특히 최근에는 우수한 평탄화 특성을 갖고 있으며 높은 희석 배율을 실현함에 따라 사용 시의 슬러리 코스트를 산화막 CMP 슬러리에 육박할 정도로 줄인 슬러리도 등장하는 등 고객으로부터의 저가화 요구에 대응하고 있다.

배리어(Barrier) CMP에서는 연마 대상물로서 배리어막, 절연막, Cu막의 3종류가 존재하므로 연마 구조는 더 복잡하다. 배리어막으로서 주로 사용되고 있는 Ta와 TaN은 표면의 산화에 의한 취약화와 지립에 의한 취약층 제거를 주체로 연마가 진행된다. 또 절연막은 물리적 작용을 주체로 연마가 진행된다. 한편, Cu에 관해서는 화학적인 작용을 주체로 연마가 진행된다. 연마 기구가 다른 이러한 재료 차이가 배리어 CMP 속에 재료 사이의 연마 속도 차이를 발생시키고, 평탄화를 곤란하게 하고 있다. 배리어 연마 후의 대표적인 평탄화 악화에는 EOE(Edge Over Erosion)와 과잉 연마가 있다. 관련 모습이 그림 4-29에 나타나 있다.

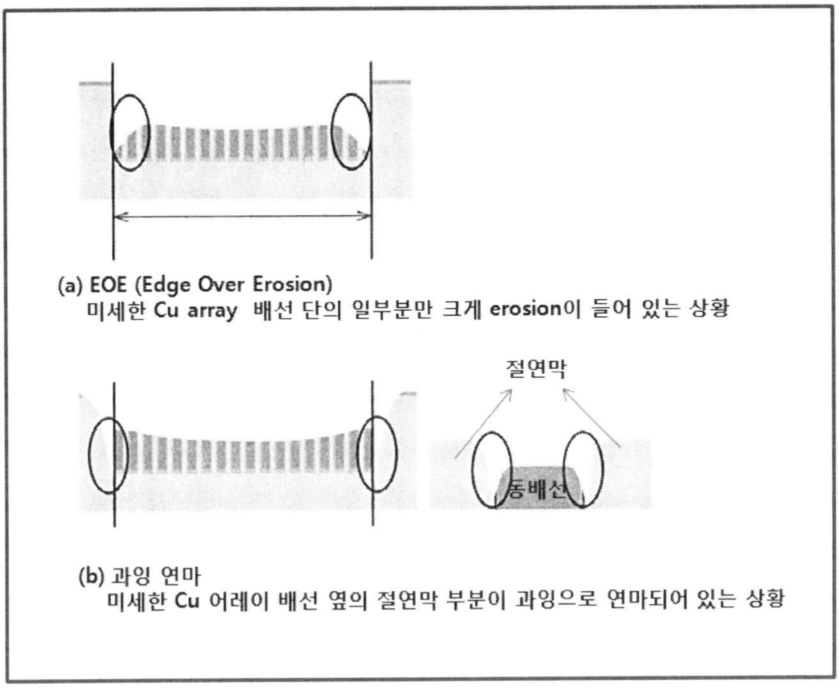

그림 4-29. 배리어(barrier) CMP 슬러리에서의 평탄화 악화 예

모두 이종 재료의 계면 부근에서 생기는 현상이며 이것을 해소하기 위해서는 각 막의 연마 속도를 맞출 뿐만 아니라 패턴 웨이퍼 상에서의 표면 상태를 제어해야 한다. 적절한 첨가제 선택에 의해 표면 상태를 제어하고 과잉 연마를 해소한 예를 그림 4-30에 나타내었다.

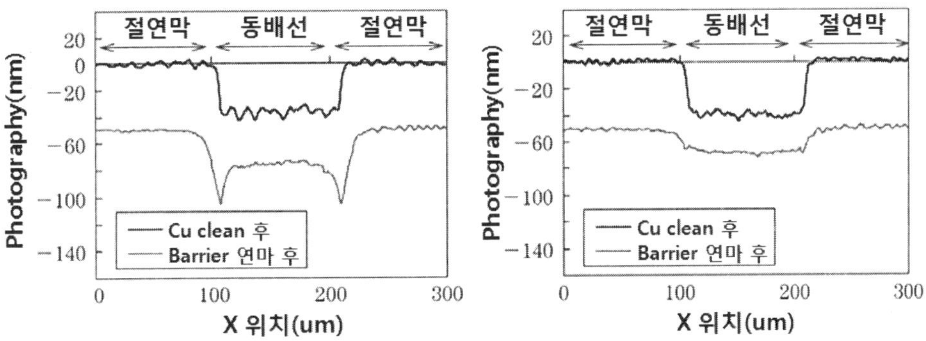

(a) 과잉 연마 개선 전 (b) 과잉 연마 개선 후

그림 4-30. 배리어(barrier) CMP 슬러리에서의 과잉 연마 개선 사례

또, 배리어 CMP에 관해서는 디바이스 메이커마다 사용하는 재료, 막 구조, 연마량 등이 다르며 다양한 요구가 존재한다. 동일한 디바이스 메이커라도 세대에 따라 사용되는 절연막 재료가 다른 경우도 있으며, 어떤 하나의 슬러리에 의해 모든 요구를 충족시키는 것이 힘든 상황이다. 이러한 점에서, 배리어 CMP 슬러리에서는 다양한 요구에 대한 최적의 연마 성능을, 조성 튜닝에 의해 제공할 수 있는 설계로 되어 있다는 것이 중요한 특성 요소이다.

연마 속도의 선택비를 튜닝한 실례를 그림 4-31에 나타낸다. 그림 4-31(a)에서는 과산화수소 첨가량을 제어함으로써 Cu막 및 Ta막과 다른 재료의 선택비를 조절하고 있다. 한편, 그림 4-31(b)에서는 슬러리 속의 첨가제 농도를 조정함으로써 Cu막과 Low-k막의 선택비를 제어할 수 있도록 하고 있다.

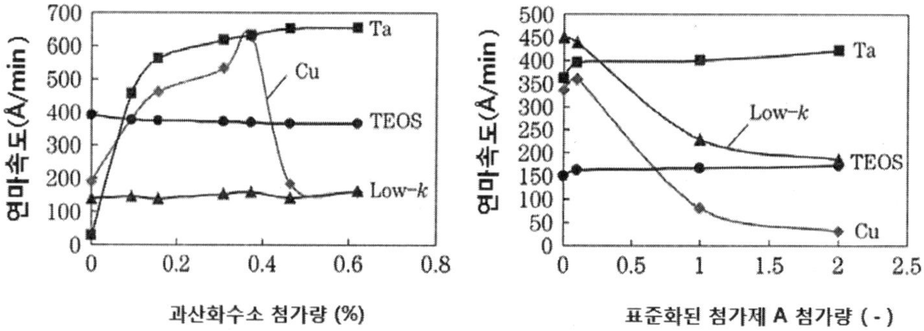

(a) 과산화수소에 의한 Cu 및 Ta의 선택비 제어 (b) 첨가제에 의한 Cu 및 Low-k 재료의 선택비 제어

그림 4-31. 배리어 CMP 슬러리에서의 선택비 튜닝 예

Low-k막에 관해서는 지금까지 재료 자체의 기계적 강도나 밀착성 문제에 의한 막 박리가 염려되어, 향후 CMP 프로세스는 극저압으로 실행되어야 한다는 방향성이 지적되어 왔다. 현재 지금까지 상정되었던 정도의 극저압이 필수는 아니지만 포러스(porus) Low-k막과 에어 갭(air gap) 등의 기술이 도입되면 더욱 낮은 연마 압력으로의 가공이 요구될 것이다. 또 배리어 CMP에서는 배리어막, 절연막을 연마하기 위해 지립 함유량이 많아지고 코스트가 높아지고 있는 경향이다. 이러한 문제에 대응하기 위해서는 물리적 작용에 의지하지 않고 배리어 CMP를 어떻게 가능하게 하는가가 과제일 것이다.

7.2 W-CMP

텅스텐(W) 플러그 형성 프로세스에 있어서 1990년대 후반부터 도입된 W-CMP는 기존의 드라이에칭에서 발생된 각각의 W플러그 내 리세스를 해소하는 데 성공했다. 그러나 거기에 이용된 슬러리는 W막의 연마 속도에 대해 절연막의 연마 속도를 억제한 높은 선택비 타입이라 불리는 슬러리가 주류를 이루고 있고, 그 연마 속도의 차이에 기인하여 W 플러그가 밀집되는 패턴에서 Erosion이라 불리는 오목 부분이 발생했다. 그림 4-32에 관련 보기가 있다.

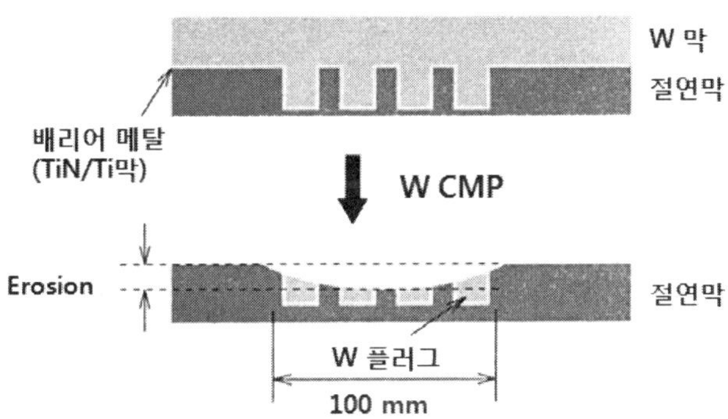

그림 4-32. W-CMP에서의 Erosion 보기

지금까지는 더욱 더 터치 업 연마(버프 연마)하여 평탄화 하는 등의 처리로 대응해 왔지만, 앞으로 더 미세화, 다층화됨에 따라 요구되는 성능을 충족시킬 수 있을지 염려하는 의견도 있어 erosion을 해소하는 슬러리가 강하게 요구되고 있다. 에로젼을 해소하는 수단으로는 절연막의 연마 속도를 극한까지 저하시킴으로써 W 플러그의 밀집부에서 절연막 과잉 연마를 방지하는 방법과 W막, 배리어막, 절연막의 연마 속도를 맞춤으로써 재료에 관계없이 균일하게 연마를 진행시켜 오목 부분의 발생을 방지하는 방법이 있다. 후자와 같은 수단을 선택하는 슬러리를 낮은 선택비 타입이라고 하며, 이 낮은 선택비 타입의 슬러리에 의해 에로젼을 해소할 수 있게 됐다. 단, 연마의 스토퍼가 되는 막이 없으므로 웨이퍼 면 내 균일성 확보가 특히 중요하다. 조성 부분에서 본 경우, W-CMP용 슬러리에 있어서 가장 특징적인 것은 산화제이다. W막 표면은 산화제에 의해 산화되어 취약해지고 그것이 지립에 의해 기계적으로 제거되어 연마가 진행된다고 생각된다. 특히 W-CMP에서는 화학적으로 안정적인 W의 표면을 산화시키기 위해 높은 산화력이 필요하므로 그 산화제 선택이 W-CMP용 슬러리의 특성을 결정한다고 할 수 있다. 또 높은 선택비 타입, 낮은 선택비 타입 슬러리 모두 다른 재료의 연마 속도를 원하는 값으로 제어할 필요가 있으므로 각 재료에서의 연마 기구를 파악하여 연마 속도를 제어하는 기술이 필요하다. 이러한 기술을 적용하여 W-CMP에서 erosion을 해소한 예를 그림 4-33에 나타내었다.

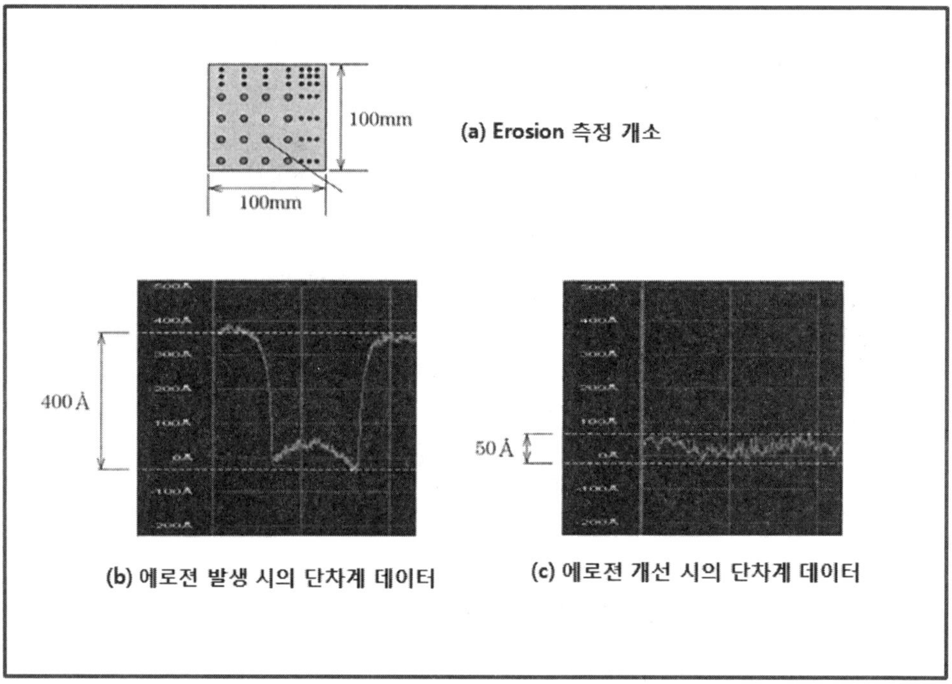

그림 4-33. W-CMP 슬러리에서의 Erosion 개선 예

7.3 산화막 CMP 슬러리

산화막(SiO_2) CMP 슬러리에 지립으로 사용되는 실리카로서는 퓸드 실리카(Fumed Silica)가 널리 이용되고 있다. 퓸드 실리카는 사염화규소($SiCl_4$)를 원료로 하여 기상 중에서의 반응에 의해 합성된다. 연마 대상물인 실리콘 산화막(화학적 성분은 실리카와 같은 이산화규소)은 가수분해반응에 의해 표면 근처에 연질층을 형성한다. 이 가수분해반응은 pH가 높을수록 촉진되므로 산화막용 CMP 슬러리는 수산화칼륨 또는 암모니아수에서 높은 pH로 조정된 것이 대부분이다. 가수분해반응으로 형성된 연질층은 지립에 의한 기계적 작용에 의해 제거된다. 이것이 반복 실행되어 연마가 진행된다. 산화막용 CMP 슬러리는 비교적 역사가 긴 슬러리이고 기술적으로는 어느 정도 완성된 슬러리라고 할 수 있지만 과제도 있다. 예를 들어 연마 후에 웨이퍼 표면에 존재하는 Defect는 반도체 디바이스의 미세화와 함께 저감이 더욱 강하게 요구된다. 이 과제에

대해 슬러리 조성면에서 접근한 일례가 그림 4-34에 나타나 있다.

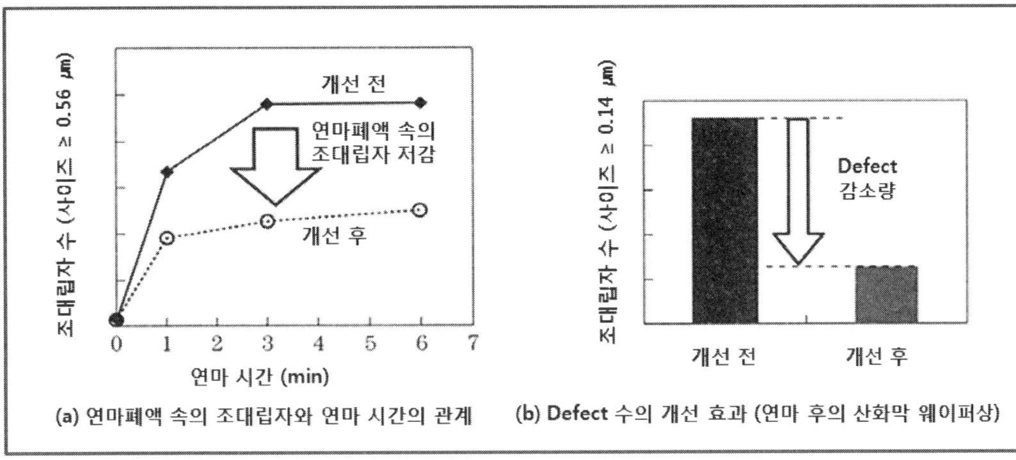

그림 4-34. 산화막 CMP 슬러리에서 연마폐액 속의 조대립자 저감에 의한 Defect 개선 예
(연마 대상물 : 산화막 웨이퍼, 지립 : 흄드 실리카)

연마 중에 발생하는 조대립자가 웨이퍼 표면 디펙트의 원인이 되는 경우가 있다. 그림 4-34(a)에 연마폐액 속의 조대립자 수와 연마 시간과의 관계를 나타낸다. 그림 4-34(a)의 세로 축은 연마폐액 속의 조대립자(크기 0.56㎛ 이상)를 Particle 카운터(Accusizer 780A, Particle Sizing System社제)로 계수한 결과이다. 연마시간과 함께 연마폐액 속의 조대립자가 증가하고 있으며 이것은 연마 속에 발생하고 있다고 생각된다[그림 4-34(a) 개선 전]. 이 조대립자의 발생 원인은 ① 연마에 의해 발생하는 연마 부스러기, ② 연마 시 응집하는 지립(웨이퍼/패드 상대 운동에 의해 양측에 좁아진 슬러리층으로 전단력이 걸리므로)의 두 가지라고 생각된다. 전부 지립 표면에서 발생하는 계면 현상이라 생각되므로 지립 표면에 적절한 화합물을 작용시켜 연마 중에 발생하는 조대립자 저감을 시도했다. 여러 가지 검토한 결과, 어떤 화합물을 작용시켰더니 연마폐액 속의 조대립자를 저감할 수 있었다[그림 4-34(b) 개선 후]. 또한 이 슬러리에서 산화막을 연마했더니 연마 후 표면의 Defect 수가 저감됐다[그림 4-34(a)]. 이상은 일례이지만, 조성면에서 산화막용 CMP 슬러리의 Defect를 더욱 저감할 수 있을 것이라 생각된다.

참고문헌

[1] Irving J. Bigio, et al., Proc. SPIE, 1810, 405 (1993).
[2] Seok-Kyun Kim, et al., Proc. SPIE, 4000, 435 (2000).
[3] Hakaru Mizoguchi, et al., Proc. SPIE, 4404, 305 (2001).
[4] Yung-Tin Chen and Steve Radigan, Proc. SPIE, 5377, 997 (2004).
[5] Soichi Owa, et al., Proc. of SPIE, 5040, 724 (2003).
[6] Burn J. Lin, et al., Proc. of SPIE, 5377, 46 (2004).
[7] K. Ronse, et al,, Proc. SPIE, 5835, 6 (2005).
[8] J. Microlithogr, et al., Microfabrication, Microsyst, 3, 104 (2004).
[9] Proceedings of SPIE Vol. 5753 78, (2005).
[10] Interdiffusion effects in optical multilayer thinfilms, Hankook Kwanghak Hoeji, 9, 5 (1998).
[11] AMK, Method of etching organic antireflection coating(ARC) layers, 2001.
[12] S. T. Kim, Donguhwainkem Research and development eastern exposure of photoresist for semiconductor, 2004.
[13] Seoul National University Semiconductor Processes In ULSI era, 2000.
[14] Sungkyunkwan Univ., Dept. of Chem. Eng.Long-Term Surface Passivation of III-V Compound Semiconductor.
[15] Chonbuk National University Etching Technology of Semiconductor Materials in High Density Plasmas.
[16] High-Performance Organic Thin Film Transistors via Interfacial Engineering.
[17] H. C. Yang, S. Park, D. H. Kim, K. S. Oh, S. Magonov, T. H. Chang, Zehnan Bao, C. Y. Ryu, and K. Cho, Polymer Preprints, 34, 3056 (2003).
[18] M. K. Ghosh and K. L. Mittal, Ed., Polyimide; fundameantals and applications, Macel Dekker, New York, 1996.
[19] L. P. Buchwalter and R. H. Lacombe, J. Adhesion Sci. Technology, 2, 463 (1988).
[20] L. P. Buchwalter, T. S. Oh, and J. Kim, J. Adhesion Sci. Technology, 5, 333 (1991).
[21] L. P. Buchwalter and R. H. Lacombe, in Silanes and Others Coupling Agents, VSP The Netherlands, pp 401~409 (1992).
[22] L. P. Buchwalter, J. Adhesion Sci. Technol., 4, 697 (1990).
[23] W. J. van Ooij, in Physicochemical Aspects of Polymer Surface, K. L. Mittal, Ed., Vol. 2 Plenum Press, New York, pp 1035~1091(1983).
[24] H. R Brown, A. C. M. Yang, T. P. Russel, W. Volksen, and E. J. Kramer, Polymer, 29, 1807(1988).

제5장

ESD Chuck

1. 정전기(Electrostatic Charge)
2. 척(Chuck)
3. 정전 척(ESC)

1. 정전기(Electrostatic Charge)

1.1 정전기 현상

분자나 원자로 구성되어 있는 물질을 다른 물질과 마찰시키면 약한 전자는 자유전자가 되어 다른 물질로 옮겨간다. 전자를 잃은 분자나 원자는 Plus(+)로 대전되고 전자를 얻은 물질은 Negative(-)로 대전된다. 그러나 생성된 전하는 흐름이 없고 생성된 곳에 그대로 머물러 있다. 이는 한 쪽에 양전하를 만들면 다른 한쪽에 음전하가 생성되어 이들 간의 전기적인 힘을 이용할 수 있음을 의미한다.

1.2 정전기의 응용

정전기는 이익 보다는 해가 되는 이미지를 가지고 있으나 반면에 정전기를 이용하면 산업적으로 매우 유용하게 쓰고 있다. 응용의 사례는 다음과 같다.

① 사포나 돌가루를 종이나 필름에 일시적으로 붙여서 코팅효과를 높인다.(균일하게 접착성 가루를 도포 가능)
② 패키징할 때 사발면 같은 경우는 수축필름을 사용하는데 정전기를 이용하면 잘 흡착이 되어 열선으로 봉합하면 안정하고, 수축필름을 절약할 수 있다.
③ 플라스틱 사출물에 이름을 붙일 때 PET 라벨을 붙이는데 그럴 때 정전기를 일으켜서 라벨을 플라스틱사출물에 일시적으로 붙이고 열을 가해서 편리하게 붙인다.
④ 라미네이팅이나 합지하는 경우 흡착력을 높여준다.
⑤ 정전기를 도장할 때 사용하면 구석구석 얇게 도포시키는 효과가 있다.
⑥ 핸드폰 BLU 조립할 때 요즘 터치폰들이 액정이 커서 확산필름이 커지면서 롤로 감겨온 확산필름이 구부러진 경우 정전기를 이용하여서 조립을 쉽게 한다.
⑦ CD를 책자에 포장할 때도 책자 위에서 움직이지 않도록 하는 방법으로 사용한다.
⑧ 롤에 필름을 감을 때 주로 최초 시도 감기는 부분에 테이프를 붙여서 시작하는데 정전기로 자동화를 구성할 수 있다.
⑨ 요즘 반도체나 전자 필름이나 시트를 에어(air)로 흡입해서 잡아주는 장비가 많은데 정전기로 대치되고 있다.
⑩ 이물질을 분리시킬 때도 정전기 발생기 이용, 또는 선별과정에서 사용한다.
⑪ DVD를 만들 때 흡착력을 높인다.

⑫ 샤링기계 특히 스텐레스 코일을 자를 때 서로 부딪혀서 긁힘 현상 때문에 간지를 부착시킬 때 유용하게 사용된다.
⑬ 주사위를 정전기로 원하는 숫자를 붙게 만들 때 사용한다.
⑭ 복사기의 토너 입자를 이동시키는데 사용된다.
⑮ 현재 가장 유용하게 사용되는 곳은 정전기형 터치 판넬에 사용된다.
⑯ 이 장에서 다루어질 장비의 척 제작에 매우 유용하게 활용된다.

2. 척(Chuck)

2.1 척(Chuck)의 기능과 종류

잡아 주는 장치로 크게 ESC(Electrostatic Chuck, 정전 척) Type과 Mechanical Type(M-척)으로 구분된다. M-척은 기구적으로 wafer을 누르기 때문에 파티클(particle) 및 wafer 에지(edge)부를 손상하게 한다. 결국 이 부분을 보호하기 위하여 패턴형성을 하지 않는다. 이는 wafer를 전체 사용하지 못해 비효율적이다. 반면 정전기력을 이용한 정전 척은 전면을 사용할 수 있다. 그림 5-1에 그 구조가 나타나 있다.

Mechanical Type Chuck　　　　ESC(정전 척)

그림 5-1. ESC(Electrostatic Chuck, 정전 척) Type과 Mechanical Type(M-척) 구조

2.2 M-척의 특징

① wafer 윗면 에지(Edge)에 기구적인 접촉이 필요하다. 이를 clamp라 부른다.
② 웨이퍼 전면이 clamp의 균일한 힘의 균형을 얻기 어려워 온도조절이 어렵다.
③ Clamp의 누름으로 인해 파티클이 wafer에 남게 되거나 열팽창에 의한 wafer의 깨짐 현상이 발생한다. 이는 유리 기판을 사용하는 LCD 공정에서는 매우 심각한 문제로 대두된다. 결국 이런 문제점을 보완하기 위해서 정전 척의 도입이 시작됐다.

3. 정전 척(ESC)

3.1 개요

정전 척(Electrostatic Chuck)은 반도체 및 LCD 제조장비의 진공 챔버 내부에 기판이 놓이는 곳으로 정전기의 힘을 사용, 기판을 하부전극에 고정시켜주는 기능을 한다. LCD 유리기판에 회로를 설계하고 남은 찌꺼기를 제거하는 식각장비(etcher)에는 LCD 유리기판을 수평하게 지지하고 온도를 균일하게 유지시켜주는 하부전극이 있다. 하지만 LCD 원판이 점점 대형화 되어감에 따라 챔버 내부에서 유리기판을 수평하게 유지하기가 어려워지고 있다. 이에 따라 정전 척은 하부전극에서 정전기를 발생시켜 기판과 하부전극의 간격을 일정하게 유지, 기판을 수평상태로 고정시켜준다. 반도체 공정용 정전척도 같은 원리를 통해 웨이퍼를 수평상태로 고정시켜주는 역할을 한다.

정전 척(ElectroStatic Chuck)이란 정전기적인 힘(Electrostatic force)을 이용하여 wafer를 고정하는 장치로써 기계적 척(mechanical chuck)에서의 wafer와 clamp의 접촉에 의한 입자오염 문제가 없고 진공분위기에서만 사용될 수 있는 진공 척(vacuum chuck)과 달리 분위기에 상관없이 사용될 수 있다.

3.2 정전 척의 원리와 종류

(가) 정전 척 원리

정전 척이 wafer를 고정시키는 힘은 평판형 축전지(capacitor)에서의 하전된 평판간에 발생하는 인력(attratction)에 근원을 두고 있으며 반도체 공정상에서 wafer를 냉각시키기 위해 wafer 뒷면에 He를 불어 주는데 정전 척의 clamping 압력이 He의 압력을 지탱하기 충분해야 하며, 이 압력 값의 개략적인 범위는 0.7~2.0 Pa이다.

(나) 정전 척의 종류

정전 척은 일반적으로 전극의 개수에 따라 Monopolar(unipolar)와 Bipolar Type, Tri-polar Type으로 구분된다. 또한 유전층 저항률의 크기에 따라 columb과 Jonsen-Rahbek(J-R) Type으로 나뉜다.

(1) Monopolar 정전 척

Monopolar 정전 척은 아래의 전극으로 금속 전도판, 전극 위에 coating된 유전층(Dielectric layer), 반대쪽 전극판의 역할을 하는 wafer로 구성되어 있어 평판형 축전지와 동일한 형태를 하고 있다. Momopolar 정전 척에서 회로가 완성되기 위해서는 wafer로의 전기적인 연결이 이루어져야 하기 때문에 Plasma가 먼저 생성된 후에 wafer backside로 He이 투입된다. 그림 5-2는 Monopolar 정전 척의 모식도와 회로도를 나타내고 있으며 Clamping 힘은 다음과 같이 주어진다.

$$F = (A/2)\varepsilon\ (V/D)2$$

여기서, ε 는 유전 coating의 유전상수, A는 전도판의 면적, V는 인가되는 전압, D는 평판간의 거리이다.

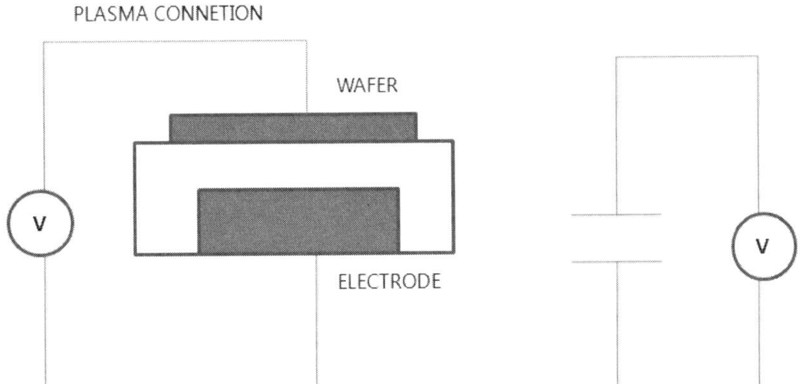

그림 5-2. Monopolar 정전 척의 모식도와 회로도

(2) Bipolar ESC

Bipolar ESC는 두 전극이 절연층에 의하여 wafer와 분리된 형태로써 전압이 두 전극에 분리되어 걸리고, 정전기 인력은 각 극에서 wafer와 전극 사이에 형성된다. Bipolar ESC의 가장 큰 특징은 wafer가 회로의 구성요소가 아니기 때문에 Plasma를 전기적 연결의 매개체로 사용하지 않는다는 것이다. 따라서 wafer에 순전하(Net charge)가 0으로 유지되기 때문에 Monopolar ESC에서 발생하는 전자축적의 문제점은 없다.

Bipolar ESC는 축전지를 직렬로 연결한 경우와 같으며 이 경우의 clamping 힘은 다음과 같이 주어진다.

$$F = (A/8)\varepsilon\ (V/D)2$$

여기서, ε 는 유전 coating의 유전상수, A는 전도판의 면적, V는 인가되는 전압, D는 평판간의 거리이다.

wafer의 면적과 전극면적이 동일한 경우, 가해진 전압이 두 전극으로 분리되는 조건에 의해서 위 식은 다음과 같이 간소화될 수 있다. 옆 식에 의하면 가해지는 전압과 유전상수가 동일한 경우 Bipolar ESC는 Monopolar ESC의 clamping힘의 1/4에 불과함을 알 수 있다. 또한 전극이 하나의 블록이 아니라 한 전극이 다른 전극 내에 포함된 복잡한 형태이기 때문에 제조공정이 매우 까다로운 단점이 있다. 그림 5-3에 Bipolar 정전 척의 모식도와 회로도를 나타나있다.

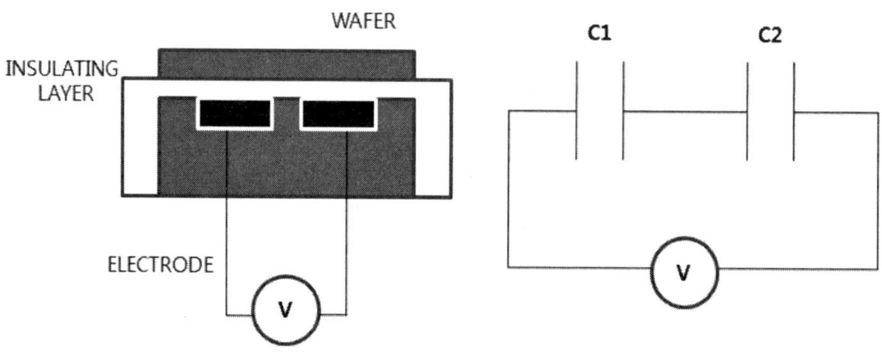

그림 5-3. Bipolar 정전 척의 모식도와 회로도

(3) Tri-polar ECS

전극 P1, P2와 wafer간의 전위차를 항상 균등하게 유지할 수 있다.

Wwp1 = - Wwp2

전극 P3와 직류 바이어스를 연결시켜 주는 안테나가 필요하다. 이때 Clamp에 작용하는 힘은 다음과 같다.

F = (A/8)ε (V/D)2

여기서, ε 는 유전 coating의 유전상수, A는 전도판의 면적, V는 인가되는 전압, D는 평판간의 거리이다. 그림 5-4에 Tri-polar 정전 척의 모식도와 회로도를 나타나있다.

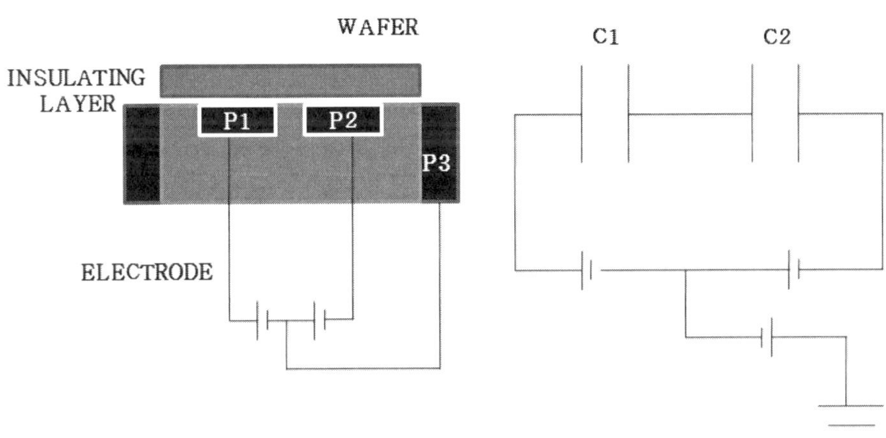

그림 5-4. Tri-polar 정전 척의 모식도와 회로도

(4) Jonsen-Rahbek(J-R) ESC

J-R ESC는 전극과 wafer 사이에 반도체를 사용한다. 또한 절연체 두께가 매우 작다. Dielectric material이 가스이므로 유전상수가 유일하다. High Clamp force를 갖으며 J-R 척은 평탄도 뿐만 아니라 두꺼운 Coating을 사용하기 때문에 Breakdown에 Critical하지 않다. Clamp force ramp up timing은 누설전류(leakage current)에 의존한다. 그림 5-5에 J-R 정전 척의 모식도와 회로도를 나타나있다.

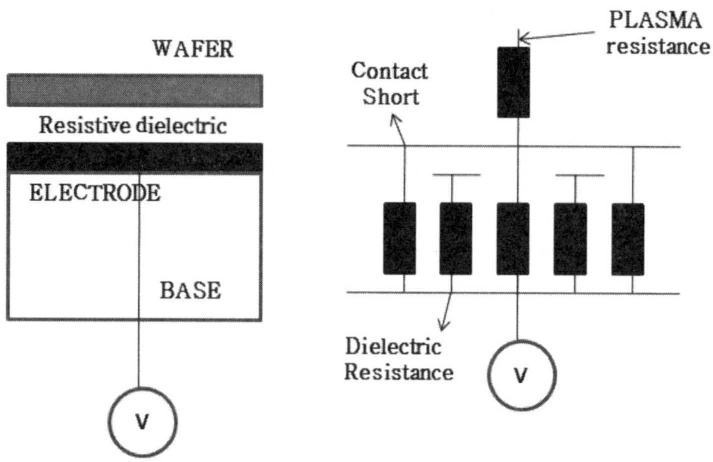

그림 5-5. J-R 정전 척의 모식도와 회로도

3.3 척 재료

정전 척(ElectroStatic Chuck)은 반도체 장비 내에서 정전력을 이용해 웨이퍼와 직접 접촉하지 않고 웨이퍼를 착탈할 수 있는 핵심 부품이다. Dry Etcher(건식 식각장비)의 Process Chamber(공정 챔버) 내 1개씩 필요로 하며, 3~6개월간 사용한 후 교체해야하는 소모품 부품이다.

정전척은 크게 3종류로 분류되는데, 1) Anodizing Type 2) Polyimide Type 그리고 3) Ceramic Type 등이다. 반도체 업체들의 ESC 탑재 추이는 과거 Anodizing ESC (Johnsen-Rahbeck Force 이용), Polyimide(Coulomb Force 이용)에서 최근 Ceramic ESC(AlN 이용) 순이다. AlN을 사용하는 것은 AlN이 Plasma에 강하기 때문에 ESC의 부품 자체의 식각을 막아주고, 열전도율이 높고 온도 균일성(Uniformity)이 우수하기 때문이다. 단가는 Polyimide ESC, Ceramic ESC는 AlN을 이용한 세라믹 ESC 보다 고가이다. 각 재질에 다른 사용처와 특징을 표 5-1에 요약하였다.

표 5-1. 재료별 ESC에 대한 사용처

구분	Polyimide ESC	Anodizing ESC	APS Coating ESC	Ceramic ESC
적용분야	반도체 디스플레이	반도체	반도체 디스플레이	반도체 LED
적용 소재	UPILEX KAPTON	양극 산화 (황산)	세라믹 플라즈마 코팅	알루미나, 질화알루미늄
장점	대면적	낮은 가격	대면적 내플라즈마성	높은 내플라즈마성
사용기간 (수명)	보통	보통	긴 수명	매우 긴 수명
척(Chuck) 모드	쿨롱	존슨-라벡	쿨롱	쿨롱 또는 존슨-라벡
열 전달	낮음	중간	높음	매우 높음
체적저항 (유전체)	매우 높음	낮음	보통	높음
유전체 두께	25 ~ 125 ㎛	50 ㎛	100 ~ 300 ㎛	300 ~ 1,000 ㎛

정전 척의 역할은 다음과 같다. 공정 챔버로 이송된 Wafer는 정전 척 위에 놓이게 된다. 정전 척의 역할은 1) 공정 진행 동안 Wafer를 정지시키고(기존의 Clamp Ring 역할), 2) Wafer의 온도를 일정하게 유지 및 온도 분포를 균일하게 한다. 3) RF를 인가함으로써 챔버 내에 Plasma를 생성시키고, 4) Ion을 Wafer 상으로 끌어 들여 식각 반응을 일으키게 한다.

이론 열전도도가 320 W/mK에 달하는 질화알루미늄(AlN)은 고열전도를 가지는 대표적인 세라믹 소재로 반도체 생산공정의 다양한 분야에서 주목받고 있다. 특히 AlN 소재는 열팽창계수가 실리콘과 유사하고 할로겐 플라즈마에 대하여 높은 저항성을 보여주기 때문에 반도체 공정장비용 소재로서 응용이 확대되고 있다. 최근에는 반도체 소자의 선폭이 수십 nm 이하로 줄어드는 이유 때문에 증착 및 식각공정에서 신속한 승온, 냉각과 더불어 웨이퍼의 온도를 위치에 따라 균일하게 제어하는 것이 장비용 소재의 핵심요소가 되고 있다. 또한 LCD와 Silicon wafer process에서 연구진행중인 대면적 450 mm 실리콘 웨이퍼의 도입으로 인해 웨이퍼상에서 온도 균일도를 확보하는 것이 매우 중요한 이슈가 되고 있다. 그림 5-6은 AlN 소재가 사용되는 대표적인 반도체 장비용 부품을 보여주고 있다. AlN 소재가 히터와 정전척에 사용되는 경우 웨이퍼의 균일한 온도분포를 확보하기 위하여 소재의 높은 열전도도가 요구된다. 동시에 웨이퍼 착탈에 필요한 고전압을 내부전극에 인가하기 때문에 AlN 유전층의 전기적 특성을 제어하는 것이 필요하다. 한편 고열전도도인 AlN 소재가 CVD 장치의 가스노즐에 적용될 경우 CVD 공정챔버에 투입되는 반응성가스의 활성도를 증가시킬 수 있기 때문에 노즐용 소재로 AlN 소재의 채용이 확대되고 있다. 이외에도 AlN 소재의 우수한 내플라즈마성을 활용하여 링, 플레이트 등과 같은 장비용 내부 부품으로도 AlN이 널리 사용되고 있다.

그림 5-6. AlN 소재가 사용되는 대표적인 반도체 장비용 부품

현재 반도체 산업에서 상용으로 사용되는 대부분의 AlN 원료소재는 Al_2O_3 전구체를 질소분위기에서 carbothermal reduction 공정을 통하여 처리하여 제조되고 있다. Carbothermal reduction 공정을 간단히 나타내면 다음과 같다.

$$Al_2O_3(s) + 3C(s) + N_2(g) \rightarrow 2AlN(s) + 3CO(g)$$

상기의 공정을 통하여 AlN 분말을 제조하게 되는 경우 잔류하는 탄소량을 적절히 제어하면서도 전구체의 산소량을 완전히 제거하기 어려운 문제가 있다. 따라서 상용 고품질 AlN 분말은 약 0.8 wt% 이상의 산소를 포함하고 있으며 이 산소는 AlN 분말의 표면뿐만 아니라 AlN 분말의 내부에도 존재하게 된다.

잔존하는 산소는 AlN 격자 내에 높은 농도의 점결함을 생성하고 이것이 AlN의 열전도도 및 전기전도도에 주요한 영향을 미치게 된다. AlN 분말에 포함된 산소는 Y_2O_3 등과 같은 소결조제와 반응하여 치밀화를 촉진시키는데 중요한 역할을 한다. 예를 들어 0.85 wt%의 산소는 약 1.8 wt%에 해당하는 Al_2O_3의 역할을 할 수 있다. 따라서 분말 공정중의 AlN 분말의 추가적인 산화를 배제한다면, AlN 소결과정의 액상형성 온도가 Y_2O_3 소결조제의 함량에 따라 크게 달라지게 된다. 그림 5-7에서와 같이 1 wt%의 Y_2O_3 소결조제가 첨가된 경우 소결과정 중의 액상형성 온도가 1760 ℃가 되는 반면에 5 wt%가 첨가된 경우 1875 ℃ 이상이 된다. 따라서 소결조제의 함량에 따라 소결조건이 크게 달라질 뿐만 아니라 그에 따른 미세구조 또한 크게 변화하게 된다.

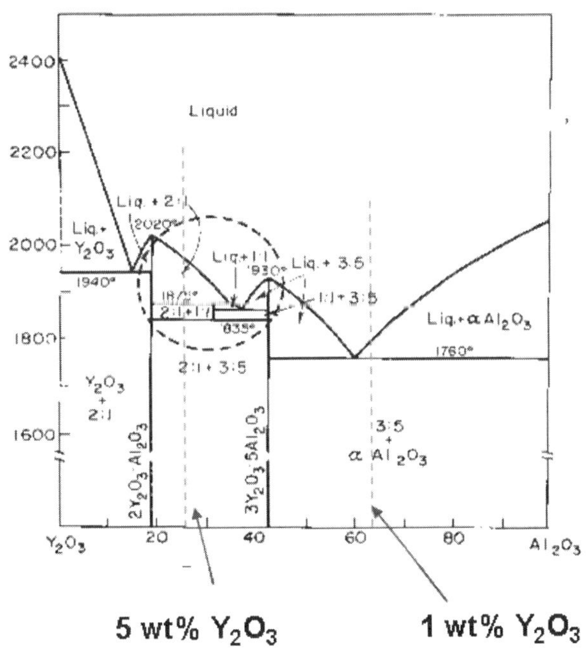

그림 5-7. Al_2O_3-Y_2O_3 상태도와 Y_2O_3 첨가양에 따른 소결조제의 가상적 조성위치

(가) AlN 소재의 고열전도도화

AlN 소재의 열전도도는 크게 두 가지 요소로 결정된다. 하나는 높은 열전도도를 가지는 AlN 결정입자이며, 다른 하나는 소결 조제와 반응하여 생성된 낮은 열전도도를

가지는 이차상이다. AlN의 소결과정에서 소결 조제는 AlN 입자의 Al_2O_3와 결합하여 산화물계 이차상을 형성함으로써 AlN 격자 내의 산소에 기인한 결함을 줄이고 AlN 입자의 열전도도를 향상시킨다. 그러나 입계에 형성된 이차상은 그 자체로서 낮은 열전도도를 가지고 있기 때문에 소결체 전체의 열전도도를 낮추는 역할 또한 하게 된다. 따라서 고열전도도를 달성하려면 AlN 결정립의 열전도도를 높이면서도, 낮은 열전도도를 갖는 이차상을 줄이거나 제어하는 방법이 필요하다. AlN 입자자체의 주요한 결함으로는 질소 원자 자리에 산소가 치환된 점결함, 알루미늄자리의 공공, 그리고 두 결함의 복합체 등이 있으며 추가로 Si, C와 같은 AlN 입자 내에 고용이 이루어지는 불순물을 들 수 있다. 실험적으로 AlN 격자 내의 산소 농도에 따라 이러한 결함의 다양한 형태가 보고되고 있다.[1-5] 이러한 AlN 격자 내에 결함은 격자 내의 열을 전달하는 포논을 산란시켜 AlN 결정립의 열전도도를 감소시킴으로 고순도 원료의 사용, 소결조제의 사용으로 인한 산소의 제거 등이 필요하게 된다. 그러나 소결조제의 과도한 사용은 오히려 소결체의 열전도도를 낮추는 역할을 한다. 소결조제의 양이 많아질수록 AlN 결정 입자의 열전도도는 높아지지만 낮은 열전도도를 갖는 이차상이 많이 형성됨으로 소결조제의 양에 따라 열전도도가 증가하였다가 감소하는 경향이 나타난다. 그림 5-8에 Y_2O_3를 소결조제로 사용한 AlN 세라믹스에서 소결조제의 양에 따라 생성된 이차상의 부피 분율에 따른 열전도도의 변화를 나타내었다.[6]

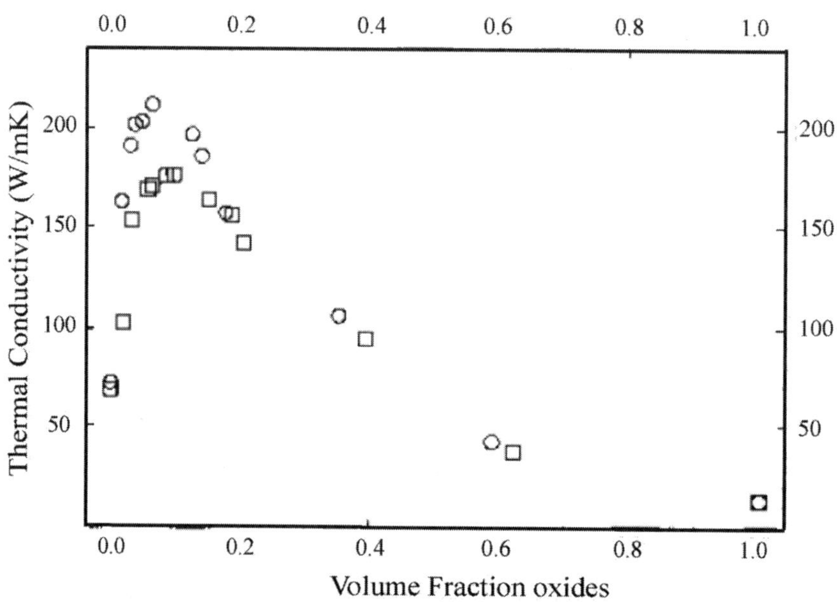

그림 5-8. AlN에서 이차상의 부피 분율에 따른 열전도도 (1850℃, □100분 ○1000분)

고열전도도를 얻기 위하여 이차상의 양뿐만 아니라 이차상의 형상을 조절하는 연구도 이루어졌다. Y_2O_3를 소결조제로 사용하여 1900 ℃에서 2시간 소결한 AlN 시편을 60℃/min의 빠른 속도로 냉각하면 이차상이 서로 연결되는 미세구조가 나타난다. 하지만 3 ℃/min의 느린 속도로 냉각하면 이차상이 결정립 모서리에 고립되는 미세구조가 나타난다. 이는 고상-액상 계면 에너지와 고상-고상 계면 에너지의 온도에 따른 변화에 의하여 이차상의 이면각이 달라지는 현상을 이용한 것이다. 그림 5-9는 이차상이 서로 연결된 미세구조와 이차상이결정립의 모서리에 고립된 미세구조를 나타내었다. 또한 소결조제로 사용한 Y_2O_3의 양에 따른 AlN 소재의 열전도도를 그림 5-9의 (c)에 나타내었다.

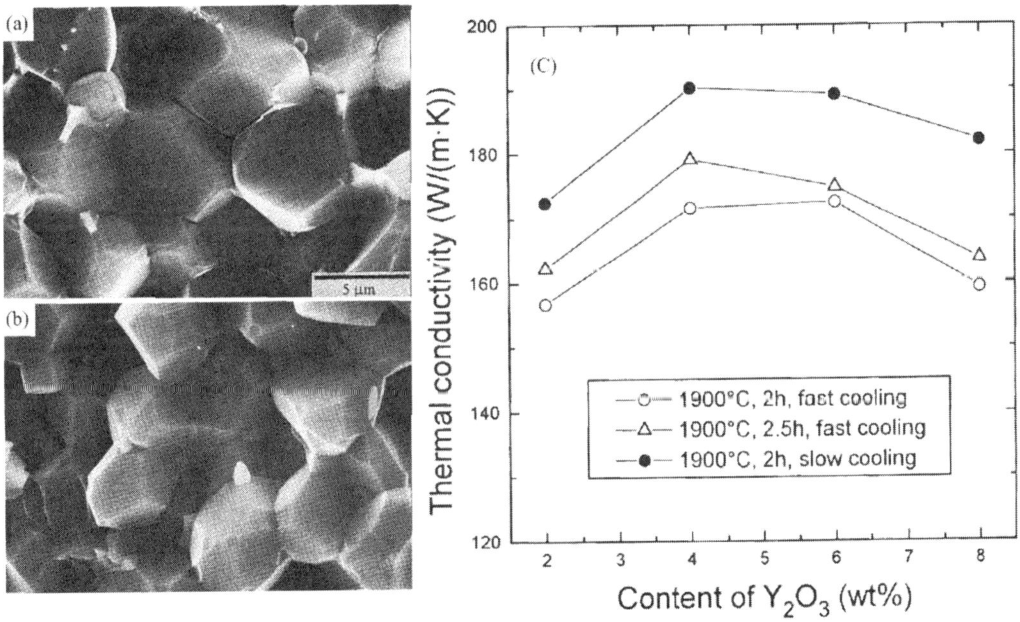

그림 5-9. AlN 시편의 SEM 미세구조 사진: (a) 이차상이 서로 연결된 구조 (b) 이차상이 결정립 모서리에 고립된 구조, (c) 각 미세구조별 소결조제의 양에 따른 열전도도

1900 ℃에서 2시간 소결한 후 빠르게 냉각한 시편은 소결조제의 양에 따라 150~170 W/mK의 열전도도를 나타내는데 비하여 같은 조건으로 소결한 후 천천히 냉각하여 이차상이 고립된 미세구조를 갖는 AlN은 170~190W/mK의 높은 열전도도를 나타내었다. 이는 이차상의 형상이 AlN 세라믹스의 열전도도에 큰 영향을 끼치는 것을 잘 보여주고 있다. AlN 세라믹스에서 장시간 열처리 공정을 통해 이차상을 제거함으로써

고열전도도를 달성하는 연구가 많이 진행되어 왔다. 환원 분위기 혹은 질소 분위기에서의 장시간 열처리는 AlN 격자 내의 산소 농도를 낮추어 열전도도를 높이며, 이차상 또는 입계에 존재하는 비정질의 필름을 제거하여 매우 높은 열전도도를 가능하게 한다. Ichinose는 Y_2O_3 소결조제를 이용하여 소결한 AlN 시편을 탄소환원 분위기에서 장시간 열처리하여 고열전도도 AlN 세라믹스를 제조하였다.[7-8] 1800 ℃에서 1시간 소결한 AlN 시편의 열전도도는 약 155 W/mK를 나타내었으며, 이 시편을 1600 ℃에서 환원 탄소 가스 분위기로 최대 64시간 동안 열처리 하여 250 W/mK의 열전도도를 얻었다. Nakano 등은 Y_2O_3를 소결조제로 질소분위기의 1800 ℃에서 1시간 소결한 AlN 세라믹스를 질소분위기의 1900 ℃에서 20시간, 100시간 열처리하였다.[9] 열처리시간이 늘어날수록 이차상의 양이 줄어들고 100시간 열처리한 시편의 경우 이차상을 찾아볼 수 없었다. 또한 입계에 존재하는 비정질 필름의 두께도 열처리 시간이 늘어남에 따라 감소하는 결과를 보여주었다. 동시에 AlN 결정립의 산소 농도는 열처리 시간이 늘어남에 따라 큰 폭으로 감소함을 관측했다. 그러나 장시간 후열처리 공정을 활용한 고열전도도 세라믹스를 제조하는 방법은 경제성에는 많은 문제점을 가지고 있기 때문에 경제적인 새로운 방법의 개발이 필요한 실정이다. AlN 세라믹의 열전도도를 효과적으로 향상시키기 위하여 소결조제의 크기 효과에 대한 연구가 이루어졌다. 소결조제는 AlN 세라믹스의 소결에 주로 사용되는 Y_2O_3 분말을 사용하였으며, 사용한 Y_2O_3 분말을 그림 5-10의 (a), (b)에 나타내었다. 그림 5-10의 (a) 분말은 상용 Y_2O_3 분말로 판상형태의 1~10 um의 크기를 가지고 있으며 (b) 분말은 나노 Y_2O_3 분말로 구상형태의 5~10 nm 크기를 나타내었다. 실험에 사용된 AlN 분말의 크기는 약 200~500nm 정도로 AlN 분말을 소결조제와 혼합하였을 때, 나노 Y_2O_3 분말은 AlN 분말 사이에 고루 퍼져 있는 형태를 가지나, 상용 Y_2O_3 분말을 사용한 경우 큰 덩어리의 Y_2O_3 분말 사이에 AlN 분말이 붙어 있는 형태를 나타내었다. 1~7 wt%의 Y_2O_3 소결조제와 혼합한 AlN 분말을 질소 분위기에서 1900 ℃에서 3시간 동안 소결하여 미세구조와 열전도도를 측정하였다.

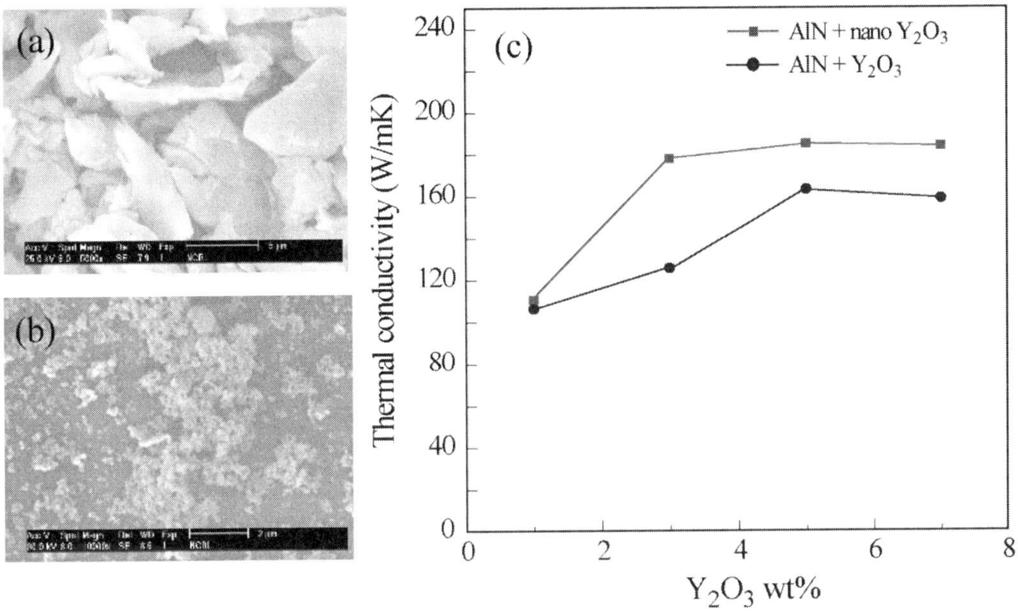

그림 5-10. 소결조제로 사용한 Y_2O_3 분말의 주사전자현미경사진 (a) 상용 Y_2O_3 분말, (b) 나노 Y_2O_3 분말, (c) 각 조건에서 소결한 AlN 세라믹스의 열전도도

나노 Y_2O_3 분말을 사용한 AlN 시편의 경우 이차상이 AlN 결정립 주위에 고르게 퍼져있으나, 상용 Y_2O_3 분말을 사용한 시편은 이차상이 부분적으로 뭉쳐있는 형태를 보였다. 각 조건에서의 열전도도를 측정한 결과 나노 Y_2O_3 분말을 사용한 경우 최대 50 %의 열전도도 향상을 나타내었고, 3~7 wt%의 나노 Y_2O_3 첨가 시 약 180~185 W/mK의 높은 열전도도를 얻을 수 있다고 보고되고 있다.

(나) AlN 세라믹스의 전기전도도 제어

지금까지 대부분의 AlN 연구는 열전도도 향상에 집중되었으며 AlN 소재의 전기적 특성에 대한 연구는 매우 미진한 형편이다. AlN을 히터, 정전 척 등과 같은 능동부품에 응용하기 위하여서는 소재의 전기적 특성에 대한 이해가 필요하다. 이 경우 AlN 소재 내부에 금속 전극을 매설하고 전류를 흘려 웨이퍼를 가열하거나, 웨이퍼를 균일하고 안정되게 탈착하기 위하여 전극에 고전압을 인가하여 정전기적인 힘을 사용하기 때문이다. 정전기력을 이용한 대표적인 웨이퍼 고정 기구로는 쿨롱법과 존슨-라백법이 알려져 있다.[10, 11] 그림 5-11에 일반적인 동작 구조가 나타나 있다.

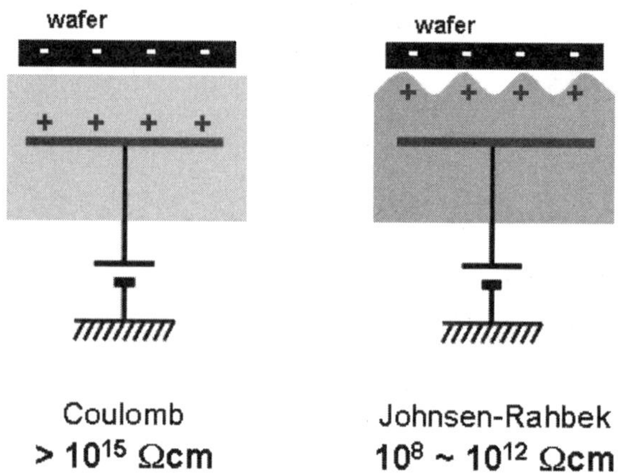

그림 5-11. Coulomb과 J-R Type ESC의 일반적인 동작 구조

쿨롱법은 웨이퍼와 금속전극 사이에 10^{15} Ù-cm 고저항 유전체가 존재하고 1000~2000V의 고전압을 금속전극에 인가함에 따라 정전기력에 의한 힘으로 웨이퍼를 고정하는 방법이다. 이와 비교하여 존슨-라백법은 10^{8}~10^{12} Ù-cm 정도의 비저항을 갖는 유전체를 사용하고 금속전극에 수백 V의 전압을 인가하여 웨이퍼를 고정하게 된다. 한편 AlN 히터와 같은 경우에는 유전체 내부에 배선된 금속전극패턴에 전류가 흐름에 따라 발열이 일어나게 되며 유전체의 저항이 낮은 경우 누설전류가 과다하게 발생하는 문제가 발생된다. 따라서 AlN 소재를 히터와 정전척 등의 용도에 적용하기 위하여서는 수백~2000 V의 고전압 조건에서 AlN 소재의 비저항을 10^{8}~10^{16} Ù-cm 범위에서 제어하는 것이 필요하다. 특히 400 ℃ 이상이면 AlN 소재의 저항이 급격히 낮아지는데 이를 극복하고 히터 등의 용도로 활용하기 위하여서는 AlN 소재의 고온 비저항을 확보하는 것이 필수적이다. 그림 5-12는 1 wt% Y_2O_3가 첨가된 시험편을 1850 ℃에서 소결한 후 10 V/mm의 전계 하에서 측정 온도에 따른 전류의 변화를 관찰한 것이다. 측정시간이 경과할수록 시험편의 전류량이 감소하는 것이 관찰되었고 측정 온도가 높을수록 일정한 전류값에 빨리 도달하였다. 즉 소재의 비저항은 측정온도, 측정시간에 따라 크게 달라진다. 측정시간에 따른 전류의 변화는 일반적으로 전자 전도도와 함께 이온 전도도를 동시에 가지는 소재에서 나타나는 현상으로 금속전극이 이온 전달을 차단하여 시험편 내에 이온에 의한 공간전하분극(space polarization)이 일어나기 때문이다. AlN 소재의 경우 이온 전달이 가능한 점결함으로 산소치환 점결함과, 질소공공을 들 수 있는데 이중 질소공공이 이온전도의 주 전하전달자로서 가능성이 높다. 한편 AlN 소재의 비저항은 측정 전압에도 크게 의존한다.

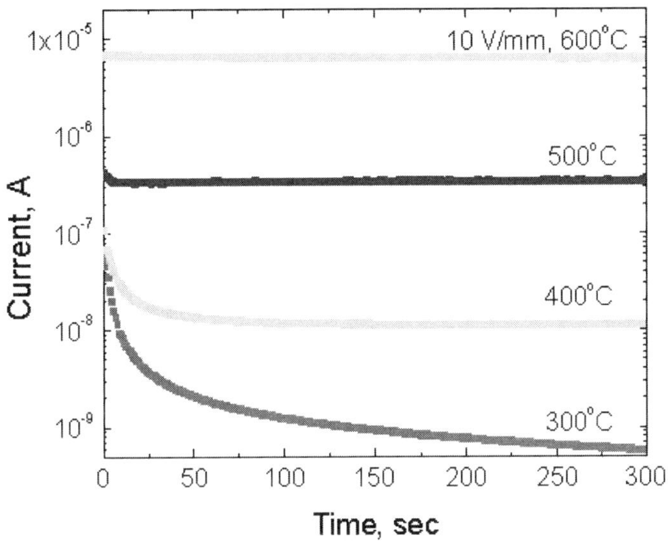

그림 5-12. 1 wt% Y_2O_3가 첨가된 AlN의 측정온도의 변화와 측정시간에 따른 전류변화

그림 5-13은 전압인가 후 60초가 지났을 때의 전류를 기준으로 비저항을 계산하였을 때 측정전계의 크기에 따라 비저항이 변화하는 모습을 보여주고 있다. 일반적인 AlN 소재는 측정전압이 높을수록 낮은 비저항을 보이고, 비저항이 낮은 소재일수록 비저항의 변화폭이 크다. 이러한 특성 변화정도를 다음 식의 비선형계수 a로 표시한다.

$$I = kVa$$

여기서 I는 전류, V는 전압, k는 상수이다.

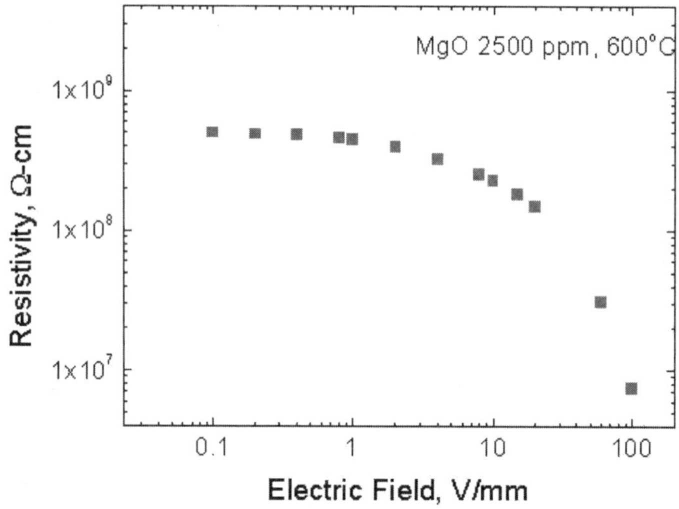

그림 5-13. wt% Y_2O_3(2500ppm MgO)가 첨가된 AlN의 전계강도에 따른 60초 후 비저항 변화

만약 일반적인 저항체라면 a가 1의 값을 가지나 AlN 소재의 경우 1~4 정도의 범위에서 다양한 값을 가지고 있다.[13] 따라서 AlN 소재에서 DC 비저항을 정의하고 값들을 비교하기 위하여서는 명확한 측정 기준이 필요하다. 즉 측정 전계의 크기를 명시하고 측정을 개시한 후 얼마의 시간이 경과하였을 때의 전류 값으로 저항을 계산하였는지 명시할 필요가 있다. 만약 측정 조건이 동일하지 않다면 비저항 값을 그대로 비교하기 어렵다. 일반적인 절연체의 경우 250, 500 V/mm의 전계를 사용하며 측정 개시 60초 이후의 전류값으로 DC 비저항을 계산하고 비교한다. AlN 소재가 가지는 또 한 가지 특징으로는 입자자체의 저항뿐만 아니라 입계의 저항 또한 중요한 점이다. 만약 AlN 세라믹스가 입자에 의한 저항만이 나타난다면 impedance spectroscopy의 고주파영역에서 입자내의 질소 공공의 이온 전도도에 의한 R-C 회로의 성분과 저주파영역에서 전자전도도에 의하여 전극에서 나타나는 RC 회로에 의한 성분만이 나타나야 한다. 그러나 대부분의 AlN에서 그 사이에 하나의 R-C 성분이 더 나타나게 된다. 5 wt% Y_2O_3가 첨가되고 1750℃에서 소결된 AlN의 경우 impedance spectroscopy로부터 입자내의 이온전도도와 소결체 전체의 전자전도도를 대략적으로 구별할 수 있는데 이온전도도가 전자전도도 보다 월등히 높은 것으로 나타났다. 따라서 AlN 소재의 고저항을 달성하기 위하여 AlN 소재의 결합화학을 이해할 필요가 있다. AlN의 분말 성형과정 중에 미량의 탄소를 첨가하고 소결과정 중에 1400 ℃에서 carbothermal reduction을 유도함으로써 열전도도의 저하 없이 고저항을 달성하였다. 이와 같이 carbothermal reduction을 이용한 소재는 분말 공정 중에 들어간 산소가 제거되고 결과적으로 산화물의 양이 줄어들게 됨으로 이차상의 양 또한 감소하게 된다. 이차상은 그 자체로서 열전도도 저하의 원인이 됨으로 carbothermal reduction은 열전도도 향상에도 기여할 수 있을 것이다. 특히 이차상의 양이 줄어듦에 따라 AlN 소재가 플라즈마에 노출되었을 때 내식각성이 높은 yttrium-aluminate계 이차상이 선택적으로 표면에 노출됨으로써 오염입자가 발생하는 원인을 줄일 수 있다. 5 wt% Y_2O_3를 첨가하였을 때 carbothermal reduction의 유무에 따른 미세구조의 차이를 그림 5-14에 나타나 있다. Carbothermal reduction의 도입이 입계상의 양을 감소시키는데 크게 영향을 주었음을 알 수 있다.

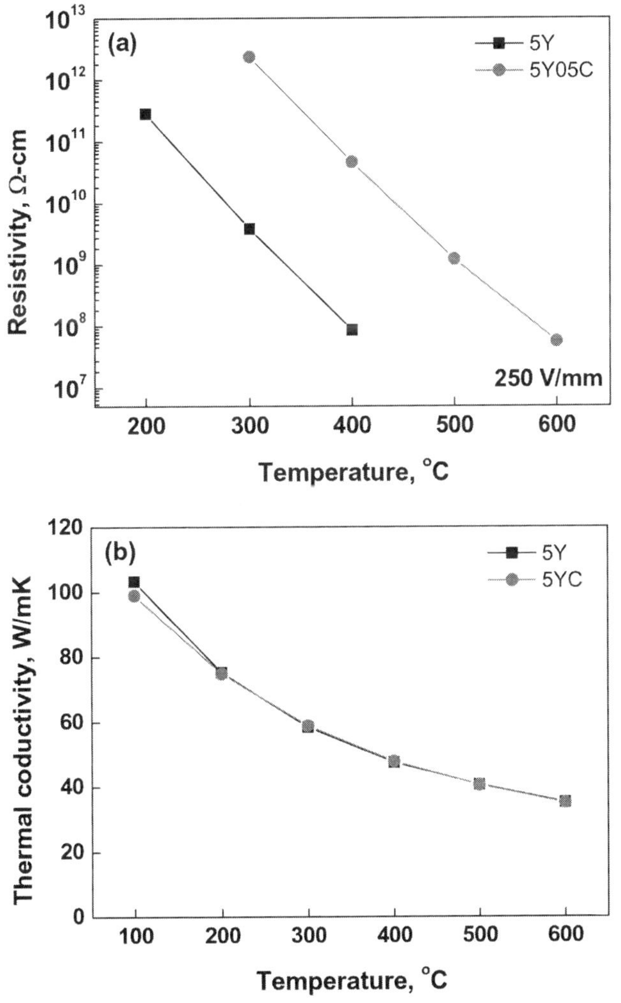

그림 5-14. Y_2O_3가 첨가된 AlN 소재의 DC 비저항 및 열전도도 :
5Y(5 wt% Y_2O_3), 5YC(5 wt% Y_2O_3 +0.5 wt% C, carbothermalreduction)

3.4 정전 척 수리

정전 축의 불량의 경우 공정 중에 wafer가 깨어지거나 진공 관리가 어려워진다. 이때 불량 유형에 따라 수리해야한다. 표 5-2에 불량 유형과 수리 방법을 요약했다.

표 5-2. 정전 척 불량 유형과 수리 방법

정전 척 불량 유형	정전 척 수리 방법
1. 헬륨 리크(Leak High)	1. 세라믹 시트 재접합 수리
2. 선폭 불량	2. 정전척 측면 수리
3. 디척(De-chuck) 불량	3. 세라믹 시트 표면 수리
4. 오염물 발생	4. 세라믹 시트 교체 수리(1~3항 포함)
5. 정전 척 파손(세라믹 부분)	5. 교체

수리 부분에 대한 모습을 그림 5-15에 나타내었다.

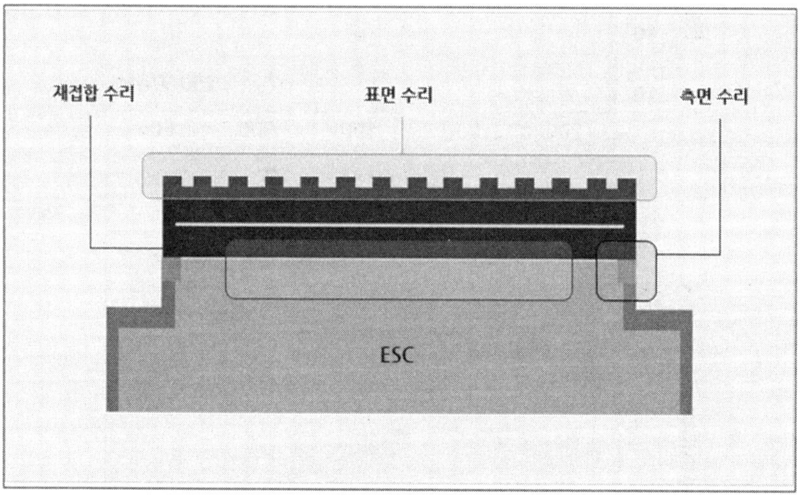

그림 5-15. 수리 부분에 대한 모습

참고문헌

[1] H. U. Joo and W. S. Jung, J. Mater. Process. Technol., 204 498-501 (2008).
[2] S. Xi, X. Liu, P. Li and J. Zhou, J. Alloys Compd., 457 452-456 (2008).
[3] L. E. McNeil, M. Grimsditch, and R. H. French, J. Am. Ceram. Soc., 76, 1132 (1993).
[4] R. A. Youngman and J. H. Harris, J. Am. Ceram. Soc., 73, 3238 (1990).
[5] T. B. Jackson, A. V. Virkar, K. L. More, R. B. Dinwiddie, Jr., and R. A. Cutler, J. Am. Ceram. Soc., 80 [6] 1421-35 (1997).
[6] W. J. Kim, D. K. Kim, and C. H. Kim, J. Am. Ceram. Soc., 79 [4] 1066-72 (1996).
[7] N. Ichinose, Mater. Chem. Phys., 42 176-180 (1995).
[8] H. Nakano, K. Watari, and K. Urabe, J. Eur. Ceram. Soc., 23 1761-68 (2003).
[9] R. Atkinson, Brit. J. Appl. Phys., 2 [2] 325-32 (1969).
[10] T. Watnabe, T. Kitabayashi and C. Nakayama, J. Appl. Phys., 2 [2] 2145-50 (1992).
[11] W. J. Lee, H. T. Kim and S. M. Lee, J. Kor. Ceram. Soc., 45 [1] 69-74 (2008).
[12] 출원번호 10-2003-0024640, 대한민국특허청.
[13] H. S. Kim, J. M. Chae, Y. S. Oh, H. T. Kim, K. B. Shim and S. M. Lee, Submitted to Ceramics Int.(2009).

제6장

MASK & RETICLE

1. 블랭크(Blanck) 마스크
2. Mask & Reticle 제작
3. 마스크 소재
4. 펠리클(Pellicle)

1. 블랭크(Blanck) 마스크

리소그래피(Lithography) 기술의 핵심 부품소재인 포토마스크의 원재료로서 패턴이 형성되기 전의 마스크를 블랭크 마스크라 한다.

1.1 개요

블랭크 마스크는 투명 기판위에 금속막과 레지스트가 형성된 구조로 이루어져 있으며, 이를 이용하여 노광, 식각, 검사, 수리와 같은 일련의 패턴 형성과정을 통해 포토마스크가 완성된다. 이러한 블랭크 마스크는 DRAM과 같은 반도체 Memory 소자 제조를 위한 반도체용 블랭크 마스크와 TFT-LCD(박막 트랜지스터 액정표시장치), Color Filter등과 Display Panel 제조를 위한 Flat PanelDisplay (FPD)용 블랭크 마스크로 구분할 수 있다. 일반적인 구조가 그림 6-1에 나타나있다.

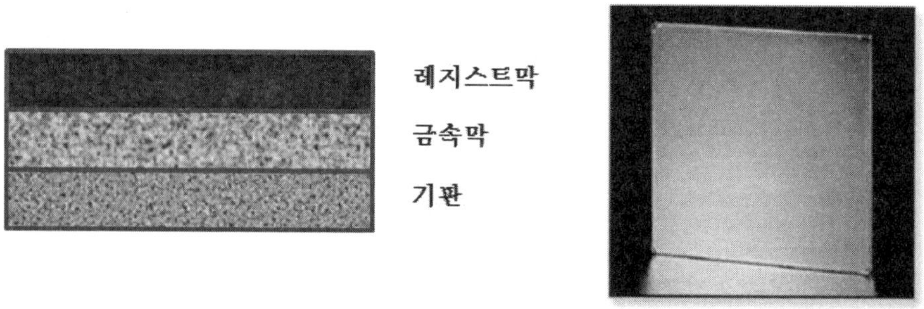

(a) 블랭크 마스크 구조 (b) 블랭크 마스크 이미지

그림 6-1. 블랭크 마스크 구조

1.2 반도체용 블랭크 마스크

반도체용 블랭크 마스크는 DRAM과 같이 한정된 크기 내에서 회로의 고집적화를 위해 일반적으로 수백~수십 나노 크기의 패턴을 갖는 포토마스크의 원재료로서 사용된다. 따라서 반도체용 블랭크 마스크는 해상도(Resolution) 향상을 위해 기판, 금속막 및 레지스트막 특성이 중요한 요소로 작용되며, 또한 구현하고자 하는 패턴 크기가 미세함으로 인해 Particle과 같은 작은 결함(Defect)에도 아주 엄격한 SPEC.이 요구되고 있다.

일반적으로 반도체용 블랭크 마스크의 구조는 가로 × 세로 × 두께가 6 × 6 × 0.25 inch인 석영기판 위에 수십~수백 나노의 두께를 가지는 금속막의 차광막과 반사방지막이 증착 된 후 그 위에 레지스트막이 형성된 구조를 가진다. 감겨온 확산필름이 구부러진 경우 정전기를 이용하여서 조립을 쉽게 한다. 이러한 반도체용 블랭크 마스크를 이용하여 노광, 현상, 식각, 세정 및 검사와 같은 일련의 포토마스크 제조 공정을 통한 포토마스크 제조 후 반도체 제조 공정을 통해 대량의 반도체 소자가 제조되며, 이를 통해 DRAM, Flash Memory 및 CPU와 같은 반도체 제품이 제조되게 된다. 따라서 고품질의 반도체 소자 제조를 위해서는 그의 원천적인 재료가 되는 블랭크 마스크의 중요성이 점점 높아지고 있는 상황이다.

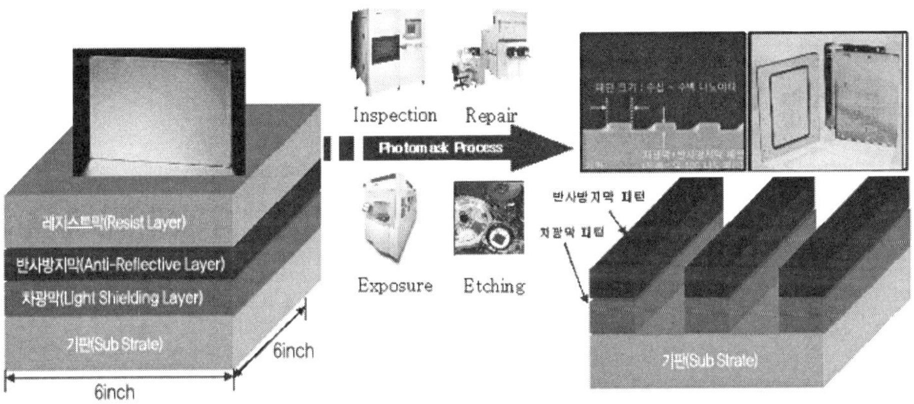

(a) 반도체용 블랭크 마스크 구조 (b) 반도체용 포토 마스크

그림 6-2. 반도체용 블랭크 마스크의 구조 및 포토마스크

1.3 FPD용 블랭크 마스크

FPD용 블랭크 마스크는 TFT-LCD와 같은 Display 액정 소자 제조를 위한 포토마스크의 원재료로서, 최종 제품의 크기에 따라 반도체용 블랭크 마스크의 한정된 크기와는 달리 다양한 크기를 가지고 있다. 그림 6-3에 그 모습을 보이고 있다.

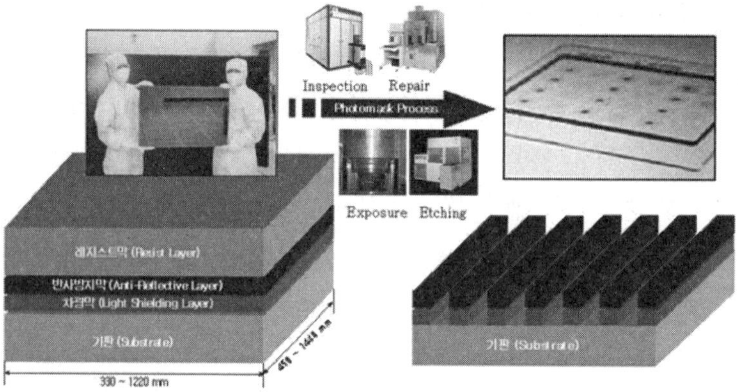

(a) FPD용 블랭크 마스크 구조 (b) FPD용 포토 마스크

그림 6-3. FPD용 블랭크 마스크의 구조 및 포토마스크

FPD용 블랭크 마스크는 해마다 대형화되는 평면 TV를 중심으로 점점 발전해 왔으며, 1세대의 330 × 450 Size에서 지금은 1220 × 1440 Size의 8세대 크기까지 발전해 오고 있다. 이러한 크기 발전은 최종 제품의 크기가 커질수록, 상대적으로 많은 Panel이 필요하게 되며 이때 원가 절감 및 생산효율성 증대를 위해서 더 큰 Size의 FPD용 포토마스크 및 블랭크 마스크가 필요하다. 따라서 FPD용 블랭크 마스크는 상대적으로 반도체용 블랭크 마스크보다 Size가 큰 관계로 대형 블랭크 마스크라고도 한다. 이러한 FPD용 블랭크 마스크를 통해 제작된 포토마스크를 이용하여 네비게이션, 컴퓨터 모니터, TV와 같은 다양한 크기의 Display용 Panel 제작이 가능하게 된다. 그림 6-4에 FPD 세대 변화별 과정을 보이고 있다.

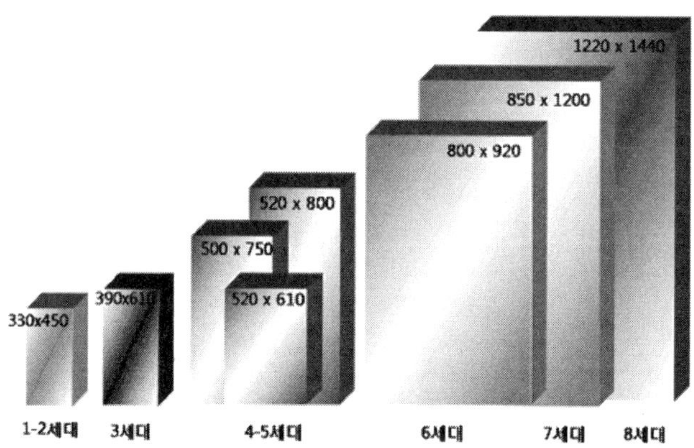

그림 6-4. FPD size별 세대변화

2. Mask & Reticle 제작

2.1 개요

포토마스크는 컴퓨터를 통하여 설계한 반도체 회로가 반도체 웨이퍼 위에 전사되기 전에 최초로 구현되는 반도체 부품이다. 이 원리는 사진을 찍는 것과 같아서 사진의 경우 필름이 있으면 수천 장의 같은 사진을 만들 수 있는 것처럼 포토마스크를 이용하여 수많은 웨이퍼 위에 반도체 회로를 전사한다. 사진을 찍을 때 필름의 종류나 품질에 따라 사진의 품질이 결정되는 것처럼 포토마스크의 품질 또한 반도체 칩이나 LCD 패널의 품질을 좌우하게 된다.

다시 말해 포토마스크는 반도체 칩이나 LCD 등을 만들기 위한 사진 원판을 말한다. 보통 쿼츠(Quartz)라는 투명기판 위에 극히 미세한 형상을 만들어서 사진의 필름과 같은 용도로 사용하며 사진을 찍는 방법과 유사하게 웨이퍼 위에 복잡한 패턴을 형성시켜 수 많은 반도체 소자를 만들게 된다. 특히 포토마스크의 정확도와 미세한 패턴 형성 능력에 따라 반도체의 품질과 반도체의 집적도가 결정되기 때문에 반도체 기술의 척도가 되기도 하는 중요한 원재료이다.

Reticle이란 회로가 형성된 마스크에 광학장비에서 필요한 각종 얼라인마크(Align Mark)가 포함되고, 마스크의 보호를 위해 펠리클(pellicle)이란 보호막을 깃춘 일종의 Mask set을 지칭한다.

2.2 Mask(Reticle) 종류

Mask는 Wafer에 직접 상을 1 : 1로 전사하도록 제작된 1X와 1/4, 1/5배로 축소 투영 전사되는 4X, 5X 마스크가 있다. 일반적으로 1X는 펠리클 및 얼라인 마크가 필요없어 마스크라 칭하고 4X, 5X는 펠리클, 얼라인 마크 기타 지지대를 포함하고 있어 Reticle이라 칭한다.

또한 광학상의 전달방식에 따라 Binary와 PSM(Phase Shift Mask)으로 나누어진다.

(가) 전사 배율에 따른 Reticle 또는 마스크의 일반적 사양

마스크 제작사에 따라 차이는 있지만 일반적 제작 사양조건을 Low Grade와 High Grade로 구분하여 표로 정리하여 살펴본다. 여기에서 중요한 사양은 제작될 마스크의

Glass 크기, Address size, 마스크상의 CD(Critical Dimension) 허용도(tolerance)와 균일도(uniformity), 결함(Defects) layer와 layer 사이의 적층 정확도이다.

(1) Low Grade

표 6-1. 4X/5X Reticle 사양

Glass Size & Type	Address Size	CD Tolerance	CD Uniformity	Defect Criteria	Registration
5 X 5 X .090 Quartz	0.025~	±0.08	0.08	0.4	±0.08
6 X 6 X .120 Quartz	0.025~0.25	±0.03	0.05	0.5	±0.08
6 X 6 X .250 Quartz	0.02~0.25	±0.02	0.04	0.2	±0.035

표 6-2. 1X Mask 사양

Glass Size & Type	Address Size	CD Tolerance	CD Uniformity	Defect Criteria	Registration
5 X 5 X .090 Quartz	0.025~	±0.1	0.1	0.7	±0.08
6 X 6 X .090 Quartz	0.025~	±0.1	0.1	0.7	±0.08
7 X 7 X .150 Quartz	0.025~	±0.15	0.2	1.0	±0.1

(2) High Grade

표 6-3. 4X Reticle (BIM/PSM Masks)

Node	Address Size	CD Tolerance	CD Uniformity	Defect Criteria	Registration
0.13㎛	0.00125	±0.02	0.025	0.15	±0.03
0.12㎛	0.00125	±0.015	0.02	0.12	±0.03
0.09/0.11㎛	0.00125	±0.015	0.015	0.1	±0.025

(3) Large area mask

표 6-4. Normal LCD Mask

Glass Size & Type	Address Size	CD Tolerance	CD Uniformity	Defect Criteria	Registration
390x610x6T (U7550)	0.1 ~	±0.2	0.2	1	±0.5
390x610x6T (U7650)	0.1 ~	±0.2	0.2	1	±0.5
520X610X10T	0.1 ~	±0.25	0.2	1	±0.5
500x750x8T	0.1 ~	±0.25	0.2	1	±0.5
520x800x10T	0.1 ~	±0.25	0.2	1	±0.5
700x800x8T	0.1 ~	±0.25	0.2	1	±0.5
800x920x8T	0.1 ~	±0.25	0.2	1	±0.5
800x920x10T	0.1 ~	±0.25	0.2	1	±0.5
850x1200x10T	0.1 ~	±0.25	0.2	1	±0.5

표 6-5. GTM Mask

Glass Size & Type	Address Size	CD Tolerance	CD Uniformity	Defect Criteria	Registration
390x610x6T (U7550)	0.1 ~	±0.1	0.1	1	±0.5
390x610x6T (U7650)	0.1 ~	±0.1	0.1	1	±0.5
520x800x10T	0.1 ~	±0.1	0.1	1	±0.5
800x920x10T	0.1 ~	±0.1	0.1	1	±0.5

(나) 마스크 상의 광학 전사 방법에 의한 분류

(1) Binary Intensity Mask

현재 가장 많이 사용되는 마스크는 그림 6-5와 같이 마스크 구조를 지탱하는 투명한 quartz 위에 빛을 차단하는 chrome 막을 입혀 구현하고자 하는 패턴을 형상화 한 것이다. 여기서 binary라고 하는 의미는 마스크가 빛을 완전 차단, 또는 완전 투과만 한다는 의미이다. 패턴 크기가 해상한계에 접근하면 빛의 회절과 간섭현상에 의해 패턴의 변형이 일어난다. 이를 보상하여 얻고자 하는 패턴을 얻어내려면 chrome폭을 조정하거나 chrome 보조패턴을 추가하는 등의 방법으로 이를 보상하는데 이를 OPC (Optical proximity correction)이라 한다.

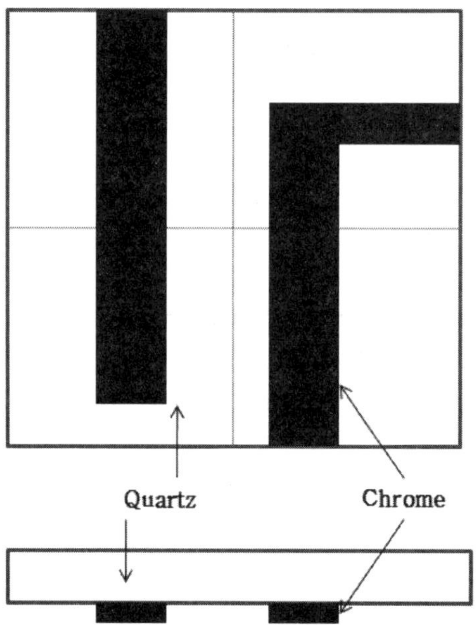

그림 6-5. Binary Intensity Mask 구조

(2) 위상 반전 마스크(Phase Shift Mask)

① 위상 반전 마스크의 원리

위상 반전 마스크는 마스크상에서 빛의 위상을 적절히 반전시켜 패턴의 공간주파수를 줄이거나(주기성 패턴), 가장자리 contrast를 증가시키는 간섭효과를 이용(고립 패턴)한다. 이러한 기술은 높은 해상력을 실현하며, exposure latitude 향상 및 DOF의 증가를 제공한다.

빛의 파장은 매질에 따라 달라진다. 이는 빛이 같은 거리를 진행하더라도 매질에 따라 광경로가 틀리다는 의미이다. 그림 6-6에 BIM과 PSM의 차이점을 도시하였다.

그림 6-7과 같이 Qz의 두께가 서로 다른 지점을 지나는 두 빛 a, b는 동일한 위상으로 입사하였더라도 마스크를 지나면서 발생한 광경로차로 인해 마스크를 지난 후 광경로차에 해당하는 위상차를 가지게 된다. 이때 광경로차 및 위상차이로 광의 상이 반전되고 간섭에 의한 적절한 광의 세기를 얻을 수 있다.

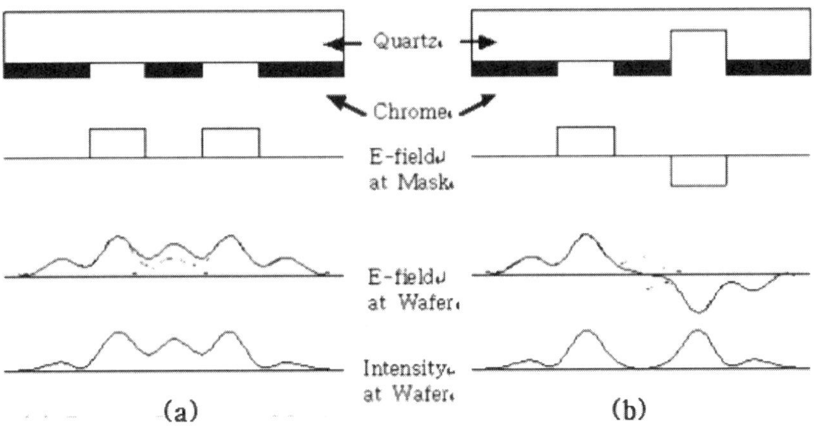

그림 6-6. (a) BIM과 (b) PSM 전사 방법

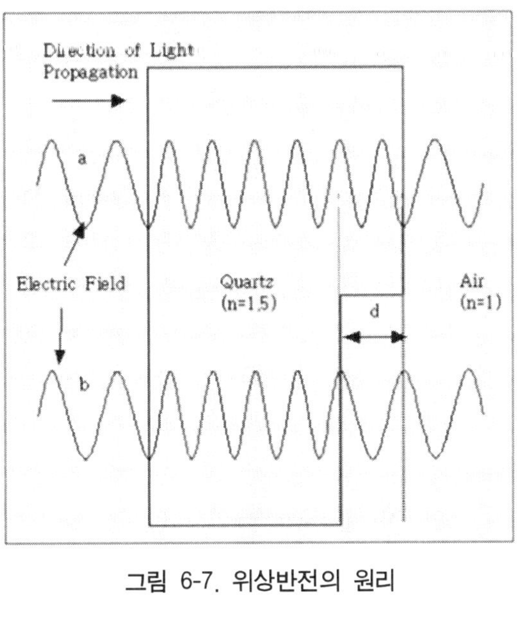

그림 6-7. 위상반전의 원리

② 위상 반전 마스크의 종류

▣ Alternating PSM

이것은 80년대 초반 제시된 PSM으로 binary intensity mask에 shifter를 그림 6-8의 (a)와 같이 배치하는 방법이다. 위상반전(Shifter) 영역은 E-field가 180° 반전되어 바로 옆에 있는 pattern과 간섭을 하지 않기에 binary에 비해 작은 pattern을 높은 contrast도 patterning 할 수 있다.

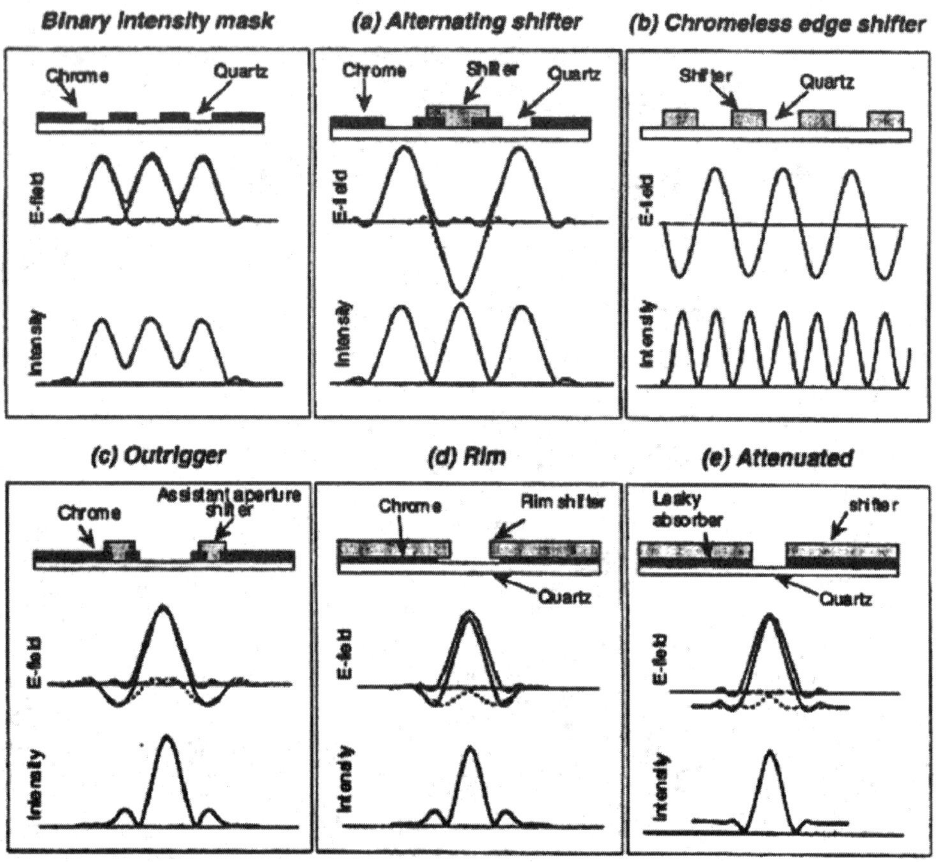

그림 6-8. 위상반전마스크의 종류

▣ Chromeless PSM

빛을 차단하는 크롬을 사용하지 않고 위상반전 패턴만으로 aerial image quality를 증가시키는 PSM이다. 이는 (1)에서 크롬선의 폭이 0인 특수한 경우에 해당한다고 볼 수 있다.

■ Outrigger PSM

이 PSM은 고립된 contact hole이나 clear line같은 패턴에 위상반전 효과를 주기 위해 고안된 것으로 그림 6-8의 (c)와 같이 형상하고자하는 주패턴 주위에 해상한계 이하 크기의 위상반전 보조패턴을 배치하는 방법이다. 이러한 보조 패턴의 역할은 자신은 웨이퍼에 나타나지 않으면서 주패턴의 image의 가장자리 contrast를 증가시키는 것이다.

■ Rim PSM

이 PSM은 Outrigger PSM에서 보조패턴이 주패턴에 붙어 있는 특수한 경우에 해당한다.

■ Attenuated PSM

가장 늦게 제시된 PSM으로 임의의 패턴에 적용이 가능하다. Embedded PSM, Half Tone PSM 등으로 불리기도 한다. 기본적으로 마스크의 dark영역은 반전된 위상과 감쇄된 진폭을 가진다.[그림 6-8의 (e)] 여기서 반전된 위상(음의 진폭)으로 image의 가장자리 contrast를 증가시키고, 감쇄된 진폭은 음의 진폭에 의해 감광제가 반응하는 것을 방지한다. 마스크의 제작 방법 및 위상 반전 영역의 진폭에 따라 strong PSM, weak PSM으로 나누어지기도 하는데, Alternating PSM, Chromeless PSM, Outtrigger PSM, Rim PSM은 strong PSM, Attenuated PSM은 weak PSM으로 분류한다.

③ 위상 반전 마스크의 문제점

위상반전 마스크는 Patterning 측면에서는 이득이 있으나 small sigma 조명의 적용으로 렌즈의 수차에 의한 영향을 크게 받는다는 단점도 있다. 특히 장비마다 각기 다른 Coma aberration에 의한 영향은 pattern을 Non-linear하게 이동시킬 수 있기에 적용 전에 이에 대한 확인이 필요하다.

Strong PSM의 경우 Defect가 없는 마스크를 제작하기가 어렵다. 이는 PSM이 production에 적용되지 못하는 가장 큰 이유이다. 특히 shifter defect는 detect하기도 어려울 뿐만 아니라 발견된다 하더라도 repair가 매우 어렵다.

또한 광학적으로 위상 반전 영역의 위상을 일정하게 제어하기가 어렵다. 주로 Quartz를 etch하여 위상 반전을 일으키는데, etch uniformity를 잘 제어하면 사용하는데 문제가 없는 마스크를 제작할 수 있다. 그림 6-9에 위상반전 마스크를 사용했을 시 Wafer상의 실제 패턴을 보이고 있다.

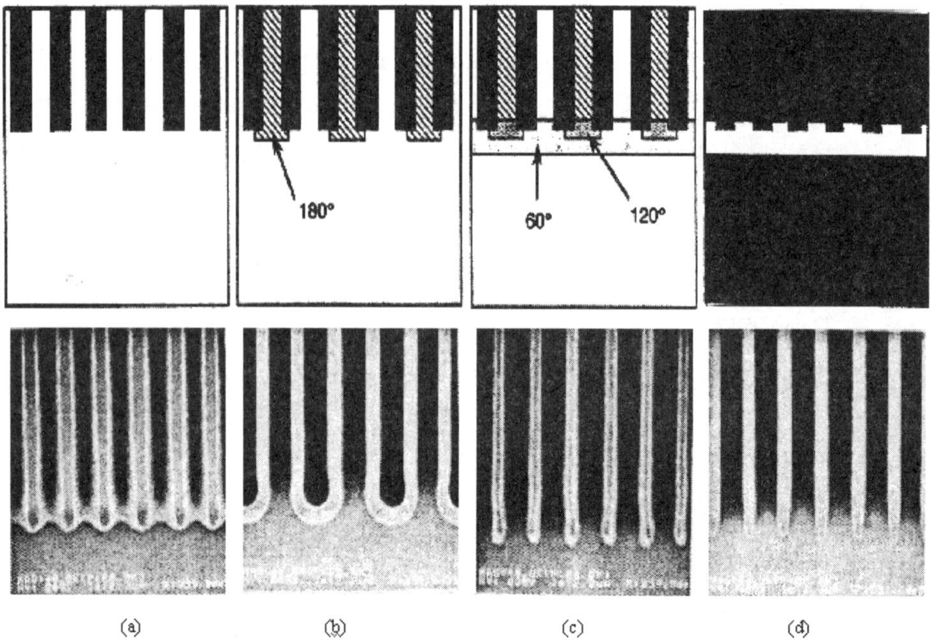

그림 6-9. 위상 반전 마스크 사용 시 실제 패턴 형상 : (a) standard layout, (b) two-phase alternating shifter PSM, (c) multi-phase alternating shifter PSM, (d) second exposure mask

Quartz etch된 위상 반전 영역의 측벽에서 발생하는 빛의 산란현상으로 위상 반전영역의 transmittance가 떨어진다. Quartz dry etch 이후에 Quartz wet etch를 이용하여 크롬 뒤의 Quartz를 적당한 깊이로 제거하면 transmittance error을 충분히 감소시킬 수 있다.

간섭효과를 충분히 얻기 위해서는 low σ 를 사용해야 하는데, 이는 렌즈 수차에 매우 취약한 특성을 가진다. 되도록 렌즈 수차가 적은 결상계(stepper보다는 scanner)를 이용하고 필요이상의 low σ 를 사용하지 않는다.

위상이 바뀌는 경계에서는 빛이 상쇄간섭을 일으켜 그림 6-9의 (b)에서와 같이 원하지 않는 영역에서 패턴이 형성되는 현상이다. 경계지역을 다중 위상으로 처리[그림 6-9의 (c)]하거나 이중 노광[그림 6-9의 (d)]으로 원하지 않는 패턴을 제거한다.

Weak PSM의 경우도 어려운 문제점은 있다. Background가 진폭이 0이 아니므로 secondary lobes가 심하다. 투과율과 마스크 패턴을 조절하여 secondary lobes를 최소화한다.

Low σ 를 사용할 경우 렌즈 수차와 phase error가 심하게 나타난다. 적절한 σ 의 사용과 phase를 엄격하게 제작한다.

Die의 경계에서 발생하는 4중 노광지역의 P/R loss가 심하다. Scribe lane 바깥에 최적화된 opaque ring 처리를 한다. 주로 해상한계 이하의 contact hole array가 사용된다. 근래 DUV PSM에서는 chrome막을 처리하는 추세이다. 노광장비에서 reticle align fail이 발생하는 경우가 있다. Reticle align mark 주위를 chrome막으로 처리한다.

2.3 마스크 제작 공정

(가) Blank Mask

Quartz 위에 1000 Å 정도의 chrome층이 형성되어 있으며, 그 위에 resist가 coating 된다. 이때 resist coating thickness uniformity는 mask의 CD uniformity에 크게 영향을 미친다.

(나) Writing

MEBES(electron beam), ALTA(laser) 등의 장비로 CAD data를 mask 위의 resist에 전사하는 과정이다. 이때 전사된 resist는 develop을 통해 형상화된다. 위의 두 writing 장비의 특징을 살펴보면, MEBES의 경우 resolution이 뛰어나지만 writing 시간이 길며, ALTA는 writing 시간이 짧고 defect 발생량이 적은 대신 resolution은 떨어진다.

(다) Chrome Wet Etching

Develop 후 생성된 resist 패턴을 막으로 하여 chrome을 wet etching한다. 패턴의 크기가 작은 경우에는 chrome을 dry etch 하기도 한다.

(라) Inspection/Cr repair

Resist strip 및 cleaning이 끝나면 defect를 찾고 이를 repair한다. Defect는 대부분의 경우 발생하며 이를 모두 제거할 수 있을 경우에만 실제 사용가능한 mask가 만들어 진다.

(마) Clean/Pellicle/Inspection

Repair 후에 cleaning을 실시하고 난 후 chrome 패턴을 particle 등으로부터 보호하기 위해 pellicle을 붙이며, 최종적으로 마스크 검사를 실시한다.

(바) 공정과정의 도식 표현이 그림 6-10에 나타나 있다.

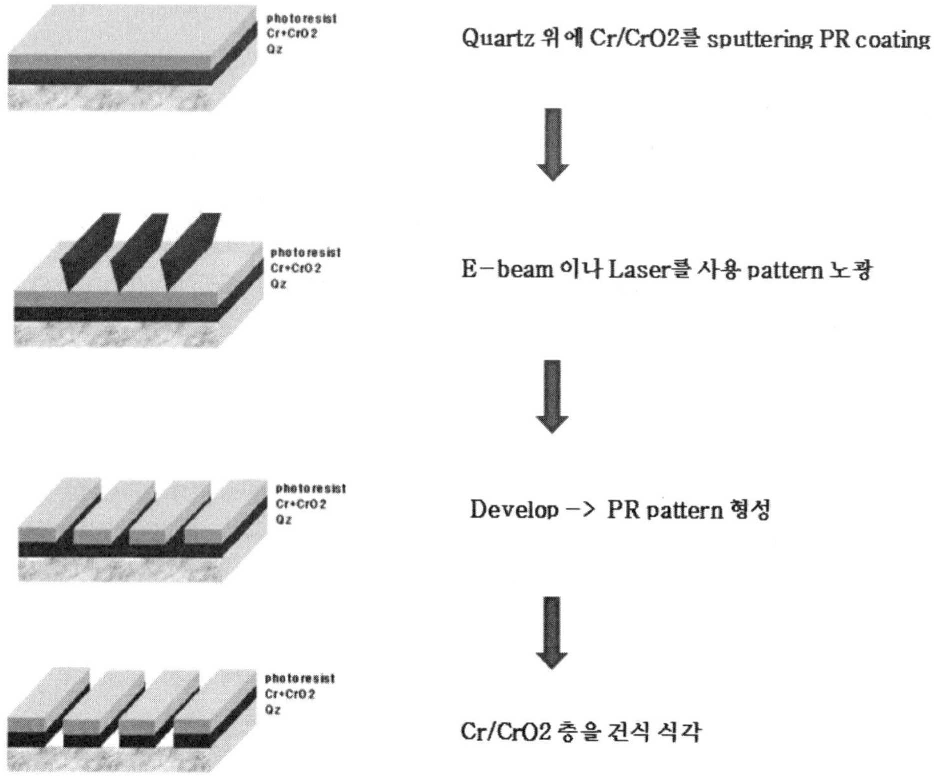

그림 6-10. 마스크 제작 공정 흐름도

3. 마스크 소재

3.1 개요

포토리소그래피는 연속파장(CW) 자외선(UV) 수은등 광원에서, 원자외선(DUV) 세대(248nm)를 시점으로 하는 단속형 엑시머 레이저를 거쳐서, 최근에는 193nm 파장으로 옮겨가고 있다. 차세대 리소그래피 장비들은 157nm 엑시머 레이저보다 더 짧은 파장을 사용할지도 모른다. 원자외선과 소위 "진공" 자외선(VUV) 스펙트럼 영역까지의 파장감소는 엄격한 광학적 성질을 갖춘 마스크 소재를 요구하고 있다. 엑시머 레이저의 듀티 주기는 일반적인 10nm 펄스폭의 경우 10^5이며, 따라서 최대 레이저 동력이 매우 높기 때문에 조사된 소재의 피크 온도는 엑시머 레이저의 경우 연속파장을 사용하는 것보다 높을 것으로 예상된다. 최대동력의 증가는 짧은 파장과 더불어서, 광학식 마스크의 내구성과 순도의 측면에서 전례 없는 요구조건을 만들어냈다. 실제로, 193nm 및 157nm 리소그래피 세대의 경우, 조사에 따른 수명은 마스크와 펠리클 소재의 사전 선발에 있어서 가장 중요한 인자들 중 하나이다.

3.2 계측

(가) 벌크소재

마스크 모재의 평가에 있어서, 표면 다듬질이나 표면 오염의 함수여서 본질적이지 않은, 표면손실과는 반대의 개념을 갖고 있는, 소재의 본질적인 특성인 벌크 흡수와 같은 벌크 손실에 주의를 기울여야만 한다. 벌크 소재의 투과도에 대해서 논의할 때, 내부 및 외부 투과도 사이를 구분하는 것이 일반적이다. 외부 투과도는 실험적으로 측정된 양으로, 표면반사를 포함하고 있다. 내부 투과도는 외부 투과도에서부터 유추할 수 있으며, 소재 내에서의 비 반사 손실을 나타낸다. 길이 D인 시편의 내부 투과도는 다음과 같다.

$$T_{Inside} = 10^{(2\beta + \alpha D)} \tag{6.1}$$

여기서 β 는 흡수와 산란을 포함하는 단일표면 손실이며, α 는 센티미터 당 내부 표면 흡수 계수이다. 6mm 두께의 마스크 모재까지는 무시할 정도의 수준이므로 식 (6.1)에서는 벌크 산란의 영향을 무시하였다. 실제로 측정한 외부 투과도로부터 식 (6.1)에 제시되어있는 내부 투과도를 얻기 위해서는, 다음의 관계식을 사용해야 한다.

$$T_{inside} - T_{outside}(n+1)^4/16n^2 \tag{6.2}$$

여기서 n은 소재의 반사율이다. 용융 실리카의 경우, 193nm에서 n=1.56이며, 248nm에서는 n=1.51이다. 157nm에서 사용되는 변형된 용융실리카의 경우, 굴절률은 불소 도핑 량에 의해서 얼마간 변하지만, 1.67을 취한다. 따라서 내부투과율 100%를 식(6.2)에 역으로 대입하면 157nm, 193nm 및 248nm의 파장에 대해서 각각 87.8%, 90.7%, 91.9%의 외부 투과도를 얻을 수 있다. 이 값들은 코팅되지 않은 용융 실리카 모재에서 구현할 수 있는 최대 투과도를 나타낸다. 마스크 모재의 실제 투과도는 오염물질을 제거하기 위하여 표면의 적절한 전세척을 시행한 이후에 분광광도계(spectro-photometer)를 사용해서 측정한다.

(나) 기층소재상의 박막

새로운 희석식 위상천이 마스크나 흡수소재를 개발할 때, 자주, 소재 성분의 광학적 성질들이 자외선 영역에 대해 충분한 정확도로 특성화되지 못하였음을 발견하게 된다. 고도의 정확도와 정밀도를 갖고 근접 자외선 영역에서의 투과/반사도와 타원분광 측정을 수행할 수 있지만, 200nm 이하의 계측에는 특수한 난관이 발생된다[1]. 이 파장 대역에서는 수분과 산소가 강한 흡수재이므로, 계측 시스템이 불활성 기체로 보호되거나 진공 하에서 작동되어야 한다. 대기의 제약은 계측 장비의 설계를 복잡하게 만들며, 시편의 운반과 측정에 소요되는 시간을 현저히 증가시킨다. 모든 운용 시창들, 기밀전구(bulb envelope), 그리고 광전자증배관 시창 등은 UV 등급의 합성된 용융 실리카로 제작하거나, 또는 180nm 이하에서 작동하는 경우에는 불화 마그네슘이나 불화칼슘 등으로 제작해야만 한다. 진공 자외선(VUV)까지의 넓은 파장대역에서 작동하는 편광기인 Rochon 프리즘의 경우, 공기간극을 갖는 불화 마그네슘 요소로 제작된 것을 사용한다. 최근 들어, 진공 자외선(VUV) 파장대역을 도입하기 위해서 계측장비 회사들이 많은 진보를 이루었다. VUV 영역에서 박막의 광학적 제한조건을 추출하기 위한 견실한 방법이 타원분광 뿐만 아니라 반사/투과 방법을 사용해서도 구현되었다. 일반적으로 반사/투과방법은 박막 테두리 분석에 의존한다. 따라서 이 기법은 $d_{\min}$ 이상의 박막 두께에 대해서 가장 효과적이다.[2-4]

$$d_{\min} \approx \lambda_{\min}/2n \quad (6.3)$$

여기서 $\lambda_{\min}$은 측정된 스펙트럼의 최저파장이며, n은 박막의 반사율이다. n=1.5이며 $\lambda_{\min} = 150nm$인 경우, 믿을만한 모델을 만들 수 있는 최소 두께는 $\approx 50nm$이다. 이 두께 이하에서는 분석 방법으로 진공 자외선(VUV) 스펙트럼 타원분광이 선호된다.

(다) 레이저 기반의 소재수명시험

최초의 광학적 성질들과 더불어서, 소재들은 엑시머 레이저 방사에 대해서 적절한 조사수명을 갖춰야만 한다. 지정된 대기조건 하에서 소재의 수명시험이 필요하다. 193nm 및 248nm 리소그래피의 경우, 공기가 마스크 근처에서의 대기로 사용되는 반면에, 157nm 리소그래피에서는 모든 시험이 질소대기 하에서 수행되어야만 한다. 정확한 레이저 기반의 현장 투과도 측정이 소재 수명평가에 필수적이다. 선호되는 측정 방법은 레이저 기반의 방사분석이다.[1] 전형적인 계측장치 셋업은 입사광의 반사광을 기준 감지기로 유도하기 위해서 시료 전단에 빔 분할기를 사용한다. 레이저 빔의 대부분은 시료 스테이션의 직 후방에 위치한 시료 감지기로 입사된다. 우선, 100% 계측을 위해서 시료를 빔 경로에서 치운 상태에서 시료 대비 기준 감지기의 비율을 구한다. 그런 다음 시료를 빔 속으로 집어넣고 시료 계측을 수행한다. 시료 대비 100% 계측값 사이의 비율이 연구대상 소재의 투과율이다. 0.05mJ/㎠/pulse 이상의 에너지 밀도를 갖는 입사 레이저에 대해서 파이로 전기 감지기는 투과율 측정에 매우 적합하다. 이 범위보다 훨씬 낮은 에너지밀도(fluence)에 대해서는 광다이오드를 기반으로 하는 감지기가 이득이 높기 때문에 더 적합하다.

레이저 조사를 받는 마스크 소재의 레이저 수명 요구조건에 대해서 평가는 마스크의 결함과 수명 측면에서 매우 중요하다. 사용될 계산들은 펠리클에 사용되었던 것들이지만, 이것은 단순히 펠리클에 전달된 누적 조사량을 산출하는 것이므로, 이 수명목표를 다양한 마스크 관련 소재들에 대해서 광범위하게 적용할 수 있다[5]. 펠리클 손상이 선형공정이라고 가정하였으므로, 지정해야 할 올바른 값은 누적 조사량이 된다. 펠리클에서의 총 조사량 계산을 위한 가장 간단한 방법은 웨이퍼상의 레지스트가 필요로 하는 노출 조사량 E_w으로부터 역산하는 것이다. 매 노출 당 레티클 내의 투명한 영역을 통해서 투과되는 조사량 E_r은 다음과 같다.

$$E_r = \frac{E_w}{M^2 T} \tag{6.4}$$

여기서 M은 투사렌즈의 축사율이며 T는 투과율이다. 펠리클에서의 조사량을 산출하기 위해서, 펠리클은 레티클의 원거리 장에 위치한다고 가정하였다. 5mm의 펠리클-레티클 간극과 4×의 축사율을 갖는 0.8NA 렌즈의 경우, 레티클 형상은 디스크 상에서 약 1mm 반경(5×0.8/4)으로 번진다. 만약 레티클 상에서 패턴의 공간변화가 대부분 1mm보다는 훨씬 작다고(즉, 패턴 밀도의 장거리 변화가 작다고) 가정한다면, 노출 당 펠리클에 전달되는 조사량 E_p는 단순히 다음과 같이 구해진다.

$$E_p = E_r T_r \tag{6.5}$$

여기서 T_r은 레티클의 투과율이다. 비록 빛이 레티클과 펠리클 사이에서 확산되지만, 거리가 충분히 짧기 때문에 조사된 영역의 공간범위는 실질적으로 변하지 않으며, 에너지 밀도의 감소도 무시할 정도의 수준이다. 마지막으로 펠리클을 통과하여 전달된 총 조사량 E_t는 노출 당 조사량과 노출된 필드들의 총 숫자의 곱으로 구해진다.

$$E_t = \frac{FWRE_w Tr}{M^2 T} \tag{6.6}$$

여기서 F는 웨이퍼 당 필드의 숫자이며, W는 펠리클 교체 전에 프린트한 웨이퍼의 숫자이다. 식(6.6)을 사용해서 펠리클이 견뎌야만 하는 총 조사량을 산출할 수 있다. 500㎟ 필드와 300mm 웨이퍼의 경우, 필드의 숫자 F는 약 150으로 추정할 수 있다(반도체 국제기술로드맵). 투과율이 75%인 비교적 밝은 필드 레티클을 적절한 상한값으로 가정하였다. 렌즈 투과율 T는 30%이며 축사율 M은 4로 가정하였다. 주어진 레티클을 사용해서 프린트 해야 하는 웨이퍼의 숫자는 생산제품의 유형에 따라 다르다(ASIC 보다는 마이크로프로세서가, 마이크로프로세서보다는 메모리의 프린트 수가 훨씬 많다). 현재의 E_t 목표 값인 5kJ/㎠은 20mJ/㎠의 레지스트 조사량 하에서 10,000장의 웨이퍼를 노광하는 경우에 대한 보수적인 산출 값이다. 레지스트 조사량 10mJ/㎠ 하에서 5,000당의 웨이퍼를 프린트하는 경우, 총 조사량은 1.2kJ/㎠이다. 그런데 이 목표 값은 프린트 할 제품의 유형에 관련된 입력조건의 가정에 따라서 근본적으로 변할 수 있다. 필요한 수명시간동안의 투과율 최대 허용 변화량을 지정하는 것도 중요하다. 이전 세대의 목표 값은 1%였다[6]. 사실 투과율의 공간변화가 선폭조절에 큰 영향을 끼치기 때문에, 주된 고려사항이다. 실제의 경우, 이것은 1mm 이상의 번짐 반경이 발생하는 거리 이상에 대해서 시간변화에 따른 패턴밀도 변화와 일치한다. 이런 연유에서 1%는 적절한 목표로 남아 있다.

3.3 193nm 및 248nm 광학소재

(가) 마스크 모재용 용융실리카

용융 실리카 마스크 모재에 대한 광학적 요구조건들은 렌즈소재에 비해서 훨씬 약하다. 따라서 6mm 이상의 두께에 대한 소재의 투명도의 보장만이 필요하다. 소재의 수명은 0.1mJ/㎠ 미만의 입사 펄스 에너지밀도에 대해서 5~10kJ/㎠ 이상의 조사량으로 설정할 필요가 있다. 엑시머 레이저 기반의 리소그래피에 앞서서, 용융 실리카의 품질에는 매우 큰 편차가 존재하므로, 10mJ/㎠/pulse 미만의 에너지 밀도로 193nm 레이저를 겨우 수백만 펄스만 조사하여도 일부 소재는 빠르게 손상을 입는다[7]. 그런데 불순물 농도가 ppm 단위 이하이고 순도 UV등급 용융실리카 소재의 개발 덕분에, 193nm나 그 이상의 파장에 대해 레티클 모재가 일정한 투과율을 갖는 것은 더 이상 기술이 아니라 품질관리의 문제로 변하게 되었다. 248nm 용도의 경우, 용융 실리카 모재의 최대 투과율이 단지 반사율 손실에 의해서만 제한되도록 만드는 것(즉, 91.9%)은 즉각 실현할 수 있다. 193nm의 경우, 이 손실은 작지만, 무시할 수준은 아니다. 193nm에 대해서 $\beta = 0.0015/surface$의 품질을 갖는 다수의 샘플에 대한 폴리싱과 관련된 표면손실을 측정하였으며[8] 두 개의 표면에 대하여 0.7%의 투과율 손실이 발생하는 것으로 산출되었다. 조사되지 않은 소재의 경우, 다양한 등급의 용융실리카에 대한 반사 흡수율 계수는 대부분의 시편에서 0.001~0.005/cm 인 것으로 밝혀졌고[7,8], 이는 6mm 두께 모재에 193nm의 레이저를 사용하는 경우 0.1~0.7%의 투과율 손실에 해당된다. 따라서 코팅되지 않은 마스크 모재의 경우, 193nm에 대해서 193nm 및 248nm 레이저 조사에 대해서 고 순도 엑시머 등급 용융 실리카는 수십 kJ/㎠의 조사량에 대해서도 투과율 저하가 발생하지 않아야 한다. 그런데 모재 백화(bleaching) 현상이나/또는 표면세정과 같은 레이저에 의해서 유발되는 초기과도현상이 발생할 수도 있다. 두 표면에 대한 총 세정효과는 193nm의 경우 1~2%인 것으로 판명되었다. 89~90%의 초기 투과율을 구현할 수 있다. 0.1mJ/㎠/pulse 미만의 에너지밀도를 갖는다[8]. 모재에서 발생하는 현상인 투과율 백화현상은 1kJ/㎠ 이상의 조사량에서 발생하며, 레티클 두께에 대해서 최대 1%에 달한다. 적합한 소재선정을 통해서 백화현상을 최소화시킬 수 있다.

(나) 193nm 및 248nm용 APSM 소재

희석식 위상천이마스크(APSM)는 분해능강화기법에서 일반적으로 사용되고 있다. 이 기술은 대부분의 경우, 접촉수준에서의 프린트에서 사용되지만, 보통 비축(off-axis)조명과 함께 사용하면 고립된 선과 조밀한 선에도 유용한 것으로 알려져 있다[9~12]. APSM의 형태는 흡수층이 박막(또는 적층)으로 대체되었다는 점을 제외하고는 2진 마스크와 유사하다. 이 박막은 두 가지 기본요건을 충족시켜야만 한다. 5~15% 내외의 소량의 입사광만을 투과시키며, 투과된 빛을 반 파장만큼 지연시켜야 한다. 그 결과 개방영역의 테두리에서 음의 계면이 발생되며, 영역 영상의 경사도는 예리해진다. 희석용 박막 소재는 입사광을 흡수하도록 설계되었기 때문에, 소재의 내구성이 주요 관심사이다. 더욱이, 이들의 광학적 성질은 사용하는 파장에 대해서 뿐만 아니라 전형적으로 매우 높은 검사파장에 대해서도 일정하게 유지되어야만 한다. 248nm에서는 희석식 위상천이마스크(APSM)가 제조에 일반적으로 사용되며, MoSi 소재가 사용된다[13]. 193nm의 경우에 희석식 위상천이마스크(APSM)는 여전히 평가단계에 있다. 크롬 옥시플루오라이드[14,15], MoSiON-기반 층[16], 그리고 Si 기반의 합성물질[17] 등이 소재의 대안으로서 제안 및 시험되고 있다. 비 화학량적인 소재들이 레이저에 의해서 유발되는 산화공정 때문에 더 변하기 쉬운 것으로 밝혀졌다[18]. 증착된 박막 내에서 결함밀도를 최소화시키는 것이 중요하다. 예를 들면, 증착방법이나 증착후 풀림방법의 개선을 통해서 크롬 옥시플루오라이드를 기반으로 하는 박막의 내구성이 개선되는 것으로 밝혀졌다 .193nm 및 248nm 리소그래피용 APSM의 새로운 제조방법들은 나노미터 규모의 두께를 갖는 질화티타늄 층과 질화물 층을 교대로 쌓은 광학식 규칙격자(superlattice)를 사용하고 있다[19].

광학적 희석량은 TiNx 층의 두께를 증가시킴으로서 조절된다. 이 박막의 193nm 방사에 대한 내구성은 총 두께를 동일하게 유지하면서 이중층의 숫자를 1에서 10으로 증가시킴으로서 개선할 수 있다. 더욱이, 외부 층이 TiNx인 다중 적층은 SiNx을 외부층으로 사용하는 동일한 적층보다 더 높은 방사경도를 갖는다. 이러한 경향에 따르면 (계면의 숫자를 증가시켜 줄 것으로 예상되는) 결함밀도 보다는 층의 고유한 성질들이 퇴화경향을 지배한다는 것을 시사하고 있다.

(다) 157nm 리소그래피 세대

앞서의 193nm 소재에 대한 논의에서 보았듯이, 마스크 소재에 관련된 초기 광학적 성질과 수명은 생산 요구조건에 근접하였거나 이미 충족되어 있다. 그런데 157nm 리소그래피의 경우에는 마스크 업계가 심각한 도전에 직면해 있다. 193nm 이하의 파장에 대해서 충분한 투명도를 갖고 있는 소재의 숫자는 극도로 제한되어 있다. 예를 들면, 193nm 용도로 사용되는 기존의 용융실리카와 193nm용 연질 펠리클은 157nm에서 필요로 하는 초기투명도나 수명 모두를 충족시키지 못한다.

(라) 변형된 용융실리카

최고품질의 193nm 용융실리카 조차도 157nm에 대해서는 충분한 투과율을 갖고 있지 못하다. 157nm를 리소그래피 파장의 후보로서 연구하던 초창기에, 마스크 소재로 용융 실리카를 대체할 소재를 찾는 데에 엄청난 노력이 소모되었다. 불화칼슘이나 불화마그네슘과 같은 수많은 불소화 물질들이 이 파장대역에 대해서 뛰어난 투명도를 갖는다. 그런데 단결정 불소화 소재들은 용융실리카보다 열배 이상 큰 열팽창계수를 갖고 있다. 이러한 사실 때문에 마스크 기록이나 웨이퍼 노출시 열에 의한 프린트 형상의 왜곡이 허용할 수 없을 만큼 크게 나타난다[20,21]. 더욱이, 만일 불소화 소재들이 마스크 모재로 사용된다면 마스크 모재 공급업체와 마스크 제조업체에 의해서 완벽하게 새로운 화학적 공정들이 개발되어야만 한다. 따라서 비록 산업계에서 완벽한 크기의 CF_2 마스크 모재를 제조 및 특성화하기 위한 태스크포스를 설립하였다고는 하지만, 용융실리카에 대한 개선 연구는 계속되고 있다. 1978년에 이미, 용융실리카의 흡수한계에 대한 세밀한 관찰을 기반으로, 소재변형을 통해서 투과율 한계를 넓히는 방안이 제안되었다[23]. 그 해법은 추가적인 투과율 손실을 유발하지 않으면서 소재의 굴절률을 줄이기 위해서 불소를 도핑한 실리카 코어 파이버를 사용한, 광통신업계에서 나왔다. 1993년 Kyote 등[24]은 이 불소도핑 방법이 진공 자외선(VUV) 영역에서 용융실리카의 투과율을 현저히 증가시킬 수 있음을 규명하였다. 1990년대 후반에, 기존의 기법을 발전시켜서 변형된 용융 실리카의 투명도를 개선시켰다[25]. 일반적인 접근방법은 두 단계로 구성된다. OH 반족이 155nm 이상의 파장을 흡수하기 때문에 용융 실리카 내에서 수산화물 농도를 저감시킨다. 그리고 규소원자 내의 공유되지 않은 모든 전자들을 적정(titrate)하기 위해서 유리 네트워크에 불소를 주입한다. 그림 6-11에서는 기존 UV 등급 용융실리카와 변형된 용융실리카의 투과율을 비교하여 보여주고 있다[26]. MIT 링컨 실험실에서 몇 가지 변형된 용융실리카들에 대한 평가가 수행되었으며, 이들 중 일부는 낮은 초기흡수성 뿐만 아니라 펄스 수에 따른 투과율 안정성과 앞서 논의했던

성능들 모두를 충족시켰다. 변형된 용융실리카의 본질적인 흡수특성은 157nm의 경우 0.02/cm(base 10)의 낮은 값을 갖고 있어서, 표면손실이 없다고 가정하면 6mm 두께의 모재에서 85.5%의 투과율을 나타낸다.

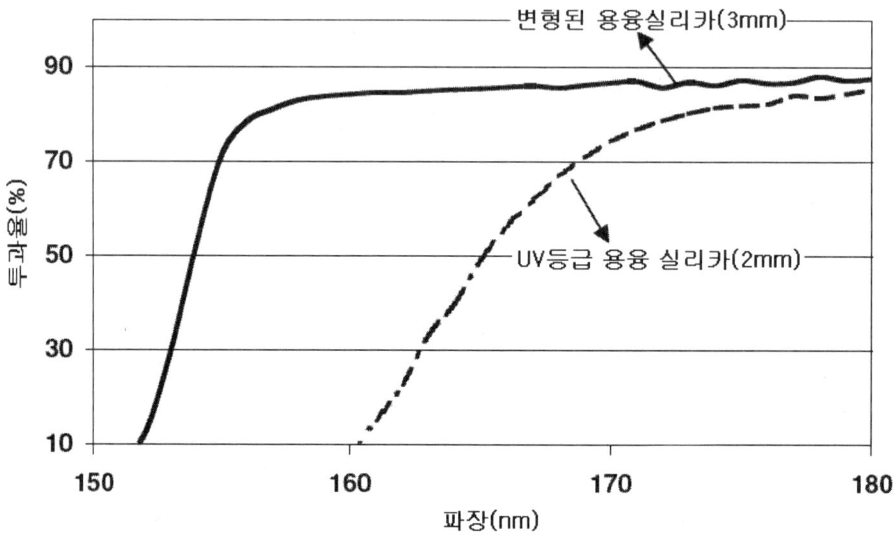

그림 6-11. 표준 UV등급 용융실리카와 변형된 용융실리카 시편의 투과율 비교

(마) 흡수용 소재

흡수소재의 두께는 마스크 형상의 종횡 비율을 최소화시키기 위해서 지속적으로 줄어든다. 이와 동시에, 3.0의 광학밀도가 2진 마스크의 최소 안전계수로 간주되고 있다. 상용 193nm 및 248nm 흡수재 박막은 반사율 조절을 위해서 크롬과 산 질화크롬 층으로 구성된 경사구조를 채용한다. 이 소재들이 157nm에서 너무나 투명하기 때문에 몇 가지 문제점들이 있다[27]. 예를 들면, 193nm에서 157nm로 변하면 크롬 모재의 흡수계수는 약 20% 저하된다[28]. 그런데 193nm를 기반으로 하는 흡수재에 대한 세밀한 측정결과에 따르면 최소한 동일한 두께를 갖는 157nm의 경우에도 적용할 수 있다[29].

(바) 희석식 위상천이 마스크

193nm 및 248nm에 비해서 157nm APSM 개발에 대한 연구는 훨씬 작다. TaSiO [30], 산 질화 크롬 알루미늄[31], 그리고 이산화규소 모재에 다양한 산화물과 질화물들로 구성되어 일반적으로 내열소재라고 알려진 복합소재 박막[32]과 같은 소수의 후보 소재들만이 보고되었다. 사용할 수 있는 제한된 데이터들에 따르면 이 소재들은 사용

중에 레이저 방사에 의해서 변질된다[33]. 희석재로 박막 금속 층을 사용하며, 위상조절을 위해서 유리 위에 스핀 된 투명 층을 적층하여 사용하는 이중층 방법도 시도되었다[34]. 이 희석식 위상천이마스크(APSM) 적층은 희석률과 위상의 조절이 용이하며, 내구성이 좋을 뿐만 아니라, 더 높은 파장대역까지의 확장이 가능하다.

3.4 오염과 세척

리소그래피 업계에서는 특히, 157nm의 짧은 파장대역에서는 마스크가 공기에 의해서 유발되는 오염물질에 마스크가 노출되는 것을 방지하기 위해서 특수한 운반 및 보관방법이 사용되어야만 한다는 것에 공감하고 있다. 레티클에 대한 투과율 균일성 요구조건은 ±0.25%이다. 비교를 위해서, 157nm에서는 표면 하나 당 물리적으로 흡착된 탄화수소나 물의 단일층 1~2개가 대략적으로 1%의 투과율 저하를 초래한다[35]. 그림 6-12에 관계된 데이터가 나타나 있다.

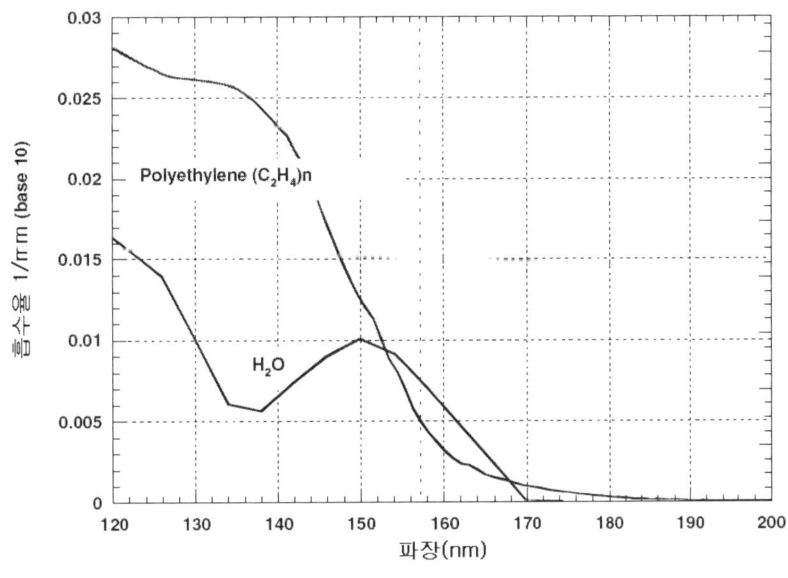

그림 6-12. 18.7 폴리에틸렌과 응축수분 박막 층의 나노미터 당 흡수성(Ref. [35])

표면상에서의 보호 물질과 오염물질의 화학반응의 국부적인 편차 등에 기인하여, 출고후의 레티클의 경우, 이와 동일한 수준의 총 투과율 균일성이 보고된 바 있다[36]. 특수한 운반방법의 가능한 대안으로는 스캐너 빔 라인 속으로 투입하기 전에 UV를 기반으로 하는 레티클 전처리를 수행하는 것이다. 산소 하에서 짧은 파장을 조사하는 것이 탄화수소와 물을 기반으로 하는 오염물질들을 제거하는 데에 매우 유용한 것으로 밝혀졌다[37,38]. 투사광학계 내에서 렌즈요소들의 재 오염 가능성을 미연에 방지하기 위하여 분할된 구획 내에 대하여 "오프라인" 상에서 수행될 수 있는 방법은 완전 건식 공정이다. 소재제거를 위한 반응 메커니즘에 대한 연구가 예전에 진행되었으며[39], 폴리머 박막 내에 형성된 UV에 의해서 유발되는 라디칼들과 표면과 반응하는 기체상태의 산소분자들 사이에서 휘발성 물질이 생성되는 것으로 밝혀졌다. 기체상 내에서 형성되는 광 유발성 오존들은 반응성을 현저하게 높여준다. MIT 링컨 연구실에서는 산소를 함유한 대기 내에서 UV 램프 조사를 사용해서 레티클 표면에서 탄화수소 오염물질을 제거하는 방안에 대한 세밀한 연구가 수행되었다[40]. 조사 직후에, 시편을 진공 UV 분광계 속으로 투입하였다. 실험세트들 중 하나에서는 157nm 마스크 모재를 특별한 취급이나 보관공정 없이 운반하였다. 일단 건조한 질소대기 속에 변형된 용융실리카를 넣으면 수분이 즉각적으로 석출되지만, 탄화수소 잔류물들은 램프로 세정하기 전까지는 표면에 잔류하는 경향이 있음이 밝혀졌다. 이러한 레티클에 대한 램프 기반의 세척 후에는 157nm에서 1% 수준으로 투과율이 회복되는 것이 밝혀졌다.

두 번째 세트의 실험은 강하게 접합된 탄화수소 박막을 사용해서 조절된 수준의 사전오염 조건을 만들었다. 이 소재들은 제거가 가능한 탄화수소 오염물질의 화학작용에 대해서는 최악의 시나리오를 제공해 준다. 0.1%~10%의 산소농도에 대해서 ~10nm 박막에 대한 세정용 조사가 양호한 것으로 보고되고 있으며, ~15%까지는 제거율이 산소농도나 그에 따른 오존농도에 무관하다[41]. 172, 185 nm에서는 두 가지 파장에 대한 제거율을 보여준다. 172nm 램프는 2mW/㎠를 조사하며, 수은등은 총 출력이 30mW/㎠로, 185nm 라인에는 1.5mW/㎠을, 그리고 나머지는 254nm 라인에 조사한다. 결과에 따르면 185nm는 254nm에 비해서 흑연화 된 박막 내에서 라디칼 생성에 훨씬 더 효과적임을 알 수 있다. 마지막으로 장기간 동안 고농도 산소 내에서 조사를 받은 크롬 기반 흡수재 박막의 표면조도와 반사도 변화가 관찰되었다. 이는 마스크 검사과정에서의 광반(flare) 및 관련된 문제들의 증가를 초래하므로 레티클의 램프세정에 있어서 총 노출시간과 산소농도에 대한 제한조건으로 작용한다.

4. 펠리클 (Pellicle)

4.1 개요

"펠리클"이라는 용어는 "막", "박막", 또는 "맴브레인" 등을 의미하는 용어로 사용되고 있다. 1960년대 초기에, 펠리클이라고 알려진 금속 프레임 위에 펼쳐진 박막이 광학 계측장비의 빔 분할기로 사용되었다. 이 박막은 두께가 얇아서 광학경로를 천이(shift)시키지 않고 빔을 분할할 수 있기 때문에 수많은 계측장비에 사용되어 왔다. 1978년에 IBM사에서 포토마스크 또는 레티클을 먼지로부터 보호하기 위해서 펠리클을 사용하는 공정에 대한 특허를 출원하였다. "펠리클"이라는 단어는 "포토마스크를 보호하기 위한 박막 먼지덮개"라는 의미가 있다.

펠리클은 두 가지 목적, 즉, 다이 수율의 증가와, 세정 및 검사 등 전반적인 포토마스크 취급과정을 간략화 시키기 위해서 주로 사용된다. 이것은 프레임에 의해서 잡아당겨진 박막으로, 포토마스크를 입자오염으로부터 보호하기 위해서 사용된다. 오늘날, 펠리클은 대부분 IC 제조업체들의 제조공정에 통합된 요소가 되었으며, 고 분해능 투사 포토리소그래피 시스템은 펠리클을 박막 지기검출 헤드, LCD 평판, 미세가공시스템(MEMS) 등의 제조에 사용한다.

프린트 공정 도중에, 펠리클 막 위에 놓인 어떤 입자들도 웨이퍼 평면상에서 초점밖에 놓이게 되므로 그림자 번짐만이 남게 되어, 웨이퍼 상에서 포토마스크 영상에 최소한의 영향을 끼치게 된다. 펠리클 보호 없이는, 포코마스크 표면에 입자들이 쉽게 유입되어 웨이퍼상에 왜곡된 영상을 형성하며, 칩의 결함을 유발한다.

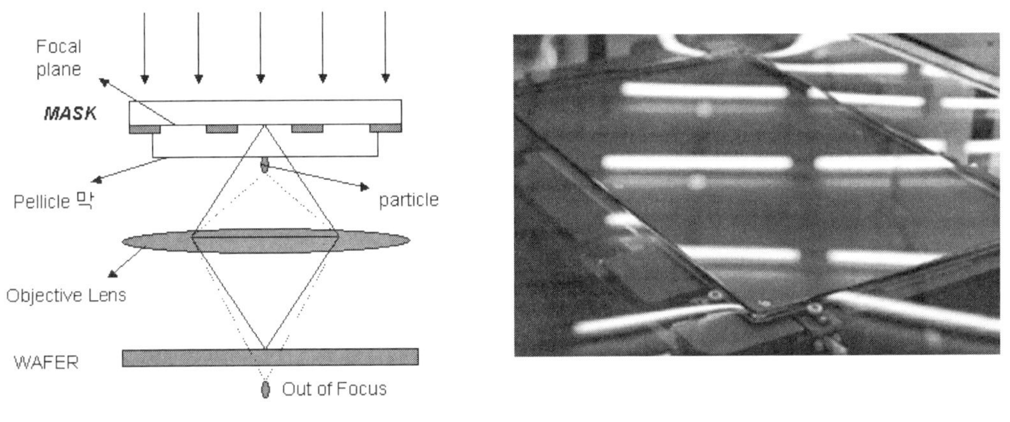

그림 6-13. 노광 시스템에서의 펠리클 사용 위치

펠리클이 사용되기 이전에는 매일 포토마스크에 대한 세척 및 검사를 수행해야 했다. 따라서 포토마스크는 환경에 의해서 쉽게 오염되거나, 세척과정에서 손상을 입게 되어 다이수율의 저하와 높은 교체비용을 초래하였다.

광학 투사 시스템에 펠리클을 사용하는 모습이 그림 6-13에 나타나 있다. 일단 펠리클이 포토마스크에 제대로 부착되고 나면, 펠리클에 의해서 덮여진 표면은 이후의 외부 입자오염에 대해서 자유로워진다. 따라서 원래 포토마스크의 품질이 보존된다. 이제는 포토마스크의 품질을 보증하기 위해서 펠리클 박막과 포토마스크 표면에 대한 간단한 검사만이 필요하다.

4.2 펠리클 구조 및 구성요소

펠리클은 자신의 기능을 제대로 발휘하기 위해서 몇 가지 핵심기능들을 갖추고 있다. 전형적인 펠리클이 그림 6-14에 도시되어 있다.

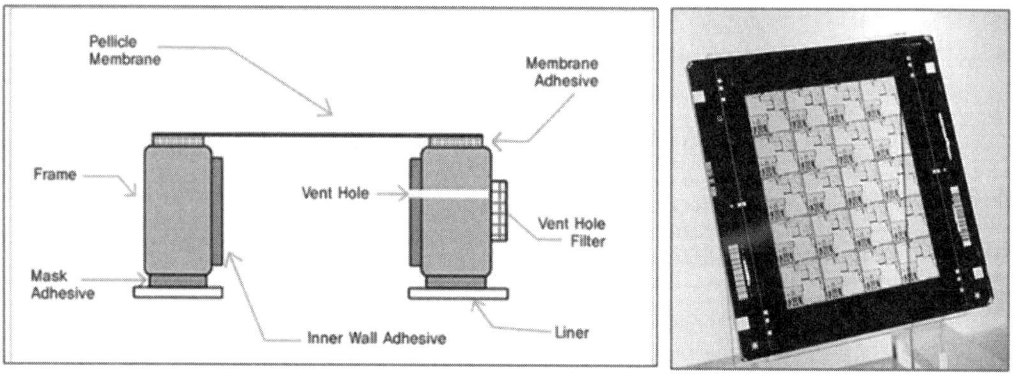

그림 6-14. 펠리클의 구조(좌)와 펠리클이 장착된 레티클(우)

(가) 막

펠리클 내의 막은 외부 오염, 즉, 입자나 증기 배출가스 등이 포토마스크 표면에 도달하는 것을 막기 위한 물리적인 방어막으로 작용한다. 이와 동시에, 이 막을 얇기 때문에, 초점과 투과율 왜곡을 최소화시키면서 광 경로를 확보해 준다.

(나) 제조공정

펠리클 막을 생성하기 위해서 함침 코팅, 화학적 증기증착, 그리고 스핀 코팅 등이 사용되어 왔다. 현재 대부분의 펠리클 막들은 스핀코팅 공정을 통해서 생산된다[42,

43]. 2003년에 LCD 포토마스크용으로 582mm×348mm 크기의 펠리클이 스핀코팅 공정을 통해서 생산되었다. 펠리클 막은 적절한 비 반사 특성을 갖춘 비 반사 소재로 코팅할 수도 있다. 비반사 코팅공정은 낮은 굴절률을 갖는 소재를 사용해서 스핀코팅이나 진공증착 등의 공정을 통해서 이루어진다. 비 반사 코팅이나 원자외선 막에 사용되는 불소화 폴리머는 저에너지 표면을 생성하며, 펠리클 표면에서 입자들을 제거하기 용이하게 만들어준다.

(다) 투과율과 소재

투과율은 막 두께, 비 반사코팅의 유형, 막 소재의 광 흡수성, 그리고 웨이퍼 얼라이너나 웨이퍼 스테퍼에서 사용되는 빛의 파장 등에 의존한다. 니트로셀룰로오스는 초창기에 사용되었던 막 소재이며, g-라인(436nm)이나 i-라인(365nm) 웨이퍼 스테퍼와 광대역 투사 웨이퍼 얼라이너 등에서 사용할 수 있다. 그런데 이 소재는 350nm 이하에서 흡수가 시작되므로 350nm 이하에서는 사용할 수 없다. 초산셀룰로오스나 초산부티르산셀룰로오스와 같은 에스테르화 된 셀룰로오스들은 300nm 이상에서 양호한 투과율을 갖고 있는 반면에, 테플론 AF□(듀폰™)이나 Cytop□(아사히 유리) 등과 같은 과불화 폴리머들은 248nm 및 193nm 스테퍼에 사용할 수 있다. 막 소재들은 포토마스크 영상을 웨이퍼 표면에 연속적으로 복제하기 위해서 적절한 균일성, 기계강도, 광학 투과율, 그리고 청결성 등을 갖춰야만 한다. 사양의 측면에서 필요한 몇 가지 특성들은 다음과 같다.

① 투과율 균일성
대부분의 막이 스핀코팅을 통해서 만들어지므로, 균일성은 펠리클 막의 중심에서 시작하여 테두리 쪽으로 형성된다.

② 소재강도
모든 각도로 분사되는 2mm 또는 그 이상의 크기를 갖는 노즐을 사용하는 특정 압력의 질소 또는 공기분사장치에 대해서 막과 접착제가 견딜 수 있어야만 한다. 원자외선 펠리클 막이나 비 반사 코팅에 사용되는 불소화 폴리머의 경우, 막의 표면 에너지가 낮기 때문에 막을 프레임에 접착하기 위한 적절한 접착제를 찾는 것이 매우 어렵다. 그러므로 이런 목적으로 개발된 접착제는 단지 소재강도와 제한된 수명한도 내에서의 접착강도만을 갖출 수 있을 뿐이다. 접착강도, 즉, 프레임에 재한 접착제의 접착성은 각각의 펠리클 공급업체별로 일일이 검사해야만 한다.

③ 사용수명

펠리클의 수명은 펠리클 소재와 웨이퍼 스테퍼나 웨이퍼 얼라이너에 사용되는 광원특성, 즉, 광원의 파장, 강도 및 사용된 광 필터 등에 따라서 큰 편차를 갖고 있다. 펠리클 내의 모든 소재성분들은 자외선 빛에 의한 퇴화, 산화에 의한 퇴화, 그리고 가스방출 등에 노출되며, 따라서 제한된 수명을 갖는다고 간주해야만 한다. 펠리클상의 비 반사 코팅(ARC)은 펠리클 전체의 투과율과 균일성을 향상시켜준다. 펠리클상의 비 반사 코팅은 또한, 투과율이 기저 막의 두께변화에 덜 민감하도록 만들어준다. 불소화 칼슘과 같은 무기물을 증착하거나, 불소화 폴리머를 스핀 코팅하여 비 반사 코팅을 수행할 수 있다. 불소화 폴리머 비 반사코팅은 저 에너지 표면을 생성해 주는 추가적인 장점도 가지고 있으므로, 대부분의 무기물 비 반사 코팅에 비해서 펠리클 표면에서 입자들을 불어내기 쉽다. 248nm 및 193nm용 원자외선 펠리클의 용도로는 과불화 폴리머를 사용하기 때문에, 이들 펠리클에는 현재 별도의 비 반사코팅을 시행치 않는다.

(라) 프레임

프레임은 막을 지지하며 포토마스크 위에 접착된다. 프레임은 기계적으로 단단하고, 평평하며, 안정적이고, 오염물질을 생성하지 않으면서도 검사가 용이해야만 한다. 전형적인 소재로는 흑색 양극산화피막(anodizing) 처리가 된 알루미늄 합금을 사용한다.

현재의 프레임 제작공정은 매우 거칠고 불균일한 표면을 갖는 펠리클 프레임을 생성한다. 그러므로 펠리클 프레임을 매끈한 표면으로 만들기 위해서 코팅이 사용된다. 불균일한 표면에 숨어있는 입자들이 코팅에 의해서 밀봉되는 반면에, 코팅을 통해서 프레임 표면상의 입자들에 대한 검출이 쉬워진다. 많은 경우, 공기에 의해서 전달되는 입자들을 포집하기 위해서 코팅은 접착성 또는 액상소재와 결합하여 사용된다. 펠리클 프레임에 대한 코팅이 없는 경우에는, 입자들이 프레임 도랑 속에 숨어 있다가 결국에 가서는 펠리클 막이나 포토마스크 위로 떨어지게 된다. 코팅이 펠리클에 아무런 부정적 영향을 끼치지 말아야 한다는 점이 매우 중요하다. 예를 들면, 막의 투과율 손실을 피하기 위해서 액상 코팅은 자외선 저항성이 있어야만 하며, 포토마스크 표면에서의 응축이나 결정화를 피하기 위해서 기체방출이 최소화되어야 한다. 그림 6-15에서는 MLI 펠리클에 코팅이 없는 경우와 코팅이 시행된 경우의 프레임 표면을 보여주고 있다.

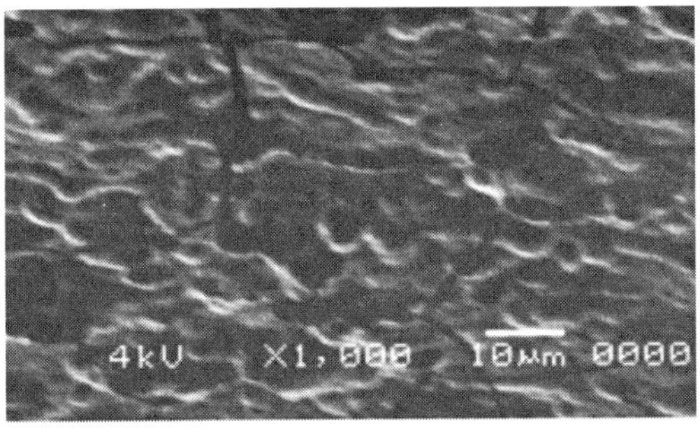

(a) Without coating

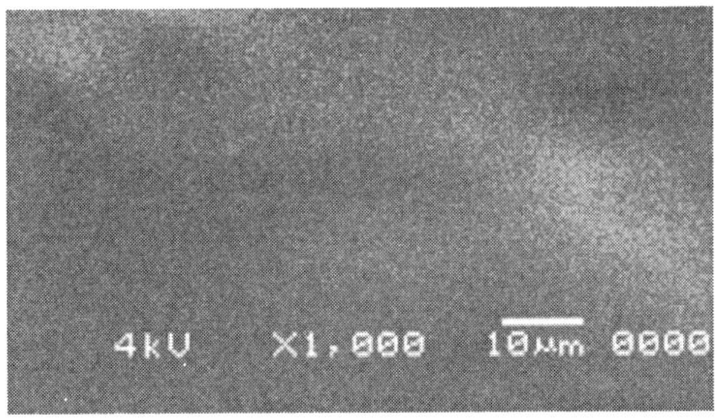

(b) With coating

그림 6-15. 코팅 유무에 따른 표면의 SEM 사진

(마) 환기구멍과 필터

항공운송 도중에 펠리클은 심한 압력 차이에 노출되며 펠리클 막 하부의 공기 체적이 팽창하거나 수축한다[44]. 이는 막에 손상을 입히거나 심지어는 파손을 일으킨다. 따라서 항공운송 도중에 펠리클 막 내측과 외측 사이의 공기압력 차이를 균일하게 유지시키기 위해서 펠리클 프레임 내에 환기구멍 즉, 숨구멍이 개발되었다. 1980년대 초반에 인텔사에 의해서 Ultratech 웨이퍼 스테퍼 레티클을 공장에서 고도가 다른 장소로 운반하기 위한 목적으로 캡 스크루가 장착된 환기구멍이 처음으로 사용되었다. 이후에 Kasunori Imamura의 특허를 통해서 필터가 장착된 환기구멍이 도입되었다[45]. 비록 필터가 장착된 환기구멍이 프레임의 내측과 외측 압력을 균일하게 만들어줄 수 있지만, 구멍의 측벽이 압력에 민감한 접착제로 코팅되어있다고 하더라도, 이 구멍 자체는 항상 입자들을 숨기고 있을 수 있는 가능성을 갖고 있다. 그러므로 항공운송이 필요하거나 고도가 다른 곳에서 사용해야만 하는 경우를 제외하고는 필터가 장착된 환기구멍을 사용하는 것을 추천하지 않는다. 게다가 포토마스크나 레티클을 밀봉해주는 단일층 주조방식의 압력에 민감한 접착제를 사용하면, 빠른 마운팅 공정이 일부 공기를 포획하거나 막의 팽창을 유발한다. 필터를 장착한 환기구멍이 프레임에 설치되면 이런 문제를 해결할 수 있다. 주변 환경으로부터의 기체방출과 포토마스크 용기의 기체방출의 경우, 특히, 원자외선 포토리소그래피에서는 필터가 펠리클 내부를 외부에 발생 가능한 증기오염과 연결시켜줄 수도 있기 때문에, 필터를 장착한 환기구멍이 필요한가를 결정하기 위해서 충분한 기체방출 데이터를 수집해야만 한다.

(바) 마운팅 접착제와 개스킷

펠리클을 포토마스크에 부착하기 위해서 마운팅용 접착제나 개스킷이 사용되며, 이

것들은 탈착용 라이너와 함께 프레임에 미리 장착된다. 두 가지 서로 다른 유형의 접착제들이 사용되어 왔다. 기재(carrier) 접착제와 무기재(noncarrier) 접착제이다. 기재를 포함한 접착제는 압력에 민감한 아크릴 또는 고무 재질의 접착제 양면에 폴리우레탄 발포제, 비닐 발포제, 또는 고체 기재들이 코팅된 것이다. 발포 접착제들은 펠리클 제조의 초창기에 광범위하게 사용되었다. 기재를 사용치 않는 접착제들은 핫멜트, 자외선 응고 또는 에멀션 형태의 압력 민감성 접착제를 사용해서 프레임 상의 정위치에 단일층 전사 테이프나 캐스트를 위치시키기 위해서 프레임에 사용된다. 두 가지 유형의 접착제들 모두 두께는 0.10~0.80mm 내외의 범위이다.

(사) 배면덮개

배면덮개는 1982년 MLI사에 의해서 최초로 도입되었으며, 현재는 현장에서 널리 사용되고 있다. 배면덮개의 목적은 운반과정에서 펠리클의 내부를 공기에 의해서 운반되는 입자들로부터 밀봉하기 위한 것이다. 이 덮개는 펠리클을 포토마스크에 부착하기 직전에 제거한다.

4.3 검사

펠리클의 구조 때문에, 필름만을 자동으로 검사할 수 있다. 여타의 요소들은 시각적으로 검사해야만 한다. 결함들은 치명적 결함, 기능적 결함, 또는 표면적 결함 등으로 분류하며, 적절한 대응방안을 취해야 한다. 기능적 결함은 공급자와 사용자 사이에 매우 잘 정의되어 있는 반면에 표면적 결함은 표준시편과 비교를 수행해야만 한다. 펠리클을 올바르게 검사하기 위해서는 몇 가지 요소들에 대한 주의가 필요하다. 펠리클 막의 투과율과 균일성, 막의 입자오염, 프레임, 접착제 및 펠리클의 전반적인 무 결점성 등이다.

(가) 박막 투과율과 균일성 검사

투과율을 검사하기 위해서는 펠리클 막의 투과율과 균일성 검사용 스펙트럼 분광도계가 사용된다. 배면 기생 광노이즈, 분해능, 즉, 슬릿의 대역, 그리고 스펙트럼 분광도계에서 나와 펠리클 속으로 입사되는 측정광의 입사각도 등에 대한 고찰이 필요하다. 비록 때때로 일부 펠리클들이 일부 펠리클 공급업체가 제시하는 사양에 미치지 못한다고 할지라도, 각 펠리클들의 투과율을 개별적으로 측정하기 때문에 투과율에는 일반적으로 아무런 문제가 없다. 투과율 균일성은 전형적으로 녹색 수은등이나 헬륨-네

온등과 같은 단색광을 사용해서 측정한다. 단색광의 도움으로 스핀코팅 공정에 의해서 유발되는 막 상의 불균일한 점들을 손쉽게 감지할 수 있다. 마찬가지로, 코팅되지 않은 웨이퍼 스테퍼 박막의 코팅 균일성을 검사하기 위해서 MLI에서 제작한 레이저 반사를 이용한 검사장비가 사용되어 왔다. 코팅되지 않은 막의 두께는 투과율이나 스펙트럼 분광도계의 반사 스펙트럼, 또는 상용 막 두께 측정용 장비 등을 사용해서 손쉽게 측정할 수 있다.

(나) 박막 입자검사

검사와 교정을 위해서 표준입자가 사용되어야만 한다. 모든 검사장비의 교정을 위해서는 구체적으로 펠리클 표면에 놓여있는 1, 0.5 및 0.3㎛ 크기의 표준 입자들이 사용되어야만 한다. 시각검사에서 조차도, 정확한 검사를 위해서는 이들 표준이 규칙적으로 조작자에게 제시되어야 한다. 현재, 막 오염을 검사하는 데에는 세 가지 방법이 있다. 육안검사, 레이저 주사, 그리고 비디오카메라 검사이다. 육안검사는 매우 민감하다. MLI는 적절한 조명하에서 0.3㎛ 크기의 입자도 감지할 수 있음을 발견하였다(펠리클 막 상의 표준 폴리스티렌 비드를 사용해서 교정하였으며, 레이저 주사 장비로 검증하였다). 그런데 육안검사는 본질적으로 정량화가 어렵다. 이 검사공정에는 작업자의 시각 민감노, 초점능력, 김사각도와 위치, 눈에서 막까지의 거리, 입사광 및 배경광 강도, 그리고 배경광에 대한 동공 응답속도 등과 같은 몇 가지 인자들이 검사과정에 게재된다. 1㎛ 이하의 입자를 감지할 수 있는 능력은 작업자들 사이에 큰 편차가 있다. 비록 기계를 사용한 검사가 재현성이 없는 결과를 만들 수노 있시만, 막 입자들에 대한 레이저 검사를 사용하여 구현할 수 있는 최고의 재현성은 대략적으로 ±20% 내외이다. 이 한계는 주로 주사선의 겹침과 주사선 안정성 등에 의해서 조절되며, 이들은 주사 광학계의 진동한계에 의해서 영향을 받는다. 레이저 주사를 통해서 0.3㎛ 이하의 입자들도 감지할 수 있다. 적절한 조명하에서 비디오카메라를 사용하면 0.3㎛ 이하의 입자도 손쉽게 감지할 수 있다. 현재의 고속 컴퓨터 비디오 캡처와 처리를 사용한다면, 이 방법은 펠리클 막 위의 입자들을 감지하는 최고의 기법이다. 이 세 가지 방법들 모두 제한을 가지고 있다. 육안검사, 레이저 주사, 그리고 비디오카메라 검출은 실제 입자 크기가 아니라 산란광을 감지한다. 실제의 입자 크기는 실제적으로 산란광이 나타내는 것보다 실제적으로 클 수가 있으며, 때로는 감지된 입자 크기에 비해서 10배 이상 큰 경우도 있다. 게다가 레이저 검출은 레이저 조사각도, 레이저 스폿의 강도분포, 프레임 높이, 그리고 프레임 테두리에서의 광 산란 등에 따라서 프레임 테두리에서 2~3mm 떨어진 영역까지로 제한된다. 레이저 주사와 비디오 검사를 육안검사와 비교해 보면, 레이저와 비디오 검사는 기계적인 공정이므로 더 재현성이 높은 결과를 도출하는 반면에, 강한 산란광 하에서의 육안검사는 그리 달갑지 않은 작업환경이다. 그런데 육안검사는 원하는 민감도, 빠른 검사 속도, 프레임 테두리 영역의 검사능력, 그리고 심지어는 최소한 더 큰 입자라면 막의 어느 쪽에 입자가 묻어있는지를 검출할 수 있는 능력을 가지고 있다.

(다) 프레임 검사

프레임은 일반적으로 가공, 샌드 블러스팅, 및 흑색 양극산화피막처리 등이 시공된다. 현재, 이런 펠리클 프레임의 검사에는 투사광 하에서의 육안검사가 사용된다. 그런데, 작업자는 기계가공의 흔적, 샌드 블러스팅에 의한 거친 표면, 또는 식각 얼룩이 존재하는 다공성 양극산화피막 표면 등으로부터 3㎛이나 그 이상의 크기를 갖는 입자를 구분해낼 수 없다. 그러므로 프레임 표면 불균일과 입자 오염 사이를 구분해 내는 것은 매우 어렵다. 게다가 프레임에 의한 강한 배면산란광은 일을 훨씬 더 어렵게 만든다. 현미경 하에서의 프레임 입자 검사가 시도되었지만, 성공적이지 못하였다. 현미경 하에서의 관찰 시 프레임의 불균일이 훨씬 더 선명하여 입자를 구분하는 것이 훨씬 어려워진다. 그러므로 프레임을 매끈한 표면으로 만들고 자동화 및 육안검사를 가능케 하기 위해서는 프레임의 표면코팅이 필요하다.

(라) 접착제 검사

예전에 사용되었던 발포성 접착제는 측벽에 50㎛ 이상 크기의 구멍을 갖고 있다. 발포소재의 불균일성은 이런 접착제에서 작은 입자들의 검출을 거의 불가능하게 만들어버린다. 청결도를 유지하기 위해서는 엄격한 세척공정이 수행되어야만 한다. 현장주조, 무기재(noncarrier) 접착제를 사용하면 표면을 훨씬 매끈하게 만들어주며, 입자와 접착제 불균일간의 차이를 쉽게 구분할 수 있게 된다. 그런데 프레임 테두리와 접착제상의 입자검출은 여전히 어렵다.

4.4 취급과 환경

펠리클은 클린룸 영역 내에서 제작되고, 클린박스 및 백을 사용해서 검사, 보관 및 운송되어야 하며, 포토마스크에 장착되고 나면 포토마스크 박스 속에서 장기간 동안 보관 및 사용되어야 한다. 이런 모든 단계들이 어떤 새로운 입자나 오염을 생성하지 않아야만 한다. 실제로는 많은 취급 및 검사단계들이 펠리클의 청결도를 저하시킬 수 있다. 일반적으로 서로 다른 많은 크기와 형상의 펠리클들이 한 영역 내에서 취급되어야만 하므로, 어려운 작업들에 대한 자동화와 인적 관리만이 유일한 해결방안이다. 검사를 위해서 펠리클을 붙잡고 있는 것만도 어려운 일이며, 오염의 원인이 될 수 있다. 펠리클의 취급은 작은 일이 아니다. 펠리클 크기의 표준화는 취급문제들 중 일부를 해결하기 위한 좋은 방안이 될 수도 있다.

(가) 정전하의 조절

펠리클 취급과정에서 정전하 조절의 중요성은 아무리 강조해도 지나침이 없다. 펠리클이 막과 같은 플라스틱, 탈착용 라이너, 그리고 배면덮개 등으로 구성된 경우, 취급과정에서 정전하가 발생하기 쉽다. 예를 들면, 탈착용 라이너를 벗겨 내거나 설치용 접착제로부터 배면덮개를 제거할 때에 2000V의 전기가 발생될 수 있으며, 이를 재빠르게 중화시키지 않는다면, 거의 즉각적으로 주변 환경에서 입자들을 펠리클 위로 흡착시켜 버린다. 또한 운송용 박스, 백, 그리고 보관용 용기 등과 같은 포장소재들은 모두 플라스틱이다. 이런 소재들을 생산라인에서 취급하는 과정에서 정전기가 쉽게 발생되며, 작업영역으로 입자들이 빨려들게 된다.

ESD를 저감하고 충전판 모니터를 1000V에서 100V로 낮추기 위해서 최소한 10초를 할애하여 정전기 흡착에 의한 오염을 최소화하기 위해서는 적절한 공기유동 조건 하에서 적절한 정전기 방지 장치들을 사용해야만 한다. 청결하고 적합한 ESD 환경 없이는, 오염이 발생되고 포토마스크 결함을 초래하여 입고검사, 출고검사과정 또는 심지어는 반복사용 이후에도 검사탈락을 유발한다. 마운팅 장비와 작업테이블에서의 적질한 공기흐름 역시 청결도의 유지에 필요하다.

(나) 마운팅

포토마스크 위에 펠리클을 설치하는 것을 마운팅이라고 부른다. 이상적으로는 자동화된 취급 장비를 사용하는 마운팅 장비와 자동화된 검사장비가 이 작업을 수행해야만 한다. 실제의 경우, 펠리클 막 만이 자동으로 검사된다. 마운팅 작업, 탈착용 라이너 벗김, 또는 배면덮개를 펠리클에서 벗겨내는 작업 등은 정전하의 충전과 오염을 유발할 수 있다. 그러므로 간단한 해결방안은 손쉽게 청결성을 유지할 수 있는 마운팅 장비를 사용하며, 조작자에 의한 시각검사를 통해서 이를 보조하는 것이다. 펠리클을 포토마스크에 마운팅 할 때에는 균일한 작용력이 가해져야만 한다. 마운팅용 치구가 펠리클 프레임 테두리에 손상을 입혀 오염이 발생될 수도 있다. 교차오염이 발생할 우려가 있으므로, 마운팅 장비들은 항상 청결한 상태를 유지해야만 한다. 장비표면의 공기유동이 잘 설계된 강한 정전기 방지 환경을 갖출 것이 요구된다. 비록 전형적으로 마운팅 정확도가 구현되더라도, 다양한 크기의 펠리클들에 대한 펠리클 제조업자와 장비 설계자들 사이의 적절한 대화가 필요하다. Yen[46]은 각 펠리클들을 마운팅 판 위에 얹어서 패키지 전체를 소비자에게 출고하는 공정을 발명하였다. 소비자는 펠리클을 직접 만질 필요가 없으며, 펠리클에 대한 검사를 끝낸 후에 패키지 전체를 간단한 마운팅 장비에 집어넣으면 된다.

(다) 세정

만약 입자들이 펠리클 막 위에 생성되면, 이 입자들을 제거하기 위해서 분사방법을 사용할 수 있다. 보다 구체적으로는 필터 및 탈 이온화 된 공기나 질소를 분사하는 바늘구멍 분사기를 선호한다. 분사는 대형 입자들의 제거에만 효과적이며, 만일 세심하게 사용하지 않는다면 청정영역 내에 작은 입자들을 발생시켜서 오염된 환경을 만들어 버릴 수도 있다. 펠리클 공급업체들마다 서로 다른 마운팅용 접착제를 사용하기 때문에, 펠리클을 제거한 다음에 포토마스크상의 마운팅용 접착제 잔류물들을 세척하는 작업은 여러 공급업체를 이용하는 분야일수록 어려운 일이 된다. 각각의 공급업체들마다 서로 다른 세척방법이나 용제를 공급한다.

4.5 포토마스크 위에 설치된 펠리클의 장기간 안정성

포토마스크 위에 설치된 펠리클의 장기간 안정성은 포토마스크의 예상 사용수명과 리소그래피 공정의 민감도에 의존한다. 누구나 포토마스크 위에 설치된 펠리클의 수명이 무한하기를 바란다. 불행히도, 펠리클과 포토마스크에 사용되는 대부분의 소재들은 제한된 수명을 가지고 있을 뿐이다.

(가) 가스방출과 결정화

포토마스크 위에 설치되어있는 펠리클의 장기간 사용과 보관은 펠리클 설계와 소재 선정에 있어서 진정으로 어려운 일이다. 이상적으로는 포토마스크 위에 설치된 펠리클이 외계의 입자들과 증기오염을 완전히 차단하여야 한다. 불행히도, 펠리클 내의 유기 성분들이 가스방출을 유발하여, 보호해야만 하는 영역을 오히려 오염시킨다. 기체를 방출하기 쉬운 펠리클 구성요소들에는 마운팅용 접착제, 내부 코팅과 접착제, 그리고 잔류 용제, 가소재(plasticizer), 산화방지제, UV 안정제 등과 같은 저분자량 유기화합물 등이 있다. 포토마스크의 크롬 표면은 활성 영역으로 알려져 있으며, 많은 유기 화학물질을 흡수할 수 있다. 스퍼터링에 의해서 만들어진 후에 보호되지 않은 크롬 표면은 포토마스크 보관용기에서 방출된 기체를 흡수할 수 있으며, 단지 1일만 경과하여도 표면에 양화색조 포토레지스트를 코팅할 수 없게 변질되어 버린다. 기체방출과 결정화는 또한 박스나 보관용기가 원인이 될 수도 있으며, 펠리클에 보호되지 않은 영역을 쉽게 오염시켜 버린다. 환경에 의해서 유발되는 방출기체와 증기 역시 펠리클을 오염시켜 투과율을 저하시키거나 심지어는 펠리클 하부에 결정을 생성한다[47]. 방출기체나 증기는 필터가 장착된 환기구멍을 통하거나, 막이 얇고 증기 투과율이 높은 경우에는 막을 직접 관통하여 펠리클에 의해서 보호되는 영역으로 유입된다. 예를 들면, 1986년에 2,5-디(t-아밀)퀴논 결정이 펠리클에 의해서 보호되는 포토마스크 표면에서 발견되었다. 극단적인 경우, 포토마스크 위에 펠리클이 장착된 후 하루 이내에 크롬패턴의 테두리에 결정이 생성되어 포토마스크를 사용할 수 없게 만들어버린다. 이 결정 원인은 펠리클 마운팅용 접착제로 사용되는 고무형 양면 압력 민감성 테이프인 3M447 항산화 안정제의 가스방출에 의한 것으로 판명되었다[48]. 이 항산화 안정제는 2,5-디(t-아밀) 하이드로퀴논이었다. 최근인 2001년에도 패턴 표면에 결정이 생성되었으며, 퀴논으로 판명되었다. 이 퀴논은 핫멜트 압력 민감성 접착제 내에서 안정제로 사용되는 항산화물 이량체(dimerization)가 원인이었다. 새로운 모든 펠리클의 품질평가를 위해서 기체방출시험이 수행되어야만 한다. 게다가 펠리클 하부에 위치한 포토마스크 상의 입자생성에 따른 수명시험 역시 실제의 생산 환경 하에서 시행되어야만 한다.

(나) 소재 안정성

펠리클에 사용되는 모든 소재들은 UV 광원에 의해서 광 퇴화를 겪으며, 공기와 방출기체에 의해서 산화 퇴화를 일으킨다. 게다가 막으로부터 잔류용제가 증발하거나, 중합체 분자의 재배열, 그리고 습도변화 등에 따라서 막 두께가 변할 수 있다. 막 또는 펠리클은 항상 막의 투과율과 기계적인 강도를 저하시키는 UV 광원 방사에 대해서 저항성을 갖도록 선정된다. 그런데 막 접착제, 마운팅 접착제, 또는 프레임 코팅 등과 같은 여타의 요소들에 대해서는 엄밀한 검사를 시행할 필요가 없다. 예를 들면, 초창기 마운틴용 접착제로 사용했었던 폴리에틸렌 비닐 아세테이트 핫멜트 압력 민감성 접착제는 항산화제가 없어서 6개월 이내에 압력 민감성을 상실한다. 막을 프레임에 장착하기 위해 사용하는 실리콘 접착제는 완전히 경화된 다음 단지 수일 이내에 과불화 폴리머 막에 대한 접착력을 상실한다. 폴리-스티렌-에틸렌-부틸렌-스티렌(SEBS), 폴리-스티렌-이소프렌-스티렌(SIS), 또는 폴리-부틸렌 중합체 등과 같은 핫멜트 압력 민감성 접착제를 사용하는 일부 마운팅 접착제의 경우, 항산화제 없이는 DUV에 대한 안정성이나 산화안정성을 갖지 못한다.

앞서 논의한 바와 같이, 펠리클과 포토마스크에 사용되는 박스 등의 용기 소재들 중 일부는 플라스틱 내에서 저분자 유기화합물 기체를 방출할 우려가 있기 때문에, 기체 방출의 측면에서 간추려야만 한다. 기능적 요구조건에 따라서, 모든 퇴화가 펠리클이 설치된 포토마스크에서 결함생성을 초래하지는 않는다. 그런데 만약 펠리클이 사용하는 공정에 적합하다면 사용수명이 매우 길어진다.

4.6 펠리클의 미래

차세대 광학식 리소그래피에 157nm가 도입되면서 이 파장대역에 대해서 최적화 된 새로운 펠리클 소재가 필요하게 되었다. 현재 네 가지 방안이 고려되고 있다.

(가) 연질 펠리클

우선, 투명하고 손상 저항성을 갖추고 있는 새로운 플루오르화탄소 기반의 폴리머를 개발해야만 하며, 이들을 매우 얇은 펠리클의 형태로 제작할 수 있는 기계적인 성질을 갖추고 있어야만 한다[49]. MIT 링컨 실험실에서의 초기 연구결과에 따르면 248nm 및 193nm 파장에 사용하고 있는 테플론 AF□과 Cytop□ 등의 상용 플루오르화 폴리머들은 157nm 빛을 조사하면 충분한 기계적 결합성을 잃고 빠르게 파괴되어버린다. 결과적으로 157nm 리소그래피에서 요구되는 성질을 충족시키는 새로운 플루오르화 폴리머 후보물질을 개발하고 선별하기 위한 광범위한 연구 사업이 시작되었다. 비록 몇 가지 폴리머들이 뛰어난 투과율을 가지고 있지만, 광화학적 변색 때문에 아직도 충분한 수명을 갖지 못한다. 이런 근본적인 문제를 해결하기 위해서 여전히 연구가 필요하다.

(나) 경질 펠리클

경질 펠리클[50,51]은 단순히 프레임 위에 설치된 얇은 수정 유리이다. 불소처리 된 용융 실리카는 157nm 공정에 대해서 충분한 수명을 갖는다. 비록 두께 조절과 두께 균일성 확보가 어렵지만, 양호한 평행도, 즉, 두께 균일성이 구현되었다. 그런데 얇은 용융실리카라고 하여도 연질막 펠리클에 비해서 수백 배 더 두껍다. 전형적으로 800㎛ 두께인 경질 펠리클은 추가적인 광학요소로 작용하며, 영상화와 오버레이 성능에 영향을 끼친다. 현상액을 사용해서 경질 펠리클의 훌륭한 광학적 균일성과 표면 상태를 구현하였지만, 현저한 광학적 왜곡을 피하도록 펠리클 굽힘을 작은 수준으로 유지하기 위해서는 펠리클 마운팅과 접착제 두께조절에 대한 개선이 필요하다. 펠리클 공동

(cavity)속을 불활성기체로 채우는 방안 역시 연구대상이다. 157nm 리소그래피는 습도가 매우 낮은 상태에서 시행되므로, ESD 문제를 유발한다. 변형을 최소화시키기 위해서는 원형 포토마스크와 원형 펠리클을 사용해야만 한다.

(다) 탈착식 또는 덮개식 펠리클

세 번째 대안은 운송 및 보관 시에만 포토마스크의 덮개로서 연질 펠리클을 사용하는 것이다. 펠리클은 노출 직전에 제거하며, 노출 이후에는 다시 덮는다. 세 가지 마운팅 방식이 고려중에 있다. 접착식, 자기식, 그리고 수정된 레티클 캐리어이다. 비록 이 공정은 연구용 라인에서 손쉽게 검증할 수 있지만, 장기간 오염관리와 검사는 여전히 어려우며, 이 공정은 생산라인의 비용을 크게 상승시키는 것으로 판명되었다.

(라) 무 펠리클

마지막 방법은 펠리클을 사용하지 않는 것이다. 그런데 펠리클을 사용한지 20년이 지나고 나서, IC의 형상크기가 예전보다 (4㎛에서 0.1㎛으로) 훨씬 줄어든 시점에서 "무 펠리클"이라는 방안은 적용하기 매우 어렵다. 게다가 형상 크기가 훨씬 작아졌기 때문에 포토마스크도 오염되기가 훨씬 쉬워졌다. 그러므로 이 방법이 성공하려면 신뢰성 있는 일정한 검사 피드백 시스템이 필요하다.

참고문헌

[1] V. Liberman and M. Rothschild, Ultraviolet and vacuum ultraviolet sources and materials for lithography, in: P. Misra and M.A. Dubinskii (eds.), Ultraviolet Spectroscopy and UV Lasers, Marcel Dekker, New York, 2002, pp. 1–33.

[2] J. N. Hilfiker, B. Sing, R.A. Synowicki, and C.L. Bungay, Optical characterization in the vacuum ultraviolet with variable angle spectroscopic ellipsometry: 157nm and below, Proc. SPIE, 3998, 390–398 (2000).

[3] P. Boher, J.P. Piel, P. Evrard, and J.P. Stehle, New purged UV spectroscopic ellipsometer to characterize thin films and multilayers at 157 nm, Proc. SPIE, 3998, 379–389 (2000).

[4] V. Liberman, T.M. Bloomstein, and M. Rothschild, Determination of optical properties of thin films and surfaces in 157–nm lithography, Proc. SPIE, 3998, 480–491 (2000).

[5] A. Grenville, V. Liberman, M. Rothschild, J.H.C. Sedlacek, R.H. French, R.C. Wheland, X. Zhang, and J. Gordon, Behavior of candidate organic pellicle materials under 157nm laser irradiation, Proc. SPIE, 4691, 1644–1653 (2002).

[6] D. Cote, K. Andresen, D. Cronin, H. Harrold, M. Himel, J. Kane, J. Lyons, L. Markoya, C. Mason, D. McCafferty, M. McCarthy, G. O'Connor, H. Sewell, and D. Williamson, Micrascan IIIperformance of a third generation, catadioptric step and scan lithographic tool, Proc. SPIE, 3051, 806–816 (1997).

[7] J.H.C. Sedlacek and M. Rothschild, Optical materials for use with excimer lasers, Proc. SPIE, 1835, 80–88 (1993).

[8] V. Liberman, M. Rothschild, J.H.C. Sedlacek, R.S. Uttaro, A. Grenville, A.K. Bates, and C. Van Peski, Excimer–laser–induced degradation of fused silica and calcium fluoride for 193–nm lithographic applications, Opt. Lett., 24, 58–60 (1999).

[9] M. Fritze, P.W. Wyatt, D.K. Astolfi, P. Davis, A.V. Curtis, D.M. Preble, S.G. Cann, S. Deneault, D. Chan, J.C. Shaw, N.T. Sullivan, R. Brandom, and M.E. Mastovich, Application of attenuated phase–shift masks to sub–0.18–mm logic patterns, Proc. SPIE, 4000, 1179–1192 (2001).

[10] R.J. Socha, W.E. Conley, X. Shi, M.V. Dusa, J.S. Petersen, F. Chen, K. Wampler, T. Laidig, and R. Caldwell, Resolution enhancement with high–transmission attenuating phase–shift masks, Proc. SPIE, 3748, 290–314 (1999).

[11] Y.–M. Ham, S.–M. Kim, S.–J. Kim, S.–M. Bae, Y.–D. Kim, and K.–H. Baik, Sub–120–nm technology compatibility of attenuated phase–shift mask in KrF and ArF lithography, Proc. SPIE, 4186, 359–371(2001).

[12] C.-M. Wang, S.-J. Lin, C.-H. Lin, Y.-C. Ku, and A. Yen, Printing 0.13-mm contact holes using 193-nm attenuated phase-shifting masks, Proc. SPIE, 4186, 275-286 (2001).

[13] R. Jonckheere, K. Ronse, O. Popa, and L. Van den Hove, Molybdenum silicide based attenuated phase-shift masks, J. Vac. Sci. Technol. B., 12, 3765-3772 (1994).

[14] K. Nakazawa, T. Matsuo, T. Onodera, H. Morimoto, H. Mohri, C. Hatsuta, and N. Hayashi, CrOxFy as a material for attenuated phase-shift masks in ArF lithography, Proc. SPIE, 4066, 682-687 (2000).

[15] K. Mikami, H. Mohri, H. Miyashita, N. Hayashi, and H. Sano, Development and evaluation of chromium-based attenuated phase shift masks for DUV exposure, Proc. SPIE, 2512, 333-342 (1995).

[16] S. Kanai, S. Kawada, A. Isao, T. Sasaki, K. Maetoko, and N. Yoshioka, Development of a MoSibased bilayer HT-PSM blank for ArF lithography, Proc. SPIE, 4186, 846-852 (2001).

[17] S.J. Chey, C.R. Guarnieri, K. Babich, K.R. Pope, D.L. Goldfarb, M. Angelopoulos, K.C. Racette, M.S. Hibbs, M.L. Gibson, and K.R. Kimmel, Novel Si-based composite thin films for 193/157-nm attenuated phase-shift mask (APSM) applications, Proc. SPIE, 4346, 798-805 (2001).

[18] B.W. Smith, L. Zavyalova, A. Bourov, S. Butt, and C. Fonseca, Investigation into excimer laser radiation damage of deep ultraviolet optical phase masking films, J. Vac. Sci. Technol. B., 15, 2444-2447 (1997).

[19] P.F. Carcia, R.H. French, G. Reynolds, G. Hughes, C.C. Torardi, M.H. Reilly, M. Lemon, C.R. Miao, D.J. Jones, L. Wilson, and L. Dieu, Optical superlattices as phase-shift masks for microlithography, Proc. SPIE, 3790, 23-35 (1999).

[20] T.M. Bloomstein, M. Rothschild, R.R. Kunz, D.E. Hardy, R.B. Goodman, and S.T. Palmacci, Critical issues in 157nm lithography, J. Vac. Sci. Technol. B., 16, 3154-3157 (1998).

[21] J. Chang, A. Abdo, B. Kim, T. Bloomstein, R. Engelstad, E. Lovell, W. Beckman, and J. Mitchell, Thermomechanical distortions of advanced optical reticles during exposure, Proc. SPIE, 3676, 756-767 (1999).

[22] P. Kaminow, B.G. Bagley, and C.G. Olson, Measurements of the absorption edge in fused silica, Appl. Phys. Lett., 32, 98-99 (1978).

[23] M. Kyote, Y. Ohoga, S. Ishikawa, and Y. Ishiguro, Characterization of fluorine-doped silica glasses, J. Mat. Sci., 28, 2738-2744 (1993).

[24] L. A. Moore C. Smith, Vaccum ultraviolet transmitting silicon oxyfcuoride Cithography glass. U.S. Patent Number 6,242,136.

[25] V. Liberman, T.M. Bloomstein, M. Rothschild, J.H.C. Sedlacek, R.S. Uttaro, A.K. Bates, C. Van Peski, and K. Orvek, Materials issues for optical components and photomasks in 157-nm lithography, J. Vac. Sci. Technol. B., 17, 3273-3279 (1999).

[26] B.W. Smith, A. Bourov, M. Lassiter, and M. Cangemi, Masking materials for 157nm lithography, Proc. SPIE, 3873, 412-420 (1999).

[27] E.D. Palik (ed.), Handbook of Optical Constants of Solids, vol. II, Academic Press, San Diego, 1991, pp. 374-384.

[28] D.A. Harrison, J.C. Lam, G.G. Li, A.R. Forouhi, and G. Dao, Modeling of optical constants of materials comprising photolithographic masks in the VUV, Proc. SPIE, 3873, 844-852 (1999).

[29] O. Yamabe, K. Watanabe, and T. Itani, Evaluation of high-transmittance attenuated phase shifting mask for 157-nm lithography, Jpn. J. Appl. Phys., 41, 4042-4045 (2002).

[30] S. Kim, E. Choi, H. Kim, J. Son, and K. No, Simulation and characterization of silicon oxynitrofluoride films as a phase-shift mask material for 157-nm optical lithography, Proc. SPIE, 4691, 1696-1702 (2002).

[31] B.W. Smith, A. Bourov, L. Zavyalova, and M. Cangemi, Design and development of thin film materials for 157-nm and VUV wavelengths: APSM, binary masking, and optical coatings applications, Proc. SPIE, 3676, 350-359 (1999).

[32] V. Liberman, M. Rothschild, N.N. Efremow Jr., S.T. Palmacci, J.H.C. Sedlacek, and A. Grenville, Long-term laser durability testing of optical coatings and thin films for 157-nm lithography, Proc. SPIE, 4691, 568-575 (2002).

[33] V. Liberman, M. Rothschild, S.J. Spector, K.E. Krohn, S.C. Cann, and S. Hien, Attenuating phase shifting mask at 157 nm, Proc. SPIE, 4691, 561-567 (2002). pp. 957-988.

[34] E.D. Palik (ed.), Handbook of Optical Constants of Solids, vol. II, Academic Press, San Diego, 1991.

[35] J. Zheng, R. Kuse, A. Ramamoorthy, G. Dao, and F. Lo, Impact of surface contamination on transmittance of modified fused silica for 157nm lithography, Proc. SPIE, 4186, 767 (2000).

[36] J.R. Vig and J.W. Le Bus, UV/ozone cleaning of surfaces, IEEE Trans. Parts, Hybrids, Packaging, PHP-12, 365 (1976).

[37] M.E. Frink, M.A. Folkman, and L.A. Darnton, Evaluation of the ultraviolet/ozone technique for on-orbit removal of photolyzed molecular contamination from optical surfaces, Proc. SPIE, 1754, 286-294 (1992).

[38] B. Ranby and J.F. Rabek, Photodegradation, Photo-oxidation and Photostabilization

of Polymers, John Wiley and Sons, New York, 1975.

[39] T.M. Bloomstein, V. Liberman, M. Rothschild, N.N. Efremow Jr., D.E. Hardy, and S.T. Palmacci, UV cleaning of contaminated 157-nm reticles, Proc. SPIE, 4346, 669-675 (2001).

[40] P. Warneck, Chemistry of the Atmosphere, Academic Press, New York, 1988, pp. 100-102.

[41] Ray Winn, U.S. Patent 4,378,953, 1983.

[42] Ray Winn, U.S. Patent 4,536,240, 1985.

[43] Robert W. Murphy and Rick Boyd, The effect of pressure differentials on pelliclized photomasks, Proc. SPIE, 2322, 187-201 (1994).

[44] Kasunori Imamura, U.S. Patent 4,833,051, 1989.

[45] Yung-Tsai Yen, U.S. Patent 5,168,993, 1992.

[46] Naofumi Inoue, Hiroaki Nakagawa, Masahiro Kondou, and Masanori Kitajima, Pellicle vs. influence of clean room environments, Proc. SPIE, 2512, 60-73 (1995).

[47] Chris Yen and C.B. Wang, Potential Particle Problem from an Adhesive, MLI Technical Publication,

[48] Roger H. French, Rober C. Wheland, Weiming Qiu, M.F. Lemon, Gregory S. Blackman, Xun Zhang, Joe Gordon, Vladimir Liberman, A. Grenville, Roderick R. Kunz, and Mordechai Rothschild, 157 nm pellicles: polymer design for transparency and lifetime, Proc. SPIE, 4691, 576-583 (2002).

[49] Emily Y. Shu, Fu-Chang Lo, Florence O. Eschbach, Eric P. Cotte, Roxann L. Engelstad, Edward G. Lovell, Kaname Okada, and Shinya Kikugawa, Hard pellicle study for 157-nm lithography, Proc. SPIE, 4754, 557-568 (2002).

[50] Kaname Okada, K. Ootsuka, I. Ishikawa, Yoshiaki Ikuta, H. Kojima, T. Kawahara, T. Minematsu, H. Mishiro, Shinya Kikugawa, and Y. Sasuga, Development of hard pellicle for 157 nm, Proc. SPIE, 4754, 569-577 (2002).

[51] Andy Ma, Arun Ramamoorthy, Barry Lieberman, C.B. Wang, Q.R. Bih, Kevin Duong, and Corbin Imai, Removable Pellicle, in: Sematech Pellicle Risk Assessment Workshop, September 27, 2001

반도체 장비 재료

1판 6쇄 2022년 7월 25일

저 자	이병철 / 김덕영 / 성홍석
발행인	송광헌
발행처	복두출판사
주 소	서울특별시 영등포구 경인로82길 3-4 센터플러스 807호 (우) 07371
전 화	02-2164-2580
FAX	02-2164-2584
등 록	1993. 11. 22. 제 10-902 호

정가 : 14,000원

ISBN : 979-11-86333-40-2 93560

한국과학기술출판협회 회원사

* 본 도서의 자료 업데이트가 있을 경우 본사 홈페이지 자료실에 업로드 됩니다. 정기적으로 들러서 유익한 자료를 받아가시기 바랍니다.